“十一五”国家科技支撑计划课题
不同地域特色村镇住宅建筑设计模式研究系列丛书
黄一如主编

不同地域特色村镇住宅生物质能利用技术与节能评价方法

林忠平　秦朝葵　寿青云　俞海淼　编著

中国建筑工业出版社

图书在版编目（CIP）数据

不同地域特色村镇住宅生物质能利用技术与节能评价方法 / 林忠平等编著.—北京：中国建筑工业出版社，2012.7

“十一五”国家科技支撑计划课题，不同地域特色村镇住宅建筑设计模式研究系列丛书

ISBN 978-7-112-14513-3

Ⅰ.①不… Ⅱ.①林… Ⅲ.①农村住宅－生物能－能源利用－建筑设计②农村住宅－生物能－节能－评价 Ⅳ.① TU241.4 ② TU111.4

中国版本图书馆 CIP 数据核字（2012）第 161831 号

责任编辑：徐　纺　滕云飞
责任设计：赵明霞
责任校对：王誉欣　王雪竹

“十一五”国家科技支撑计划课题
不同地域特色村镇住宅建筑设计模式研究系列丛书
黄一如主编

不同地域特色村镇住宅生物质能利用技术与节能评价方法

林忠平　秦朝葵　寿青云　俞海淼　编著

*

中国建筑工业出版社出版、发行（北京西郊百万庄）
各地新华书店、建筑书店经销
北京科地亚盟排版公司制版
北京建筑工业印刷厂印刷

*

开本：880×1230 毫米　1/16　印张：10　字数：300 千字
2012 年 9 月第一版　2012 年 9 月第一次印刷
定价：**35.00** 元

ISBN 978-7-112-14513-3
（22593）

前言

随着城镇化进程的深入推进，农民生活水平不断提高，在炊事、热水供应、住宅采暖与空调方面的能耗均持续攀升，如何因地制宜地开发利用生物质能、推广低成本的建筑节能技术，成为缓解国内能源供应紧张局面的一个关键问题。

我国幅员辽阔，农村地区的气候、农作物种植情况、农宅围护结构特点、农民生活习惯、经济发达程度等均存在很大差别。2008～2011年，在国家十一五科技支撑项目“不同地域特色村镇住宅建筑设计模式研究”的资助下，我们在村镇住宅的节能设计与评价方法、住宅设备节能方法以及生物质能的利用现状方面开展了一系列工作。本书对其中的部分内容进行了整理、汇总，以期从生物质能的开发利用和建筑与设备的节能两方面，研究适合我国现阶段村镇住宅的“开源与节流”并重的技术路线。

全书共分为十章，第一章主要介绍了课题在生物质能的资源与使用现状方面所开展的调研情况；第二章阐述了国内外的一些生物质能利用方法；第三章介绍了沼气与沼气具的有关内容；第四章重点阐述了一种新的将沼气与液化石油气掺混、进行管道供应的技术路线，包括关键的掺混设备与燃烧特性；第五章介绍了村镇各种常见的采暖方法；第六章介绍各种空调设备；第七章介绍热水的获得方法与设备节能问题；第八章通过村镇住宅现状调查与实测分析了一些农村住宅的用能情况，尤其是目前研究比较少的川西地区的特色建筑；第九章使用建筑能耗模拟计算软件，分析了两个典型村镇住宅的能耗情况，并对农村住宅的自然通风潜力进行了分析计算；第十章提供了一种新的能耗分析方法（Real Bin 法）用于预估农村住宅的能耗，以便为建筑师在方案设计阶段提供依据。

本书第一、二章由俞海淼编写；第三、四章由秦朝葵编写；第五～七章由寿青云编写；第八～十章由林忠平、孙雨林编写。主编林忠平、秦朝葵。同济大学博士研究生戴万能、硕士研究生雷亚平、孙雨林、李振群、王晓梅都不同程度地参与了相关课题的研究，为本书的编写做出了一定的贡献。

因为时间和水平的限制，书中错讹之处难免，恳请读者批评指正。

目录

第一章
不同地域农村生物质能资源评估和承载力分析

1.1 不同地域农村生物质能资源状况调查

1.1.1 农村生物质能资源概述

我国幅员辽阔、人口众多，其中大部分人口分布于农村地区，能源消耗量很大。尽管煤炭、液化石油气等商品能源在农村的使用迅速增加，但目前我国农村居民生活用能中，秸秆、薪柴等生物质能仍占有非常重要的地位。农村地区有大片土地可以种植能源作物。据统计，全国近年秸杆年产量约 6 亿 t，薪柴年产量为 2 亿 t 左右，还有大量的人畜粪便及工业排放的有机废料、废渣，每年生物质资源总量折合成 2~4 亿 tce（吨标准煤）。但是长期以来，大多数生物质能的利用均以直接燃烧形式为主，不仅利用效率低下，造成浪费，而且产生的烟尘直接排放到大气中，严重污染自然环境。因此我国农村生物质能利用技术有很大的发展潜力与改善空间。

近几十年来，随着农村经济的不断发展和城镇化进程的加速，农村能源消费总量有了大幅度的提高，结构也发生了明显的变化，目前关于城市的能源调查很多，关于农村能源的报告则较少。

考虑到我国各地区间的气候和生活习俗有很大区别，不同地域农村的资源结构和用能结构也存在差异，故针对温和地区、夏热冬暖地区、夏热冬冷地区、寒冷地区和严寒地区 5 个不同地域的农村生物质能资源现状，以及家庭用能情况，进行了调查、统计、分析。这将有助于了解我国不同地域农村生物质能的利用潜力，从而改善农村能源结构，因地制宜地对农村生物质能源科学进行开发，以提高农村能源的使用效率。

1.1.2 调查概况

鉴于不同地域的气候、生活习俗、资源结构和用能结构均存在差异，按建筑气候区划分，对温和地区、夏热冬暖地区、夏热冬冷地区、寒冷地区和严寒地区 5 个不同地域的 23 省市 54 个村镇进行了抽样调查。如图 1-1、图 1-2、图 1-3 所示，分别是各省的调查取样村户数图、中国建筑气候分区图和各地区调查抽样村镇分布图。

在温和地区中，选取贵州、云南两省的各两个村镇作为样本；夏热冬暖地区选取广西、广东省各两村镇；夏热冬冷地区的样本包括在四川省的五个村镇，江苏省、湖南省各三个村镇，广西壮族自治区两个村镇，以及贵州、河南、湖北、福建、江西和浙江省各一村镇；寒冷地区中，选取山东省的四个村镇作为样本，江苏省、河南省、河北省、陕西省、山西省和北京市各取了两个村镇作为样本，天津市有一村镇取作样本；严寒地区的辽宁、内蒙古各有两个村镇取作样本，甘肃、黑龙江、吉林等省各选取一个村镇。

主要调查了各抽样村镇的面积、统计人口、常住人口、家庭户数以及秸秆、薪柴等各类生物质资源的资源量，并在每个村镇取 3~5 户居民调查其电、煤、油和各类作物秸秆、各类薪柴等能源的使用情况。秸秆类农业废弃物：包括水稻、麦类、玉米、棉花、大豆等；薪柴等草本植物：包括薪柴、芦苇、杂草等。

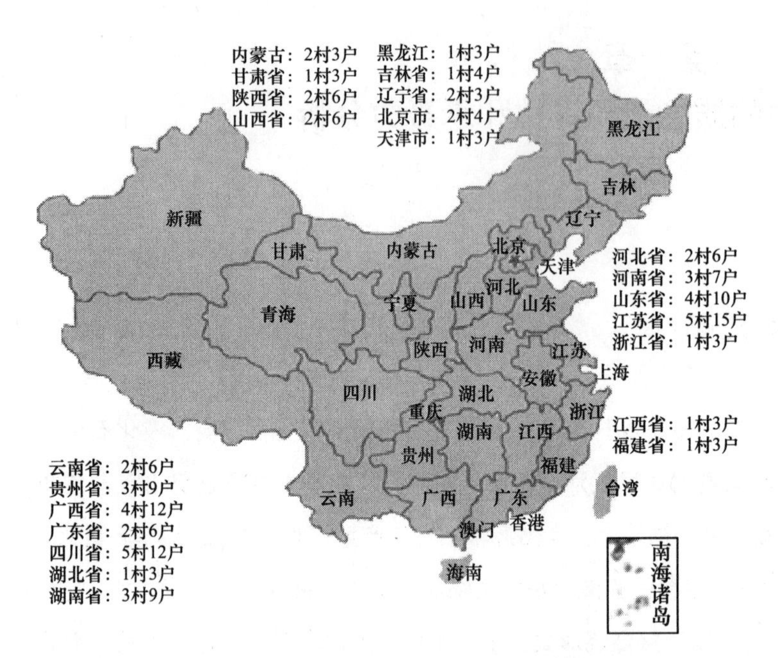

图 1-1　各省的调查取样村、户数图

图 1-2　中国建筑气候分区图

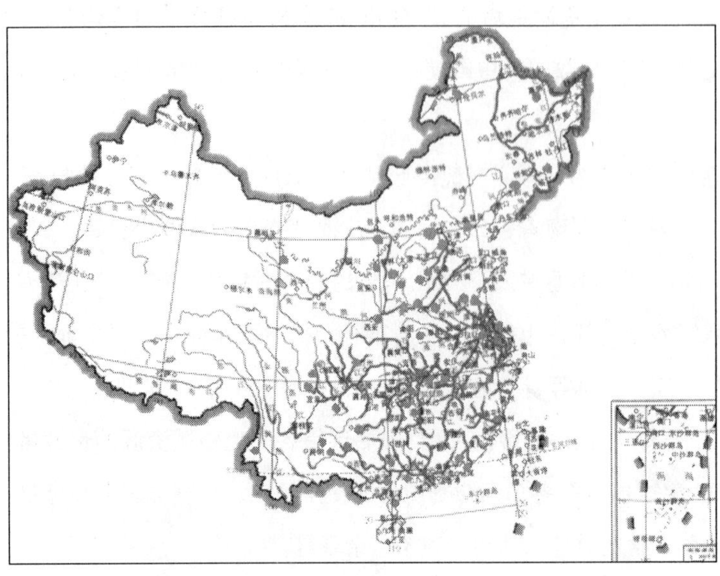

图 1-3　各地区调查抽样村镇分布图

1.1.3 数据处理方法

调查所得数据为水稻、麦类、玉米、棉花等各类秸秆，木柴、芦苇等各类薪柴，人、畜、家禽粪便资源以及用煤、油、气等资源的质量或体积，统计时统一折算为标准煤以便计算处理。其中各类能源资源与标准煤之间的转换系数取值见表 1-1 和表 1-2 所示。

生物质种类与标煤换算系数表（单位：kg 标煤 /kg 生物质） 表 1-1

能源名称	热值（kJ/kg）	折标准煤系数	能源名称	热值（kJ/kg）	折标准煤系数
薪柴	17000	0.580	水稻	14000	0.478
桑条	17000	0.580	麦秸	15000	0.512
棉秆	16500	0.563	木炭	34000	1.160
树皮	16700	0.570	猪粪	12560	0.429
杂草	13800	0.471	马粪	15472	0.529
秧类	14000	0.478	兔粪	15491	0.529
竹子	16000	0.546	羊粪	15491	0.529
玉米秸	15000	0.512	牛粪	13861	0.473
豆秸	15000	0.512	鸡粪	18841	0.643

家庭用能与标煤换算系数表 表 1-2

能源名称	热值（kJ/kg）	折标准煤系数	单 位
电	—	0.404	kg 标煤 / 度电
原煤	21000	0.714	kg 标煤 /kg 原煤
液化石油气	50000	1.710	kg 标煤 /kg 石油气
汽油	43070	1.470	kg 标煤 /kg 汽油
木炭	34000	1.160	kg 标煤 /kg 木炭
柴油	42700	1.460	kg 标煤 /kg 柴油
沼气	20000	0.683	kg 标煤 /m^3 沼气
薪柴	17000	0.580	kg 标煤 /kg 薪柴
桑条	17000	0.580	kg 标煤 /kg 生物质
棉秆	16500	0.563	kg 标煤 /kg 生物质
树皮	16700	0.570	kg 标煤 /kg 生物质
杂草	13800	0.471	kg 标煤 /kg 生物质
秧类	14000	0.478	kg 标煤 /kg 生物质
竹子	16000	0.546	kg 标煤 /kg 生物质
玉米秸	15000	0.512	kg 标煤 /kg 生物质
豆秸	15000	0.512	kg 标煤 /kg 生物质
水稻	14000	0.478	kg 标煤 /kg 生物质
麦秸	15000	0.512	kg 标煤 /kg 生物质

经折算为标准煤后，可计算出各地区村平均拥有的生物质资源量、各地区人均拥有的生物质资源量及各类生物质资源所占比例；计算出各地区村镇人均用能值、各地区平均家庭用能值、人均家庭用能值及其比例；计算出各地区村镇资源利用率、各地区生活用能中生物质资源的利用率。

1.1.4 不同地域农村生物质能资源状况分析

对调查数据进行整理统计得到不同地域各种主要生物质资源量及其比例构成，见表 1-3、表 1-4 所示。

不同地域各生物质资源量表　　表 1-3

地　区	平均每村人口（人）	村均资源量（tce）	村均秸秆资源量（t）	村均秸秆折合（tce）	人均秸秆折合（kgce）	村均薪柴资源量（t）	村均薪柴折合（tce）	人均薪柴折合（kgce）	村均粪便资源量（t）	粪便折合（tce）	人均粪便折合（kgce）	人均总资源量（kgce）
温和地区	1441	636.8	652.8	311.9	216.4	300.0	149.3	103.6	376.5	175.6	121.9	441.9
夏热冬暖地区	1970	814.3	973.2	465.0	236.1	330.0	170.9	86.7	357.7	178.3	90.5	413.3
夏热冬冷地区	1861	982.0	1048.4	501.5	269.5	643.7	326.7	175.6	300.3	153.8	82.6	527.7
寒冷地区	1462	801.5	1006.4	482.2	329.8	341.0	166.6	113.9	283.4	152.8	104.5	548.1
严寒地区	1437	2003.8	2506.2	1252.1	871.3	742.6	437.9	304.7	793.9	313.9	218.4	1394.5

注：温和地区（地区 A）、夏热冬暖地区（地区 B）、夏热冬冷地区（地区 C）、寒冷地区（地区 D）、严寒地区（地区 E）。

不同地域各类生物质资源量比例表　　表 1-4

地　区	总资源量折合标煤（tce）	秸秆资源所占比（%）	薪柴所占比（%）	粪便所占比（%）
温和地区	636.8	49.0	23.4	27.6
夏热冬暖地区	814.3	57.1	21.0	21.9
夏热冬冷地区	982.0	51.1	33.3	15.7
寒冷地区	801.5	60.2	20.8	19.1
严寒地区	2003.8	62.5	21.9	15.7

从不同地域农村生物质资源量组成可看出，如图 1-4、表 1-4 所示，严寒地区平均每村的生物质资源总量最大，达 2003.8tce，远高于其他地区的资源总量。这可能主要是因为严寒地区农村耕地面积大，而且种植的作物以玉米、小麦等为主，而单位耕地的玉米秸秆量约为 0.9t/ 亩，远大于南方稻秆 0.5t/ 亩。次之的夏热冬冷地区为 982.0tce，而温和地区的生物质资源总量最小，为 636.8tce。从生物质能的 3 大组成来看，严寒地区无论秸秆量，还是薪柴、粪便量都是最高的；夏热冬冷地区的秸秆量和薪柴量相对也较高，分别达到 500tce 和 300 多吨标准煤（tce）；温和地区总量较低主要是薪柴资源量不足，不到 150tce。结合图 1-4、图 1-5、表 1-4

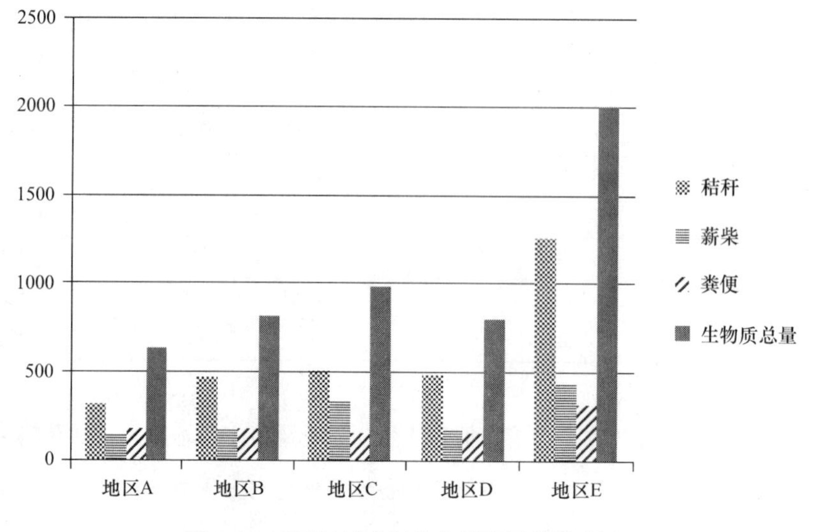

图 1-4　不同地域农村生物质资源量组成图

显示，各地区的生物质资源，都以秸秆资源所占比例最大，约为本地区生物质总量的 50%~63%。其中严寒地区和寒冷地区秸秆资源量所占份额较大，均超过 60%。而夏热冬冷地区薪柴资源则相对丰富，达该地区生物质资源总量的 1/3。温和地区的粪便资源量所占比重相对较大，超过 1/4。

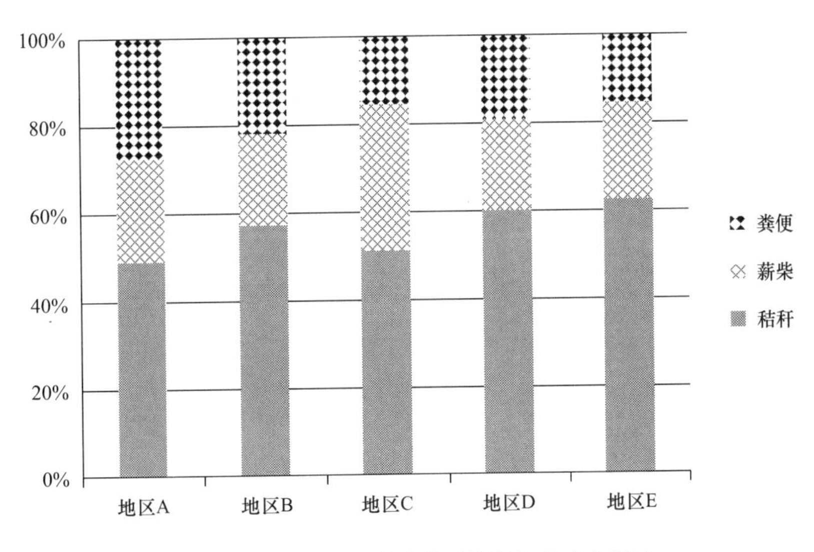

图 1-5　不同地域农村生物质资源量组成比例图

如图 1-6 所示的不同地域农村人均生物质资源量组成可以看出，相对于村资源总量来说，人均拥有的生物质资源量不同。夏热冬暖和夏热冬冷地区自然村人口较多，约 1900 人左右，而温和、寒冷和严寒地区平均人口为 1400~1500 人，见表 1-3。当折算到人均生物质能拥有量时，严寒地区人均拥有量仍为最高，达到 1400kgce，最低的夏热冬暖地区仅为 368.4kgce，寒冷地区超过夏热冬冷地区，人均拥有量为 548.1kgce。从人均秸秆量和薪柴量来看，除严寒地区外，分别是寒冷地区和夏热冬冷地区最高，达到 330kgce 和 175kgce 左右。

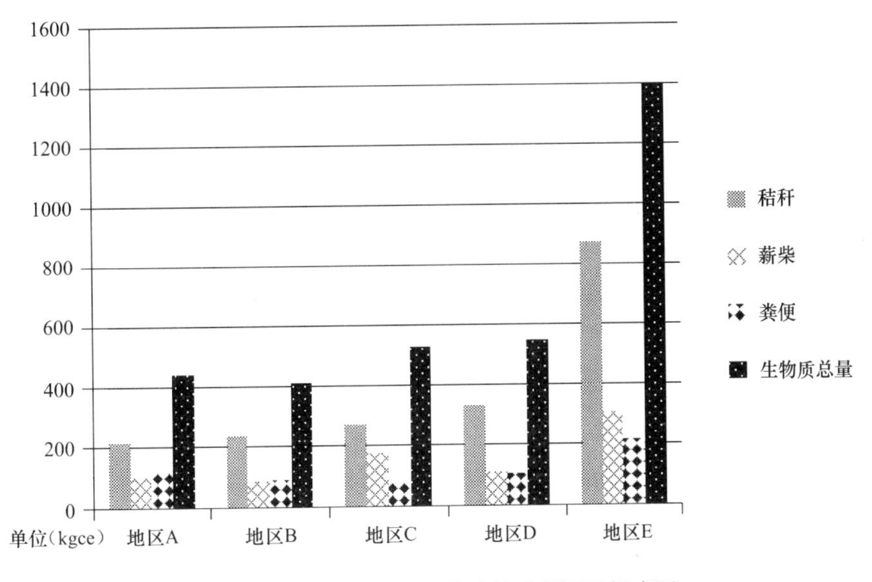

图 1-6　不同地域农村人均生物质资源量组成图

1.2 目前实际利用状况及存在问题

1.2.1 不同地域农村家庭用能情况分析

不同地域农村家庭用能调查结果，见表 1-5 所示。

不同地域农村家庭用能调查结果表（单位：kgce/ 年） **表 1-5**

地 区	电	燃煤	薪柴	秸秆	液化石油气	燃油	其他	总量
温和地区	415.0	506.8	381.5	367.0	77.5	38.9	27.5	1814.2
夏热冬暖地区	518.4	32.1	344.6	221.0	156.2	19.6	59.9	1351.8
夏热冬冷地区	273.5	232.4	525.0	198.6	52.1	42.2	15.8	1339.7
寒冷地区	258.0	523.1	177.6	328.0	58.0	60.0	8.0	1412.7
严寒地区	318.5	805.6	224.6	241.1	80.7	23.0	69.6	1763.5

温和地区农村家庭用能结构，如图 1-7 所示，该地区的生物质能资源量丰富，家庭用能中薪柴和秸秆所占比重较大，分别为 21% 和 20%。而在调查中，有相当比例的家庭有生产活动，如烤烟等，这些生产活动需要消耗一定量的燃煤，所以煤炭的比例也较大。由于可再生资源的利用，液化石油气、燃油和其他类能源的使用比例比较小，总量约 8%。

夏热冬暖地区农村家庭用能结构，如图 1-8 所示。该地区的电力消耗很大，占据总用能量的 1/3 以上。主要是因为调查对象多位于南方沿海地区，经济发达，生活相对富裕，电力使用方便，因而受欢迎度较高。在该地区，煤矿较少，所以使用量很少，仅为 2% 左右。因较早开始使用液化石油气，故普及率相当高，液化石油气也占了相当高的比例，超过 10%。因薪柴产量大，所以在日常生活中，薪柴多应用于炊事，秸秆也占据了相当比例，达到 26% 左右。该地区较高的平均气温使得沼气在生活中的应用较多，以及部分的太阳能利用，共占了约 4%。

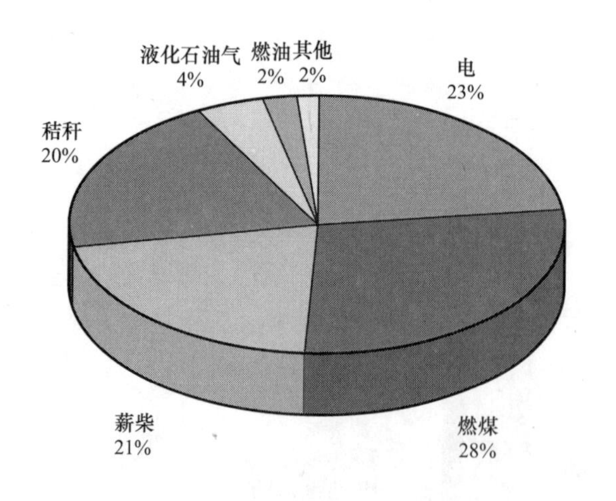

图 1-7 温和地区农村家庭用能结构图

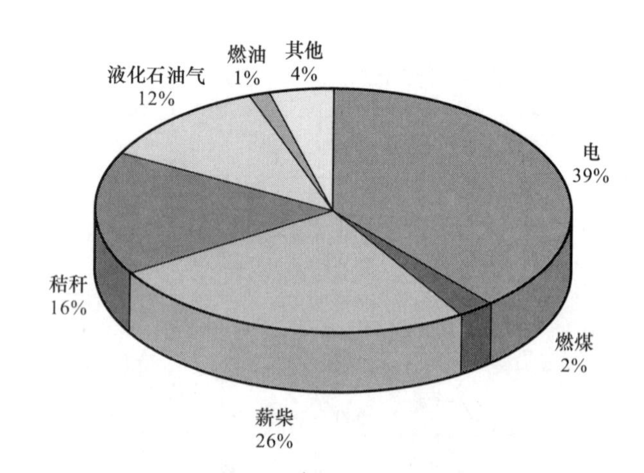

图 1-8 夏热冬暖地区农村家庭用能结构图

夏热冬冷地区农村家庭用能结构，如图 1-9 所示，该地区位于秦淮以南的广大地区，农业较为发达，薪柴和秸秆产量较大，薪柴在家庭用能中占据接近 40%，燃煤则用于家庭取暖等；电力由于使用方便，所占的能耗也较大，空调等家用电器耗能较多。

寒冷地区农村家庭用能结构，如图 1-10 所示，该地区农业秸秆产量比薪柴量大，在家庭用能中，秸秆的使用量是薪柴的近 2 倍。由于寒冷地区是产煤区，因而冬季取暖时候会使用大量的煤炭，所以煤炭的份额很大，达到 37%，而燃油和液化石油气的份额相对也较高。

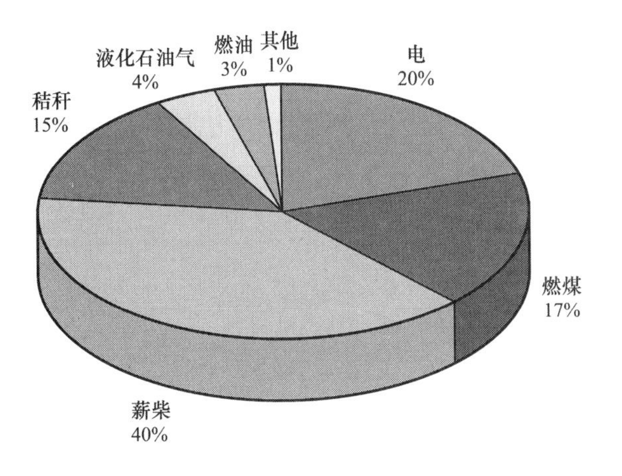

图 1-9　夏热冬冷地区农村家庭用能结构图

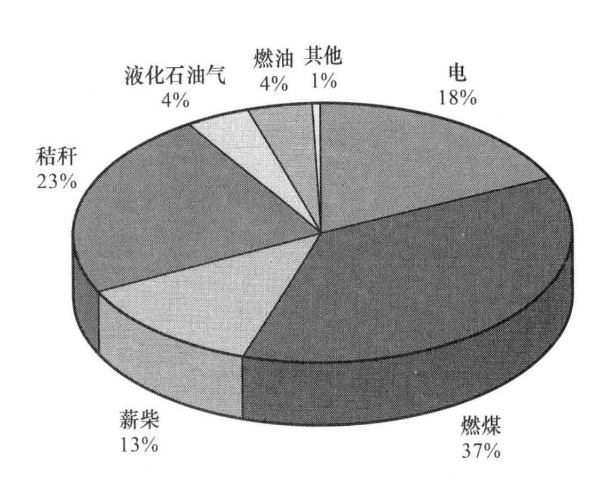

图 1-10　寒冷地区农村家庭用能结构图

严寒地区煤农村家庭用能结构，如图 1-11 所示，该地区煤炭资源丰富，在家庭能耗中占了接近一半，主要用于取暖和炊事。相对其他地区，虽然严寒地区的薪柴总资源量很大，但其所占比例却较小，约 13%。

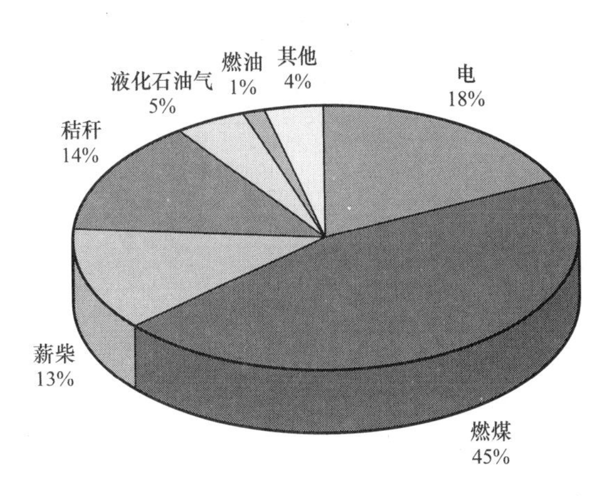

图 1-11　严寒地区农村家庭用能结构图

从表 1-5 和图 1-12 家庭用能总量来看，地区之间的差异性较为明显，呈现出两头高，中间低的状态。温和地区最高，其次是严寒地区、寒冷地区、夏热冬暖地区，最低的是夏热冬冷地区。

对于电力资源，夏热冬暖地区和温和地区使用量较高，此

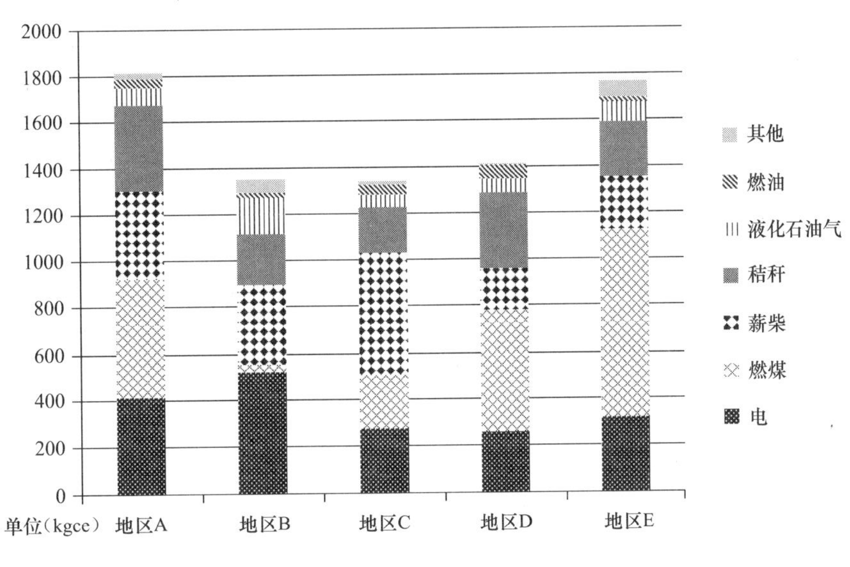

图 1-12　家庭用能总量图

两地区夏季气候炎热、空调使用较多，而且电磁炉等炊具耗电也较多，而其他 3 个地区则较为平均。

煤炭的应用主要受制于其资源量，在煤炭资源丰富的寒冷和严寒地区，煤炭使用量很大，而且由于冬季需要取暖，较为便宜的煤炭是最好的取暖燃料，所以受到欢迎。夏热冬冷地区由于资源很少，所以几乎不应用，而在温和地区，由于一些家庭生产活动的原因，如烤烟等，煤炭也有很大的应用。

对于薪柴和秸秆，由于薪柴的使用较秸秆方便，所以薪柴使用量普遍比秸秆大，温和地区和夏热冬暖、夏热冬冷地区的秸秆和薪柴产量很大，使用量也很大；而在寒冷地区，耕地面积比山林面积大，薪柴量很少，所以薪柴使用量少；严寒地区，如东北等地区，薪柴丰富，而内蒙等地，秸秆产量高，使用量相差不大。

液化石油气的用途主要是炊事，南方沿海地区由于经济发达，液化石油气的使用量比内地大。燃油则主要应用于动力，如摩托车等。在一些地区，沼气和太阳能已经得到应用，但是很不均匀，量也较少，所占比重很小。

1.2.2 不同地域农村生物质能利用状况

各地区村平均生物质资源利用情况，见表 1-6 所示。

各地区村平均生物质资源利用情况表 **表 1-6**

地 区	生物质资源	资源量（tce）	利用量（tce）	利用率（%）	主要利用方式
温和地区	秸秆	652.8	479.5	73.5	牲口饲料或还田
	薪柴	300.0	245.1	81.7	主要用于炊事燃烧
夏热冬暖地区	秸秆	973.2	653.7	67.2	牲口饲料或还田
	薪柴	330.0	273.9	83.0	主要用于炊事燃烧
夏热冬冷地区	秸秆	1048.4	439.8	42.0	少量燃烧及还田
	薪柴	643.7	430.6	66.9	烧火、炊事
寒冷地区	秸秆	1006.4	651.7	64.8	炊事、还田、饲喂牲口
	薪柴	341.0	223.8	65.6	烧火取暖
严寒地区	秸秆	2506.2	1991.1	79.4	产沼气、直接燃烧、饲喂牲口
	薪柴	742.6	562.08	75.7	燃烧、取暖

从表 1-6 数据可得出，各地区村对秸秆和薪柴的资源利用率普遍较高。除夏热冬冷地区外偏低外，其他地区对秸秆资源的使用率均超过 60%，严寒地区以 79.4% 的利用率居首。而薪柴的利用率也都在 65% 以上，温和地区和夏热冬暖地区的薪柴资源利用率更高，达 80% 以上。各地区的畜禽粪便资源基本都用作农业肥料还田。

表 1-7 为不同地区农村家庭人均用能表，表中数据显示，不同地区农村家庭年总人均量相差不大，约为 430kgce~500kgce。但不同地区的用能特点明显不同：夏热冬暖地区人均电能的消耗最大，达到 172.8kgce；夏热冬冷地区的人均薪柴使用量最大，约为 170kgce；秸秆的人均使用量则是寒冷地区最高，超过 100kgce；严寒地区由于冬季供暖使用大量燃煤，燃煤的消耗量高达 215.8kgce，相对而言，秸秆和薪柴的使用量均比较低，不足 70kgce。此外，从表 1-8 中可以看出，不同地区农村家庭秸秆和薪柴利用率总体并不高。特别是秸秆，从能量利用角度来看，家庭人均秸秆用能量占人均拥有的秸秆量的比例很低，严寒地区的人均秸秆资源量高达 871.3kgce，用能秸秆量只有 57.1kgce，仅占 6.6%，温和地区人均秸秆资源量为 216.4kgce，用能秸秆量 80.1kgce，使用比例最高，也只有 37.0%，夏热的冬暖、夏热冬冷和寒冷地区分别占 19.4%、16.5% 和

22.5%。这与 2007 年全国秸秆资源总量中用作燃料占 18.72% 相符，2007 年全国秸秆利用状况如图 1-13 所示。从图中可得知，除了用作燃料外，有一半的秸秆有效利用于饲料、肥料等，仍旧有超过 30% 的秸秆废弃未加以利用。此外，从表 1-8 中薪柴的资源量和用能量来看，温和地区、夏热冬暖地区和夏热冬冷地区薪柴用能比例比较高，大部分得以利用；而寒冷地区和严寒地区利用比例不高，特别是严寒地区，人均薪柴资源量高达 304.7kgce，而用能薪柴量仅为 55.0kgce，不足 18.1%。若能有效利用薪柴、秸秆等生物质能，减少燃煤等化石燃料的使用，不仅能缓解我国农村日益紧张的能源问题，也有利于减少环境污染。

不同地区农村家庭人均用能表（单位：kgce）　　表 1-7

地区	电	燃煤	薪柴		秸秆		总人均量
温和地区	106.0	129.4	97.4	83.2	93.7	80.1	463.2
夏热冬暖	172.8	10.7	114.9	71.3	73.7	45.7	450.6
夏热冬冷	88.3	75.0	169.5	117.4	64.1	44.4	432.4
寒冷地区	88.8	182.2	59.3	43.0	102.2	74.1	473.7
严寒地区	91.7	215.8	66.8	55.0	69.3	57.1	492.5

（斜体字数据为采用统计人口数计算结果，以便于和村人均拥有生物质资源量进行比较。）

不同地区农村人均生物质资源量和家庭人均用能量对比表（单位：kgce）　　表 1-8

地区	人均生物质资源量	人均家庭用能	人均秸秆资源量	人均用能秸秆量	人均薪柴资源量	人均用能薪柴量	人均粪便资源量
温和地区	441.9	463.2	216.4	80.1	103.6	83.2	121.9
夏热冬暖地区	413.3	450.6	236.1	45.7	86.7	71.3	90.5
夏热冬冷地区	527.7	432.4	269.5	44.4	175.6	117.4	82.6
寒冷地区	548.1	473.7	329.8	74.1	113.9	43.0	104.5
严寒地区	1394.5	492.5	871.3	57.1	304.7	55.0	218.4

1.2.3 生物质能利用存在的主要问题

我国广大农村地区目前虽然大量使用生物质能，但也存在以下几点问题：

1. 生物质资源相对分散且存在明显的区域性

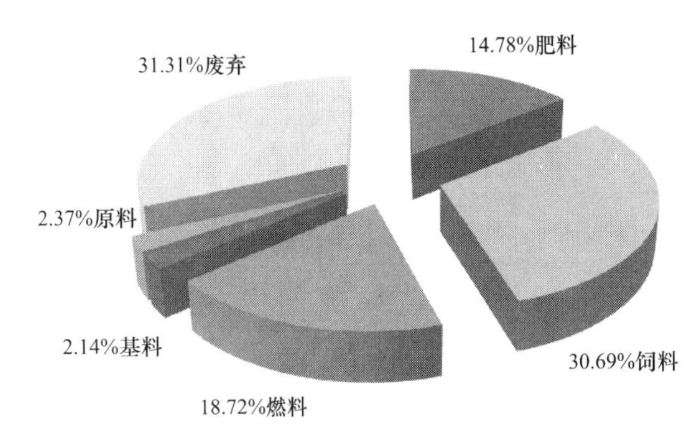

图 1-13　2007 年全国秸秆利用状况图

与生物质资源丰富相对应的是生物质分布相对分散，各类生物质资源分布存在明显的区域性。其中，秸秆资源最大特点是既分散又集中，粮食产区基本都是秸秆资源最富裕地区。黑龙江和黄淮地区的河北、山东、河南，东南地区的江苏、安徽，中部地区的江西、湖南、湖北等省区，其秸秆资源量占全国总量的一半。水稻主产区主要为黑龙江、湖北、湖南、江西及江苏等地，而大豆主产区则集中在华北及东北的内蒙古、吉林、山东、河南及河北等地，糖类作物则盛产于华南及西南的广东、广西及云南等地。

2. 生物质收集及运输困难

生物质资源密度小、体积大，相对于固体燃料煤而言属于低能量密度的燃料。目前，相当部分农业废弃物还未能充分利用，被堆放在田地里废弃或烧掉，只有部分粉碎还田或用于饲料、农村炊事、取暖等生活用能，以及用于造纸工业等。这些秸秆经简单捆扎后用牛、马车拉走，有条件的地方以拖拉机或船收运，并没有专用的运输车。农林废弃物的自然堆积密度通常很低，运输蓬松物质不但效率低，而且运费高，因此应尽可能就地利用废弃生物质原料，减少收集与运输费用。

3. 农村生物质能利用方式粗放

我国农村能源利用效率低，现阶段我国农村生物质能利用一方面是大量的生物质原料进行直接燃烧，效率低下、污染严重；另一方面沼气、秸秆气等生物质燃气以推广户式为主，随着农村生活生产习惯的改变，养殖、种植业也由分散向大型集中式转变，户式沼气和秸秆气面临原料短缺、产气不足的问题，难以成为可靠的能源来源。目前秸秆生物质资源的利用程度不高、利用技术水平低。秸秆的田间收集及预处理设备水平低下，大量秸秆被直接遗弃田野或者被露天焚烧，既浪费宝贵的能源，又严重污染环境。

1.2.4 小结

对比人均拥有的生物质资源量和实际家庭人均用能情况，可以看出，生物质资源量丰富，而实际用能使用量比较少。特别是全国用作燃料的秸秆占秸秆总量的份额平均不到 20%，见图 1-13。严寒地区的秸秆和薪柴资源量十分丰富，但用作燃料的比例却很低，仅为 6.6% 和 18.1%。如果充分利用生物质能，将能满足当前农村家庭总用能。考虑到秸秆用于饲料和还田的用途，不易全部用作燃料，可以考虑在目前利用不到 20% 的基础上，将废弃的 30% 左右的秸秆有效用于燃料。而畜禽粪便农村基本用作农田肥料，可以考虑部分用作沼气发酵原料。通过增加生物质能的利用量和优化使用生物质资源，实现农村用能的结构优化，大幅度降低对煤炭、液化气、煤电的依赖。

在过去的近 30 年中，我国农村用能结构比例显示生物质能源使用比例越来越低，到 2007 年不足 30%，如图 1-14 所示，而煤炭已经超过生物质能成为农村用能的最大来源。从可持续发展和清洁环保的角度考虑，十分有必要大力发展生物质能的利用。

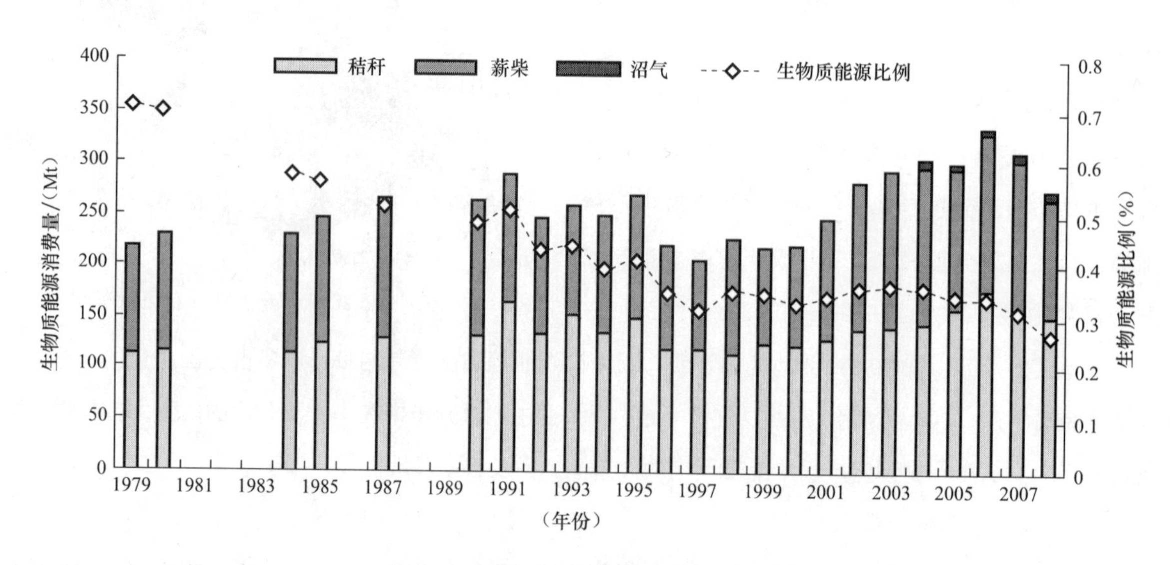

图 1-14 中国农村地区生物质能源消费图

针对温和地区目前家庭人均秸秆用能量为 80.1kgce，利用率为 37% 的现状，可以进一步提高利用比例，提高能源使用效率，建立秸秆气化集中供气、发电工程；此外，该地区畜禽粪便资源量很丰富，应当大力发展沼气技术，建立沼气示范工程或户用型沼气池。通过进一步利用生物质能，替代家庭燃煤和液化气。

夏热冬暖和夏热冬冷地区的秸秆燃料化比例均不足 20%，家庭秸秆用能约 45kgce，如果充分利用 30% 的废弃部分秸秆，采用秸秆气化技术，大力发展集中供气、发电系统，可以取代液化石油气和部分电力，杜绝燃煤在家庭生活中的使用。

寒冷地区的秸秆和薪柴均有很大的利用空间。薪柴的大量使用有利于节能柴灶的推广，采用秸秆气化热电气三联供完全可以取代家庭燃煤，燃煤是目前寒冷地区农村家庭用能最大的来源。

严寒地区的秸秆和薪柴资源量十分丰富，但用作燃料的比例很低。燃煤占该地区农村家庭用能的 45% 以上，因此应发展生物质气化集中供气系统，并可同时采用生物质气化集中供暖。对于相对集中且电力比较紧张地区，建议优先发展供气与发电联产模式。通过适当提高秸秆和薪柴的使用比例，取代燃煤。这不仅能实现家庭生活用能的可再生化，还可能实现农村生产用能的可再生化。

总的说来，农村的主要生物质资源，应首先考虑使用沼气技术，因鲜粪和作物秸秆的重量比为 2：1 左右时，对沼气发酵比较适宜，而各地区农村的秸秆资源量均高于粪便资源量，故有丰富的秸秆资源可用于秸秆气化，并视情况采用供气、供电、供暖等，从而减少生物质资源的直接燃烧，取代煤等不可再生能源的使用，以提高能量的利用效率，并减轻环境负担。

综上所述，农村家庭生活用能的总体方向是提高生物质能的使用比例，优化生物质能利用方式，降低煤炭使用率，提高能源的使用效率。

第二章
农村生物质能利用技术

2.1 生物质能利用技术概况

我国的生物质资源十分丰富，生物质能转化利用技术按主要方法来分有燃烧、热化学法、生化法、化学法、物理化学法等。具体利用形式，如图 2-1 所示。

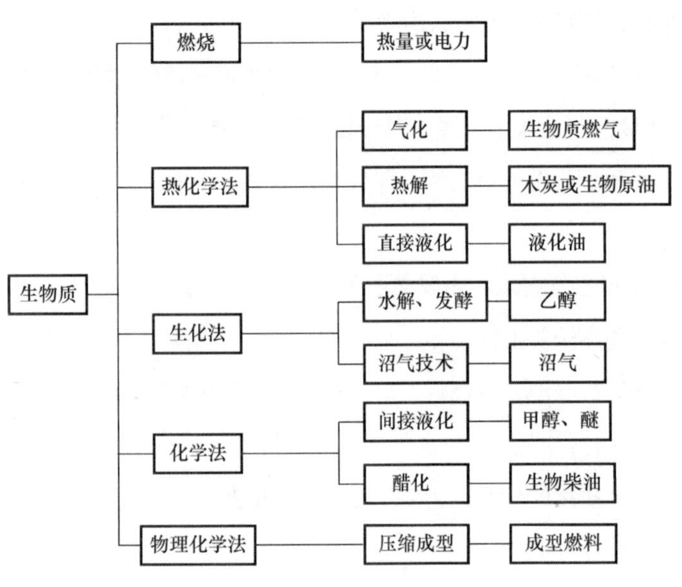

图 2-1　生物质能转化利用形式图

生物质经气化得到的可燃性气体，既可用作燃料提供热能；还可用作发电的燃料。用生物质制取的甲醇、乙醇可代替部分石油作内燃机的燃料，用于交通运输行业中。生物质在厌氧条件下，被沼气微生物分解代谢，得到含有甲烷的可燃性气体，是民用高热值的气体燃料，亦可与柴油混烧作内燃机的燃料，沼渣、沼液是优质的有机肥料，沼液还可用来浸种。

而针对农村地区的经济和环境状况，适用的生物质能利用技术主要为沼气技术、气化技术和燃烧技术等，如表 2-1 所示。

适宜农村地区的生物质能利用技术表　　　　表 2-1

原料	来源	技术类型	产品	用途
农作物 秸秆、林业生物质资源	农业、林业生产	直燃发电技术； 混合燃烧发电技术	电力	发电、供热
		气化集中供气技术	生物质燃气	炊事
		固体成型燃料技术	固体成型燃料	炊事、采暖
		沼气技术	沼气	炊事
		水解技术； 费托合成	燃料乙醇； 生物柴油	运输
畜禽粪便	农户散养 养殖场或养殖小区	农村户用沼气技术	沼气	炊事
		养殖场沼气工程技术	沼气、电力	炊事、发电、运输

2.2 国内外生物质能应用技术发展状况

2.2.1 国外生物质能技术发展状况

生物质能源的开发利用早已引起世界各国政府和科学家的关注。有许多国家都制订了相应的开发研究计划，如日本的阳光计划、印度的绿色能源工程、美国的能源农场和巴西的酒精能源计划等发展计划。其他诸如丹麦、荷兰、德国、法国、加拿大、芬兰等国，多年来一直在进行各自的研究与开发，并形成了各具特色的生物质能研究与开发体系，拥有各自的技术优势。

目前生物质能主要利用技术有气化技术、沼气技术、燃烧技术、热解与直接液化技术、生物液体燃料技术等。

1. 沼气技术

发展较早的生物质能利用技术主要为厌氧法处理禽畜粪便和高浓度有机废水。20世纪80年代以来，发展中国家主要发展沼气池技术，以农作物秸秆和禽畜粪便为原料生产沼气作为生活炊事燃料，如印度和中国的家用沼气池；而发达国家则主要发展厌氧技术处理禽畜粪便和高浓度有机废水。目前，日本、丹麦、荷兰、德国、法国、美国等发达国家均普遍采取厌氧法处理禽畜粪便，而印度、菲律宾、泰国等发展中国家也建设了大中型沼气工程处理禽畜粪便的应用示范工程。采用新的自循环厌氧技术后，荷兰IC公司已使啤酒废水厌氧处理的产气率达$10m^3/m^3 \cdot d$的水平，从而大大节省了投资、运行成本和占地面积。美国、英国、意大利等发达国家将沼气技术主要用于处理垃圾，美国纽约斯塔藤垃圾处理站投资2000万美元，采用湿法处理垃圾，日产26万m^3沼气，用于发电、回收肥料，效益可观，预计10年可收回全部投资。英国以垃圾为原料实现沼气发电18MW，今后10年内还将投资1.5亿英镑，建造更多的垃圾沼气发电厂。

2. 生物质热裂解气化技术

早在20世纪70年代，一些发达国家，如美国、日本、加拿大、欧盟诸国，就开始了生物质热裂解气化技术的研究与开发，到20世纪80年代，美国就有19家公司和研究机构从事生物质热裂解气化技术的研究与开发；加拿大12个大学的实验室在开展生物质热裂解气化技术的研究。此外，菲律宾、马来西亚、印度、印尼等发展中国家也先后开展了这方面的研究。芬兰坦佩雷电力公司在瑞典建立一座废木材气化发电厂，装机容量为60MW，产热65MW；2010年，芬兰的威尔士建造了规模为350MW的生物燃料发电厂。瑞典能源中心取得世界银行贷款，计划在巴西建一座装机容量为20~30MW的发电厂，利用生物质气化、联合循环发电等先进技术处理当地丰富的蔗渣资源。

目前，在该领域具有领先水平的国家有瑞典、美国、意大利、德国等。美国近年来在生物质热裂解气化技术方面有所突破，研制出了生物质综合气化装置——燃气轮机发电系统成套设备，为大规模发电提供了样板。

国外生物质气化应用情况主要包括：(1) 生物质气化发电。(2) 生物质燃气区域供热。(3) 水泥厂供燃与发电并用的生物质气化站。(4) 生物质气化合成甲醇。(5) 生物质气化合成氨。

欧盟各国对生物质气化转化优先考虑的是：(1) 用于热能与供电(100kW~10MW)的气化技术。包括流化床和固定床气化装置，粗燃气净化，排放物的控制和发动机，燃气机的研究。(2) 热解技术。包括农林废弃物及纤维素物质制取适用于运输车辆的原油精练技术和排放物控制。德国贝尔特能源公司研制的下行式气化炉－内燃机发电机组，气化效率可达60%~90%，可燃气热值为1.7×10^4~$2.5 \times 10^4 kJ/m^3$。

3. 生物质液化技术

生物质液化技术是另一项令人关注的技术，因为生物质液体燃料，包括乙醇、植物油等，可以作为清洁燃料直接代替汽油等石油燃料。巴西和美国是乙醇燃料开发应用最有特色的国家，同时也是当前世界上乙醇行业发展最为成熟的国家。20世纪70年代中期，为了摆脱对进口石油的过度依赖，巴西实施了世界上规模最大的乙醇开发计划，2006年巴西生产燃料乙醇达175亿L，同期美国燃料乙醇产量约为180亿L。目前巴西和美国的乙醇产量已占到全球乙醇产量的70%，是乙醇燃料主要生产和消费国。巴西已成为世界上唯一不供应纯汽油的国家，完全用含水酒精作燃料的酒精汽车达400万辆，乙醇燃料已占汽车燃料消费量的50%以上。与美国不同的是，巴西主要以甘蔗为原料生产燃料乙醇，而美国以转基因玉米为主。此外，美国可再生资源实验室已研究开发出利用纤维素废料生产酒精的技术，美国哈斯科尔工业集团公司建立了一个1MW稻壳发电示范工程，年处理稻壳12000t，年发电量800万kW·h（以下简称度），年产酒精2500t，具有明显的经济效益。

4. 生物质气化发电技术

生物质气化发电技术具有较高的转换效率，能提供高质量的电力供应给用户。生物质作为气化原料具有以下优点：（1）挥发分含量高，在比较低的温度下（一般在350℃左右）就能释放出大约80%的挥发分，剩余20%固体残留物，因而是热解气化的好原料。（2）炭的活性高，在800℃及在水蒸气存在条件下，生物质气化反应迅速，经7min后，有80%炭被气化，剩余20%固体残留物。（3）灰分低，多数生物质燃料的灰分含量都在20%以下，简化了除灰过程。（4）由于硫含量极低，生物质气化不存在脱硫问题。此外从自然界碳的循环过程分析，生物质能利用过程中CO_2是零排放，不会使大气中的温室效应气体增加。以上特点说明，固体生物质燃料可以在比较低的温度下被迅速地转换为高品位的气体燃料，且气化过程简化，气化设备减小，因而固体生物质是气化的理想原料。将固体生物质转换成高品位的气体燃料使用，是有效利用生物质能源，并使能源结构从以矿物燃料为主向以可再生能源为主的持续能源系统转变的重要措施之一。

5. 其他技术

此外，生物质压缩技术可将固体农林废弃物压缩成型，制成可代替煤炭的压块燃料。如，美国曾开发了生物质颗粒成型燃料；泰国、菲律宾和马来西亚等第三世界国家发展了棒状成型燃料。

2.2.2 我国生物质能技术发展状况

我国政府及有关部门对生物质能源利用极为重视，涌现出一大批优秀的科研成果和成功的应用范例，如户用沼气池、禽畜粪便沼气技术、生物质气化发电和集中供气、生物压块燃料等，取得了可观的社会效益和经济效益。同时，我国已形成一支高水平的科研队伍，包括国内有名的科研院所和大专院校，拥有一批热心从事生物质热裂解气化技术研究与开发的著名专家学者。

1. 沼气技术

20世纪90年代以来，我国沼气建设一直处于稳步发展的态势。截至2010年，我国户用沼气池超过3000万口，沼气年利用量约150亿m^3。以沼气利用技术为核心的综合利用技术模式由于其明显的经济和社会效益而得到快速发展，这也成为中国生物质能利用的特色，如"四位一体"模式，"能源环境工程"等。所谓"四位一体"就是一种综合利用太阳能和生物质能发展农村经济的模式，其内容是在温室的一端建地下沼气池，池上建猪舍、厕所。在一个系统内既提供能源，又生产优质农产品。"能源环境工程"技术是在原大中型沼气工程基础上发展起来的多功能、多效益的综合工程技术，既能有效解决规模化养殖场的粪便污染问题，又有良好的能源、经济和社会效益。其特点是粪便经固液分离后液体部分进行厌氧发酵产生沼气，厌氧消化液和渣经处理后成为商品化的肥料和饲料。2008年蒙牛投资4500万元建立了全球最大的畜禽类生物质能沼气发电厂，作为澳亚国际牧场的配套设施，蒙牛生物质能发电厂日处理鲜牛粪500t，日生产沼气12000m^3，年发电量1000

万度，直接接入国家电网。年减排温室气体约 25000t CO_2。平均下来，每头奶牛每年能“发电”1000 度，相当于为 5 台家用电冰箱提供一年的用电量。

2. 生物质气化技术

在我国，主要将农林固体废弃物转化为可燃气的技术应用于集中供气、供热、发电等方面。中国林科院林产化学工业研究所从 20 世纪 80 年代开始研究开发了集中供热、供气的上吸式气化炉，并且先后在黑龙江、福建得到工业化应用，气化炉的最大生产能力达 6.3×10^6kJ/h。建成了气化制取民用燃气供居民使用的气化系统。江苏省研究开发以稻草、麦草为原料，应用内循环流化床气化系统，产生接近中热值的煤气，供乡镇居民使用的集中供气系统，气体热值约 8000kJ/Nm^3，气化热效率达 70% 以上。山东省能源研究所研究开发了下吸式气化炉，主要用于秸秆等农业废弃物的气化，在农村居民集中居住地区得到较好的推广应用，并已形成产业化规模。广州能源所开发的以木屑和木粉为原料，应用循环流化床气化技术，制取水煤气作为干燥热源和发电的气化发电系统。1998 年设计建造了 1MW 循环流化床生物质气化发电装置。目前由江苏兴化苏源总公司、中科院广州能源研究所等共同投资建成的国内最大的生物质能发电项目装机容量为 5000kW。该项目主要利用麦草、稻壳等来发电，采用的新技术和新设备处于世界先进地位，装机容量为世界第三，国内第一。

2.3 农村沼气发酵技术

2.3.1 沼气发酵过程

沼气发酵是一个微生物学的过程。秸秆类废弃物、畜禽粪便以及污水中所含的有机质等，在厌氧及其他适宜的条件下，通过微生物的作用，最终转化为沼气，完成这个复杂的过程，即为沼气发酵。沼气发酵主要分为液化、产酸和产甲烷三个阶段进行。

1. 液化阶段

秸秆类废弃物、畜禽粪便以及其他各种有机废弃物，都是以大分子状态存在的碳水化合物，如淀粉、纤维素及蛋白质等。它们不能被微生物直接吸收利用，必须通过微生物分泌的纤维素酶、肽酶和脂肪酶等胞外酶的作用，进行酶解，把以上物质分解成可溶于水的小分子化合物，即多糖分解成单糖或二糖；蛋白质分解成肽和氨基酸；脂肪分解成甘油和脂肪酸。这些小分子化合物才能进入到微生物细胞内，进行以后的一系列生物化学反应，这个过程称为液化。

2. 产酸阶段

在产酸微生物群的作用下将单糖类、肽、氨基酸、甘油、脂肪酸等物质转化成简单的甲醇、乙醇等有机酸以及二氧化碳、氢气、氨气和硫化氢等。其中主要的产物是挥发性有机酸，以乙酸为主，约占 80%，故称为产酸阶段。

3. 产甲烷阶段

产酸阶段的主要产物又被产甲烷微生物群（又称产甲烷菌）利用。产甲烷菌分解乙酸、醇等形成甲烷和二氧化碳，这种以甲烷和二氧化碳为主的混合气体便称为沼气。

然而，在发酵过程中，上述 3 个阶段的界线和参与作用的沼气微生物都不是截然分开的，尤其是液化和产酸 2 个阶段，许多参与液化的微生物也会参与产酸过程。

2.3.2 沼气发酵主要影响因素

影响沼气发酵的因素很多，其中主要的因素包括发酵温度、pH 值、接种物、原料成分等。

1．温度

发酵温度是影响沼气发酵的重要因素。在一定温度范围内，发酵原料的分解消耗速度随温度的升高而提高。沼气发酵细菌和其他微生物一样，有其适宜的温度范围，因而发酵温度也各有不同。通常认为 45~60℃ 为高温沼气发酵；30~45℃ 为中温沼气发酵。我国农村中的沼气池都在自然温度下进行发酵，发酵温度随气温和季节而变化，故称之为自然温度发酵。

研究发现在 10~60℃ 环境下都可以进行沼气发酵。发酵温度对沼气发酵微生物的活性有很大影响，发酵温度越高，发酵周期越短，产气效率越高。发酵过程中发酵温度的变化幅度也对发酵有很大影响。反应温度突然下降或升高 5℃ 以上都会严重抑制产甲烷菌的活性而抑制沼气的生产。

温度与产气的关系是外在表现，而其内部实质是发酵原料的消化速度。温度越高，原料分解速度越快。平均温度为 23.9℃ 时，牛粪需 50d 才能全部消化，植物废料 70d 才全部消化，牛粪与植物废料的混合原料需 50~60d。若人工控制发酵温度为 32.2~37.8℃，牛粪的发酵周期不超过 28d，植物废料不超过 45d。

2．pH 值

沼气发酵通常在中性至微碱性环境中，适宜的 pH 范围是 6.5~7.5，发酵料液的 pH 过高或过低都会影响微生物的活性而抑制发酵。发酵料液的 pH 值取决于挥发酸、碱度和 CO_2 的含量百分比以及与温度等各种因素有关，其中影响最大的是挥发酸浓度。

在发酵过程中，发酵料液的 pH 一般是由微生物自身调节：在发酵初期，由于产酸菌的活动生成大量有机酸使发酵料液的 pH 下降；之后产甲烷菌可以快速转化有机酸而使发酵料液的 pH 逐渐上升；产甲烷菌的氨化作用生成 NH_3HCO_3 中和部分有机酸，也使发酵料液的 pH 上升。农村沼气池的发酵 pH 值也有这样一个相似的变化过程，发酵速度越快，变化过程的时间越短；发酵越慢，变化过程的时间越长。但是由于农村沼气发酵的温度较低，发酵速度较慢，pH 值的变化不像高温沼气发酵那样明显。一般情况下，pH 值的变化幅度不会超出适宜范围。

3．接种物

由于厌氧发酵产生甲烷的过程是由多种沼气微生物来完成的，因此加入足够所需要的微生物作为接种物是极为关键的。接种物含有大量沼气发酵微生物的活性污泥。接种污泥以下水道污泥、正常发酵的沼气池池底污泥和生活污水处理厂的厌氧活性污泥等含厌氧微生物丰富的污泥为佳。在农村，来源较广、使用最方便的接种物是沼气池本身的污泥。对农村沼气发酵来说采用下水道污泥作为接种物时，接种量一般为发酵料液的 10%~15%，当采用老沼池发酵液作为接种物时，接种数量应占总发酵料液的 30% 以上，若以底层污泥作为接种物时，接种数量应占总发酵料液的 10% 以上。而以秸秆类生物质为主发酵原料时，接种量甚至超过 50%。为了获得足够的质量好的接种物，必需对接种物进行富集培养。富集培养的主要办法是选择活性较强的污泥，使其逐渐适应发酵的基质和发酵温度，然后逐步扩大，最后加入沼气池作为接种物。

4．原料成分

可以用来发酵产沼气的生物质很多。沼气发酵原料主要包括秸秆类农业废弃物、禽畜粪便和污水处理厂的厌氧活性污泥以及生活垃圾等。各种发酵原料的产气量有所不同，在 35℃ 条件下常用原料每千克干物质的产气量为 0.3~0.5m^3 左右。沼气发酵常用的原料主要是秸秆和粪便。对于我国农村畜牧业发达地区，为方便进出料和充分利用畜禽粪便，以纯粪便作为沼气发酵原料为宜。而我国农村沼气发酵的一个明显特点是采用混合原料——秸秆和粪便，因此采用科学合理的配料方法确定入池原料的种类和含量是十分重要的。

2.4 生物质气化技术

2.4.1 生物质气化过程

生物质气化是指固体生物质原料在高温下部分氧化，转化为气体燃料的热化学过程。为了提供反应的热力学条件，气化过程需要供给空气或氧气，使原料发生部分燃烧。尽可能将能量保留在反应得到的可燃气中，气化后的产物是含 H_2、CO 及低分子 C_mH_n 等可燃性气体。所用气化剂不同，得到的气体燃料也不同。目前应用最广的是用空气作为气化剂，产生的气体主要作为燃料，用于锅炉、民用炉灶、发电等场合。通过生物质气化可以得到合成气，可进一步转变为甲醇或提炼得到氢气。

生物质气化的过程很复杂，影响因素主要有工艺流程、气化剂、气化装置、原料特性、反应条件等。气化反应过程包括干燥、热解、氧化和还原 4 个部分。

（1）干燥过程：生物质原料进入气化器后，受到加热，吸着在生物质表面的水分首先析出，在 100~150℃主要为干燥阶段，产物为干原料和水蒸气。这阶段的过程进行比较缓慢。

（2）热解反应：当温度升高到 200~300℃ 以上时开始发生热解反应。热解是高分子有机物在高温下吸热所发生的不可逆裂解反应，是一个十分复杂的过程，其真实的反应可能包括若干个不同路径的一次、二次甚至高次反应，不同的反应路径得到的产物也不同。但总的结果是大分子的碳水化合物的链被打碎，析出生物质中的挥发分，其中混合气体至少包括数百种碳氢化合物，有些可以在常温下冷凝成焦油，不可冷凝气体则直接作为气体燃料，可用化学反应方程式来近似表示：

$$CH_xO_y=n_1C+n_2H_2+n_3H_2O+n_4CO+n_5CO_2+n_6CH_4 \tag{2-1}$$

式中：CH_xO_y 为生物质的特征分子式；n_1~n_6 是气化时由具体情况决定的平衡常数。

（3）氧化反应：当温度达到热解气体的着火点时，可燃挥发份气体会首先被点燃，热解的剩余物木炭与被引入的空气发生反应，同时释放大量的热以支持生物质干燥、热解及后继的还原反应进行，氧化反应速度较快，温度可达 1000~1200℃。

（4）还原过程：还原过程没有氧气存在，氧化层中的燃烧产物及水蒸气与还原层中的炭发生还原反应，生成氢气和一氧化碳等。这些气体和挥发分组成了可燃气体，完成了固体生物质向气体燃料的转化过程。还原反应是吸热反应，温度将会降低到 700~900℃。

2.4.2 生物质气化反应设备

生物质气化按照气化器中可燃气相对物料流动速度和方向不同，分为固定床气化和流化床气化 2 大类。固定床气化炉中，物料发生气化反应是在相对静止的床层中进行，其结构紧凑，易于操作并具有较高的热效率。

1. 固定床气化炉

固定床气化炉具有一个容纳原料的炉膛和承托反应料层的炉栅，应用较广泛的是下吸式气化炉和上吸式气化炉，如图 2-2 和图 2-3 所示。在下吸式气化炉中，原料由上部加入，依靠重力下落，经过干燥区后水分蒸发，进入温度较高的热分解区生成炭、裂解气、焦油等，继续下落经过氧化还原区将焦炭和焦油等转化为 CO、CO_2、CH_4 和 H_2 等气体，炉内运行温度在 400~1200℃左右，燃气从反应层下部吸出，灰渣从底部排出。下吸式气化炉有效层高度几乎不变、气化强度高、工作稳定，气化产生的焦油在通过下部高温区一部分可被裂解为永久性小分子气体，使气体热值提高并降低了出炉燃气中焦油含量；但是燃气中灰尘较多，出炉温度较高。上吸式气化炉中，原料移动方向与气流方向相反，气化剂由炉体底部进气口进入炉内参与气化，产生的燃气自下而上流动，由燃气口排出，出炉燃气含灰量少，气化效率较高；但存在密封困难，添料不方便等问题。

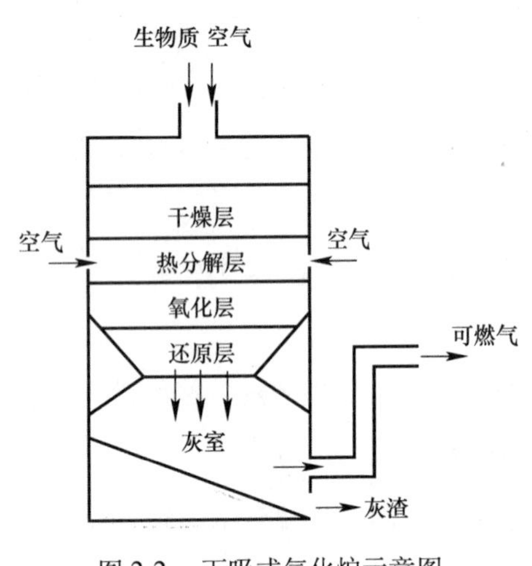

图 2-2　下吸式气化炉示意图

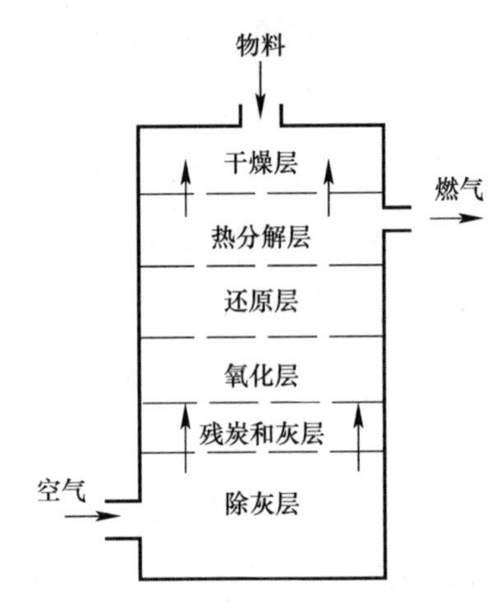

图 2-3　上吸式气化炉示意图

2．流化床气化炉

流化床气化炉在吹入的气化剂作用下，物料颗粒、砂子、气化介质充分接触，受热均匀，在炉内呈“沸腾”状态，气化反应速度快，产气率高。与固定床相比，流化床没有炉栅，一个简单的流化床由燃烧室、布风板组成，气化剂通过布风板进入流化床反应器中。这种气化炉适用于气化水分含量大、热值低、着火困难的生物质物料，但是原料要求相当小的粒度。按气化器结构和气化过程，可将流化床分为鼓泡流化床和循环流化床，如图 2-4 和图 2-5 所示。

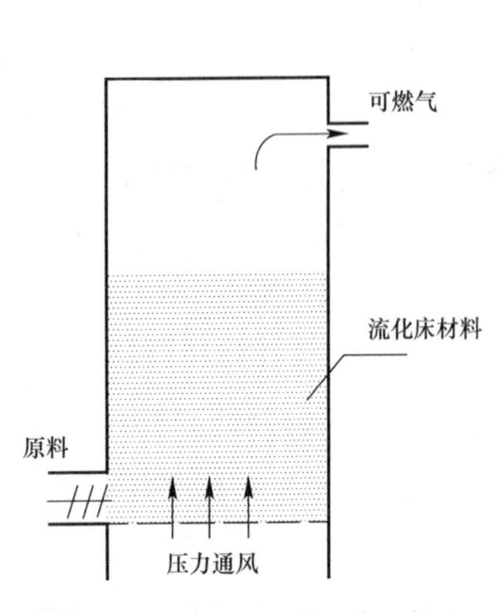

图 2-4　鼓泡流化床气化炉示意图

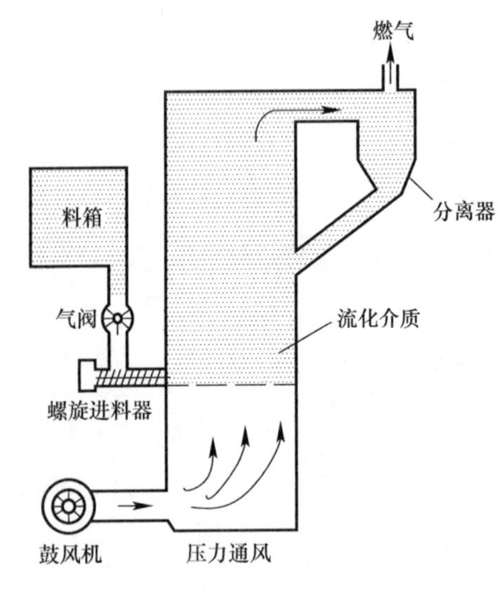

图 2-5　循环流化床气化炉示意图

鼓泡流化床气化炉是最简单的流化床气化器，它只有一个流化床反应器。生物质原料在分布板上部被直接输送到炽热砂床中热分解生成炭和挥发分，气化剂从底部气体分布板吹入反应器中，使在流化床上同生物质热分解产物彻底混合，并进行气化反应，大分子的挥发分在炽热的床层中会进一步裂解成小分子气体，生成的气化燃气中焦油含量较少。它适用于颗粒较大的生物质原料，但存在着飞灰和炭粒夹带严重、运行费用较大等问题。

循环流化床流化速度较高，使产出燃气中含有大量的固体颗粒，因此在气化燃气出口处，设有旋风分离器或滤袋分离器，未反应完的炭粒在出口处被分离出来，经循环管送入流化床底部，与从底部进入的空气发生燃烧反应，放出热量，为整个气化过程供热，可以提高碳的转化率。循环流化床气化炉与鼓泡流化床气化炉的反应温度一般都控制在 750~900℃。

第三章
沼气燃烧与沼气具节能

随着城镇化进程的快速推进和生活水平的提高，城镇居民的生活用能中，商品能源所占比例日益增大。只有针对气候、作物、生活习惯，因地制宜地开发利用生物质资源，并将其有机融入村镇住宅，才有望切实缓解城镇化的能源问题。

村镇住宅的热需求主要是炊事、热水和采暖、空调，从一次能源供应角度看，则有煤炭、液化石油气、天然气等商品能源和秸秆薪柴、沼气、秸秆气以及太阳能等可再生能源。太阳能热水器受气候、地域的影响很大，即使在太阳能辐照较强的地区也很难保证全年卫生热水需求。如果以经济高效的方法，改变直接燃烧秸秆、薪柴的落后利用方式，则可在解决村镇生活用能问题的同时，消除环境污染，架构可持续的社会主义新农村发展模式。

村镇能源系统的生命周期评价研究指出：化石能源的经济和环境成本均较高，秸秆、薪柴经济成本虽低，但环境成本高，而沼气、秸秆气等可再生能源的经济及环境成本均较低，是村镇能源规划的优化方案。

沼气的应用历史悠久，技术成熟，原料来源广泛，综合利用效率高。农作物秸秆、人畜粪便、农村生活垃圾等均可用来发酵沼气。因此沼气一直是我国农村的推广重点。截至 2010 年底，全国已建成户用沼气池 3050 万口，大中型沼气设施 8000 多处，生活污水净化沼气池 14 万处，畜禽养殖场和工业废水沼气工程达到 2700 多处，年产气 120 亿 m^3，折合 898 万 tce。我国农村沼气工程建设发展规划为 2010 年沼气年产量为 155 亿 m^3，2015 年沼气年产量为 233 亿 m^3。

沼气作为一种古老的新技术，在我国村镇的生活用能中将发挥重要作用。本章重点阐述沼气具相关的燃烧问题，在第四章中探讨将沼气与液化石油气掺混的技术路线，并着重研究混合气的燃烧问题。

3.1 沼气燃烧原理

3.1.1 沼气组分

沼气是微生物厌氧发酵产生的一种富含 CH_4 的混合气体，其主要组分是 CH_4（50%~70%）和 CO_2（25%~45%），还有少量的 CO、H_2S、H_2、N_2 和 C2+ 等。表 3-1 列出了一些文献中的沼气组成。

沼气组分含量表（单位：%） **表 3-1**

序号	CH_4	CO_2	CO	H_2S	H_2	O_2	N_2	C_mH_n
1	60	35	少	—	少	少	—	—
2	53~65	30~39	0~1.6	0.02~0.08	1.8~6.5	0.3~3.2	0.7~9.5	0~1.6
3	50~70	30~40	少	少	少	—	少	—
4	55~70	25~45	少	0.1	少	—	少	—
5	55~71	28~45	少	0.03	少	1.9	少	—
6	50~70	30~50	少	少	少		少	—

续表

序号	CH_4	CO_2	CO	H_2S	H_2	O_2	N_2	C_mH_n
7	50~70	30~40	少	少	少		少	—
8	50~70	29~40	0.5~1.6	0.03~0.13	1.4~6.5	0.2~2	0.7~1.9	0.1~3
9	60~70	25~35	少	少	少		少	—
10	53~64	22~39	0~1.6	0.02~0.06	1.8~6.8	0.3~3.2	0.7~9.5	0~6.9

必须说明的是，受发酵原料种类、原料配比、pH 值、发酵时间和发酵温度等因素影响，沼气的组分变化范围较大。同样的原料采用不同的发酵工艺，所得沼气的燃烧特性也可呈现较大差别。

3.1.2 沼气的燃烧反应

沼气燃烧过程是沼气中的可燃成分（CH_4、CO、H_2S、H_2 和 C_mH_n 等）与氧气发生激烈的氧化作用，并伴随大量光、热的物理化学反应。作为村镇家庭生活用能，沼气直接燃烧是最常见的沼气利用技术。随着大型沼气工程的建设，用于沼气发电、热电联供的场合也开始增多。如沼气灯利用燃烧光能，沼气灶和沼气热水器利用燃烧放热。

燃烧反应计量方程式是进行燃气燃烧计算的依据。它表示各单一可燃气体燃烧反应前后物质种类和数量的变化情况，还能定量描述反应的热效应。沼气燃烧时发生的反应如下：

$$\begin{cases} CH_4+2O_2=CO_2+2H_2O \\ CO+0.5O_2=CO_2 \\ H_2S+1.5O_2=SO_2+H_2O \\ H_2+0.5O_2=H_2O \\ C_mH_n+(m+n/4)O_2=mCO_2+(n/2)H_2O \end{cases} \tag{3-1}$$

作为含有多种组分的混合气体，沼气的热值、理论空气量等燃烧特性参数可由单一气体的性质计算得到。

1. 沼气热值

1Nm^3 的沼气完全燃烧所放出的热量即为沼气的热值，单位为 MJ/Nm^3；当燃烧产物中的水蒸气以凝结水状态排出时所放出的热量称为高热值，而燃烧产物中的水蒸气仍为蒸汽状态时，所放出的热量称为低热值。

沼气的热值如下计算：

$$H=\sum r_i H_i \tag{3-2}$$

式中：H——为沼气的高热值或低热值，MJ/Nm^3；

r_i——为沼气中各组分的体积分数；

H_i——为沼气中各组分的高热值或低热值，MJ/Nm^3。

一般沼气的 CH_4 含量为 50%~70%，故沼气的低热值为 18~25MJ/Nm^3。

2. 沼气燃烧理论空气量

理论空气量是指按照燃烧反应计量方程式完全燃烧所需的空气量，也是保证完全燃烧所需的最小空气量。已知沼气组成时，可按下式计算其理论空气量：

$$V_0=\frac{1}{21}\left[0.5H_2+0.5CO+\sum\left(m+\frac{n}{4}\right)C_mH_n+1.5H_2S-O_2\right] \quad (3-3)$$

典型沼气的理论空气量为 4.8~6.7Nm³/Nm³。

3. 沼气的华白数与燃烧势

华白数与燃烧势是我国国标中用于燃气分类管理的 2 个主要指标。华白数是描述燃气特性的一个参数，其定义为：

$$W=\frac{H}{\sqrt{s}} \quad (3-4)$$

式中：H、s——分别为燃气的热值和比重（空气为 1）。

当两种燃气的华白数相同时，在同一燃具上工作时的热负荷保持不变，故华白数又称作“热负荷”指数。

沼气的华白数随着组分的变化而变化，为 19~30MJ/Nm³。

燃烧势最初是用来描述某种燃气在一个大气式燃烧器上工作时，内锥高度随组分变化的一个半经验指数，之后被广泛用于反映一种燃气的火焰速度。我国国标中规定的计算公式如下：

$$C_P=K_1\frac{H_2+0.3CH_4+0.6(CO+C_mH_n)}{\sqrt{s}} \quad (3-5)$$

式中：K_1——与燃气 O_2 含量有关的系数，$K_1=1+0.0054O_2^2$。

在我国的国家标准《城镇燃气分类和基本特性》(GB/T13611-2006) 中，沼气属于天然气的一种，编号 6T，其燃烧设备的测试用气，包括基准气和极限气，见表 3-2 所示。

《城镇燃气分类和基本特性》(GB/T13611-2006) 中的测试用气表　　　　**表 3-2**

试验气	体积组成（%）	比重	热值（MJ/Nm³）		华白数（MJ/Nm³）		燃烧势
			H_i	H_s	W_i	W_s	C_p
0	CH_4 : 53.4；N_2 : 46.6	0.747	18.16	20.18	21.01	23.35	18.5
1	CH_4 : 56.7；N_2 : 43.3	0.733	19.29	21.42	22.53	25.01	19.9
2	CH_4 : 41.3；H_2 : 20.9；N_2 : 37.8	0.609	16.18	18.13	20.73	23.23	42.7
3	CH_4 : 53.4；N_2 : 46.6	0.760	17.08	18.97	19.59	21.76	17.3

其中 0 为基准气，1 为黄焰和不完全燃烧界限气，2 为回火界限气，3 为脱火界限气。在进行沼气具性能测试时，应使用基准气在额定压力下测试热效率和 CO 排放，使用 1 在额定压力下测试其黄焰与不完全燃烧情况，使用 2 在 0.5 倍额定压力下测试其回火情况，使用 3 在 1.5 倍额定压力下测试其脱火情况。

表 3-3 列出了典型沼气组成的有关燃烧特性参数。

不同组分沼气的燃烧特性参数表（0°C，101.325kPa，干）　　　　**表 3-3**

特性参数	50% CH_4+50% CO_2	60% CH_4+40% CO_2	70% CH_4+30% CO_2
低热值（MJ/Nm³）	17.94	21.53	25.12
相对密度	1.041	0.9439	0.8466
华白数（MJ/Nm³）	19.53	24.61	30.32
燃烧势（C_p）	14.7	18.5	22.8

特性参数		50% CH_4+50% CO_2	60% CH_4+40% CO_2	70% CH_4+30% CO_2
理论空气量		4.76	5.71	6.66
爆炸极限	上限	26.1	22.7	20.1
	下限	9.5	8.1	7.0
最大火焰传播速度计算值（m/s）		0.14	0.19	0.24

沼气燃烧的主要问题在于因含有较多的惰性气体导致火焰速度较慢，易出现脱火、离焰等不稳定现象。这些需在沼气具设计时特别注意。

3.1.3 沼气燃烧方式及特点

按燃烧前沼气与空气的混合情况，可将沼气燃烧方式分为3种：扩散式燃烧、部分预混式燃烧和完全预混式燃烧。

1．扩散式燃烧

当燃气从火孔流出前没有混入空气，即纯燃气直接从火孔流出燃烧的方式称为扩散式燃烧，其一次空气系数为0。扩散式燃烧所需的氧气是在燃气流出后及燃烧时从周围空气中依靠扩散作用获得的。由于气体分子的扩散速率远低于燃烧反应速率，因此燃烧过程所需的时间取决于扩散速率，反应处于扩散区。对于家用燃烧器具，火孔处气流速度不大，一般为层流，而层流扩散速率较低，限制了燃气扩散火焰的反应速率，因此火焰较长。

沼气必须要在火孔外才能获得燃烧所需的空气，所以扩散火焰不可能缩回燃烧器内，没有回火风险，但脱火的可能性很大。对于家用燃烧器具，扩散式燃烧容易使碳氢分子在燃烧之前热解析出碳单质，从而产生黄焰或使热交换表面结碳。但较之液化石油气或天然气，沼气中可燃烃组分较少，燃烧温度较低，其黄焰的风险较小。

2．部分预混式燃烧

燃气在流出火孔前预混部分空气而进行的燃烧称为部分预混式燃烧或大气式燃烧，其一次空气系数$0<\alpha<1$，即混入的空气量大于0而小于燃烧所需的理论空气量。当一次空气量较大（>0.4）时，燃气火焰将由内外两个锥体组成，沼气的燃烧反应面积和燃烧速率都有大幅提高，使得燃烧更为清洁，火焰温度也更高。大气式燃烧在工农业生产和人民生活中得到了广泛的应用，尤其是家用炊事燃烧器，绝大多数采用的都是大气式燃烧方法，预混一般通过引射器依靠燃气本身压力引射空气来实现的。

3．完全预混式燃烧

如果燃气和空气在着火前预先按化学计量比混合均匀，则成为完全预混式燃烧，由于这种燃烧方式的燃烧速度很快，火焰通常很短甚至看不见，所以又称为无焰燃烧。

无焰燃烧的热强度高，可达（100~200）×10^6kJ/(m^3·h)。无焰燃烧的燃烧温度和燃烧完全程度均很高，且燃烧过程的过剩空气量少，一般α=1.05~1.10，因此热效率也较高。

3.2 家用沼气灶

3.2.1 沼气灶工作原理

扩散式燃烧方式极少使用在家庭炊事中，而大气式、完全预混式的家用沼气灶，其工作原理都是相似的。

沼气依靠自身压力从喷嘴喷出，喷射时形成的负压卷吸周围部分空气进入引射器，沼气和空气在引射器中一边前进一边混合。沼气空气混合物进入燃烧器头部后，速度降低，静压增大，克服火孔阻力而流出火孔，完成燃烧过程。

目前绝大多数家用沼气灶采用部分预混（大气式）燃烧方式，火孔较大，火焰呈蓝色，由内外两层焰面组成。为了完成烹饪过程和保证使用安全，要求灶具火焰处于稳定燃烧状态。稳定燃烧是指火焰不出现离焰、回火和黄焰等不良现象。

离焰和回火是沼气流速和燃烧速度不匹配导致的。如果火孔处可燃混合物的流出速度大于沼气的火焰传播速度，火焰将被推离火孔、甚至被吹熄（脱火）。离焰或脱火将使未燃气体绕过火焰面流出，导致不完全燃烧，浪费了能源更增加了安全风险。

当气流出口流速小于火孔处的火焰传播速度时，火焰就可能缩回火孔，在燃烧器内部燃烧。发生回火时，不完全燃烧产物迅速增加而加热能力急剧下降，还可能烧毁燃烧器，因此也是不允许出现的。

黄焰现象主要与空气供给不足有关，黄焰的产生往往预示了燃烧的不完全，也增加了积碳的可能。

3.2.2 结构及设计参数

大气式燃烧由于诸多优点，在家用沼气灶上得到了广泛应用。典型的大气式燃烧器由喷嘴、引射器、燃烧器头部和火盖等结构组成。

1．喷嘴

喷嘴是将沼气压力势能转化为动能，向燃烧器头部输送能量并引射一次空气的部件。常见喷嘴由铜制造，其直径与热负荷、供气压力有关，可按下式计算：

$$Q=0.98H_i\mu d^2\sqrt{\frac{P}{s}} \quad (3\text{-}6)$$

式中：

Q——为燃烧器热流量，kW；

H_i——为沼气低热值，kJ/m^3；

μ——为喷嘴流量系数，一般为 0.7~0.8；

d——为喷嘴直径，mm；

P——为沼气压力，Pa；

s——为燃气相对密度，无量纲。

按喷嘴结构形式，分为固定喷嘴和可调式喷嘴 2 种。固定喷嘴使用最多，为了增加空气引射量，有的喷嘴本身还带有一次空气引射口。

2．引射器

为了减少成本，引射器常用铸铁浇铸而成，且与燃烧器头部合为一体。引射器一般由一次空气吸入口、调风板、吸气收缩管、混合管和扩压管构成。

一次空气吸入口是一次空气进入燃烧器的通道，其大小和形式对一次空气量的影响很大。常见的吸入口截面与喷嘴轴线垂直，开口面积一般为火孔总面积的 1.25~2.25 倍，开口处空气流速不超过 1.5m/s。为了增加灶具的灵活性，在实际使用时获得更好的燃烧效果，常在一次空气吸入口处安装调风板，通过转动调风板来改变一次空气吸入口的有效流通面积，从而调节一次空气吸入量。

吸气收缩管的作用是减小吸气时的阻力，常用锥形收缩管的进口截面积是喉部面积的 4~6 倍。混合管作用是使沼气与一次空气进行充分混合，常采用直管，长度为喉部面积的 1~3 倍。扩压管为渐扩型，可使部分动压转化为静压，使可燃混合物能克服流出火孔时的阻力。一般扩压管张角为 7°。

3. 燃烧器头部

燃烧器头部的作用是将进一步提高可燃混合物的静压，并将其均匀地分配至每个火孔，其截面积一般在火孔总面积的 2 倍以上。

4. 火盖

火盖是承载火孔的部件，为方便加工而与燃烧器头部分开。为降低成本，很多沼气灶产品将不锈钢板冲压在燃烧器头部，在钢板上开口形成火孔。条缝火孔由于抵抗离焰的能力较强而成为常见的火孔形式。由于沼气热值较低，燃烧速度慢，火孔热强度可取 2~3W/mm^2，火孔出口流速为 0.4~0.6m/s。

3.2.3 沼气灶使用常见问题及解决方法

（1）沼气灶火焰不稳，频繁跳动。出现这种情况多是沼气输送管中存在液体水。沼气池产出的沼气是接近饱和的湿燃气，如果输送管道温度较低，水蒸气就可能冷凝析出，在管道的低处形成水封，阻碍了沼气的正常流通。在沼气管道的低处设置汽水分离装置可解决此问题。

（2）火焰呈明亮的黄色或产生黑烟。黄焰的产生多因一次空气供应不足，黑烟则是黄焰严重时的产物。此时可清理一次空气吸入口，防止堵塞，并适当调大调风板开度，直至出现蓝色、清晰的内焰。

（3）火焰在燃烧器内部燃烧。这是沼气灶出现了回火工况，主要原因是沼气灶的火孔热强度太低。应检查灶前压力是否正常，输气管路、喷嘴及引射器是否堵塞，如清理通畅后还不能排除，可适当减小调风板开度以降低回火风险。

（4）火焰脱离火孔或者被“吹熄”。这是沼气灶出现了离焰工况，可从两方面着手解决。一是清理火孔，除去堵塞在其中的杂质，以减小火孔出流速度；二是适当减小调风板开度，降低沼气的燃烧速度。如还不能排除故障，则应检查灶前压力是否过高。

（5）火焰分布不均，甚至部分火孔不能着火。可能是燃烧器头部或火孔堵塞造成，用灶具附带的清理工具或针形器具清理即可。

3.2.4 新型全预混沼气灶

沼气成分主要是 CH_4、CO_2，火焰传播速度很低，在采用大气式燃烧时存在一些其固有的燃烧问题。

1. 易离焰

目前已商业化供应的燃气中，天然气的火焰传播速度最小。与天然气相比，沼气中含有更多的 CO_2，燃烧速度更慢。在同样的燃具功率下，所需的燃烧火孔面积更大。因此，沼气燃烧时最容易发生脱火或离焰现象。

固然，可使用稳焰孔等措施来稳定燃烧，但沼气中的杂质较多，稳焰孔会出现堵塞，从而无法彻底解决沼气燃烧易离焰的问题。

2．沼气压力不稳定，沼气具的压力适应性不够

大多数水压式沼气池的特点是：产气时池压升高，用气时池压降低。池压的变化使得用气的整个过程和灶前压力都在波动。例如，北京 -4 型沼气灶，用开关调节灶前压力，热效率能达到 60.1%；不用开关调节的，热效率只有 57%。因此，无论使用哪一种灶具，都要把灶前压力尽量调节到设计压力才好。

此外，沼气池的压力波动会影响一次空气的引射情况。压力高、则引射的一次空气量大，一次空气系数增大，更容易导致离焰等燃烧不稳定问题。据报道，有些灶具头部出火孔处的沼气空气混合物的出口速度高达 6~19.8m/s。压力低、则功率减小，引射的一次空气减少，火焰长而无力。

3．沼气气质不稳定，沼气具适应性不够

沼气的组分与产沼原料关系密切。新池在较长时间内投料主要是人粪便及冲洗厕所废水时，沼气中 CO_2 和 N_2 含量过高，而可燃成分（CH_4、CO、H_2S、C_mH_n）含量低，导致沼气燃烧速度更低，点火难并脱火。此时可指导用户向新池投入一部分粪便等接种物。

4．器具成本与性能之间的制约

沼气具的设计、制造成本受沼气项目招投标的制约。性能改善，则成本上升，无法使用较高的材料与工艺。

从材质上看，目前的沼气灶多使用不锈铁冲压件，在一定的使用时限内可保持较好的性能。但与城市燃气系统中的灶具相比，后者多使用铸铜件，可保持长期的燃烧稳定性和较理想的热工性能。

针对大气式沼气灶存在的问题，可考虑采用全预混燃烧来改善其燃烧稳定性与压力适应性。全预混燃烧的优点是燃烧强度大、火焰短，可以降低炉膛高度。省去了二次空气入口的面积，具有较大的面积热强度与体积热强度，可加大传热系数，提高热效率。最重要的是这种燃烧方法，在适当的燃气与空气的混合比例下，全预混燃烧产物中 CO 及 NO_x 含量可显著下降，是一种节能又环保的燃烧方法。

与大气式灶具相比，全预混燃烧器的不同之处主要在于引射器和火孔结构。因为在同样的沼气压力下，需引射更多的一次空气，引射器的喉部较粗。头部采用了多孔陶瓷板作为红外辐射面。

按照《家用沼气灶》GB/T3606-2001 的要求，作者开发了一种将全预混燃烧与大气式燃烧相结合的新型沼气灶，外圈使用全预混的红外辐射陶瓷板，内圈设置了大气式的小火燃烧器，保证了低热负荷的烹饪需求，增大了沼气灶的实用性。

测试得到的主要热工指标见表 3-4 所示。

全预混沼气灶的热工性能表 **表 3-4**

额定压力（Pa）	热流量（kW）	热效率（%）	CO（ppm）	燃烧稳定性
1600	3.5	63.2	29	在额定压力的 40%~160% 情况下，未出现离焰和回火

3.3 沼气热水器

改革开放以后，我国燃气事业开始迅猛发展。1986 年我国第一个燃气热水器技术标准《家用燃气快速热

水器》（GB6932-86）颁布，之后几年内，生产厂家发展到几十个，年生产能力超过十几万台的厂家在 10 个以上。1990 年代以后，我国燃气热水器的生产从单一品向多品种过渡，生产工艺、技术水平、产品质量正在接近国际先进水平。

从原理和生产工艺上来讲，沼气热水器与其他燃气热水器并无本质区别，但其市场发展和应用背景却有其特殊性。从气、水源环境看，沼气热水器工作环境恶劣：农村沼气气量无保证、气压不固定、成分不稳定、水分较多，供水条件也较差，沼气热水器相比其他燃气热水器更难稳定工作。从使用者角度来看，沼气热水器需要定期更换脱硫剂，比较麻烦；而农户对于热水器的认知不足，使用和保养缺乏经验和意识，正确使用的难度较大，故障率较高。从产品价格来讲，由于沼气热水器的市场主要是农村地区，其定价要满足农民的消费水平和消费意识，一般为 300~400 元，产品成本限制了其性能的进一步提升。从客户服务来看，农村地区用户分散，售后服务难度较大。

在农村地区推广沼气热水器有着上述先天不足，而政府采购时也很少涉及沼气热水器。我国沼气发展的特殊国情，使得沼气热水器的发展远落后于其他燃气热水器。即使与沼气灶具相比，普及率也相距甚远，其销售比例总体上约是沼气灶具的 10% 左右，并且销出去的沼气热水器很大一部分处于闲置状态。尽管发展相对滞后，但伴随着农村沼气能源建设的深入推进，农民的生活环境、生活水平得到的改善，沼气热水器的市场需求量呈现出急速增长之势。

目前，沼气热水器以部分预混（大气式）燃烧、自然排气（烟道式）为主，额定热水产率多为 6~7kg/min。水气联动和自动点火技术已经比较成熟，但自动恒温型沼气热水器还很难见到，热负荷基本靠手动调节。针对沼气气压不稳的使用条件，已有厂家在燃烧器入口处增加稳压装置，取得较好的效果。有学者对金属纤维网沼气全预混燃烧热水器进行了研究，在热负荷为 20.8kW（热水产率 10.5kg/min）时，热效率为 88%，CO 和 NO_x 排放均低于 20ppm，具有良好的热工性能。

目前，农村市场化程度已较高，就沼气热水器而言，消费者拥有充分的自主权。因此，企业在推广中起重要作用，应根据农村市场的特点，通过产品结构调整和功能优化，进一步提高产品质量，树立良好的品牌，来进一步推动沼气热水器的产品和市场的发展。

第四章
沼气与液化石油气掺混气燃烧技术

4.1 技术路线概述

4.1.1 目前沼气技术的缺陷

长期以来，沼气被定位成偏远地区的一种可再生能源，进行沼气技术推广的主要目的是为没有商品能源的地区提供一种因地制宜、拾遗补缺的能源，一直以自给自足的模式缓慢发展。在沼气装置的设计、燃烧设备的完善等环节均存在一些难以根本解决的障碍。

(1) 沼气推广以户式沼气池为主，建造成本是第一考虑要素，极少有保温措施，缺乏系统性的热工配套方案，运行也遵循少耗能、甚至不耗能的原则，产气不稳定、受气候条件影响大、全年利用效率低下。据不完全统计：全国已建的沼气池中，能够保持全年产气的不到 1/3，另外的 1/3 仅在春、夏产气。而许多地区的作物收获在秋季，大量的秸秆等资源得不到充分利用。

(2) 沼气具应用效率低。因为户式沼气的制取受制于原料、气候、维护等因素，产气的组分波动大、压力也时高时低。前述的一些沼气含硫量高、含水量高等问题，致使沼气具使用效率低、寿命短。许多沼气具生产企业，采取一次性大容量脱硫装置的方法，降低在产品保修期出现故障的可能性。因为沼气不能在供应的可靠性和质量上达到商品能源的水平，沼气具也达不到商品燃气具的设计制作和售后服务水平，设备制造企业也不可能持续投入、进行研发。

(3) 户式沼气池的运行管理需要较为专业的服务，依靠对农户的简单培训难以解决长期可靠运行必需的操作问题。由于农村劳动力的外流，留守老人与儿童家庭居多，沼气池的运行管理更加困难。不少农村家庭中存在着多种厨具，柴草灶、液化石油气灶、沼气灶共处一室，有什么燃料就使用什么厨具，厨房环境乱、使用效率低。

4.1.2 液化石油气与沼气掺混的村镇燃气站模式

针对户式沼气技术在过去几十年应用中固有的问题，本书提出了液化石油气掺混沼气的村镇燃气站模式，并就掺混气的燃烧问题进行了系统研究。

在村镇建设集中式沼气站，采用系统性的热工设计措施、维持全年稳定的产气，同时掺混液化石油气、保证外输掺混气的热值指标，改善规模供应的经济性。建设低成本的村镇输送管网系统，供应家庭使用。通过沼气这种传统的可再生能源与商品能源有机融合，方可为城镇化进程提供可靠的能源支撑。

这种技术路线的主要依据如下。

1. 商品能源已成为经济发达地区村镇居民生活用能的首选

我国农村生活用能结构，如图 4-1 所示。秸秆、薪柴、煤炭的消费比重近 5 年来呈下降趋势，但仍是农村生活用能的主要来源。沼气、太阳能及电力所占比例低于 2%，且趋于稳定。增速最快的是液化石油气。从

2005 年以来，占比急剧增加到 2008 年的 22%。随着城镇化进程的推进和生活水平的提高，村镇居民已经开始减少使用煤炭、薪柴等高污染的传统能源，而逐步接受液化石油气这一清洁、方便的商品能源作为生活用能。

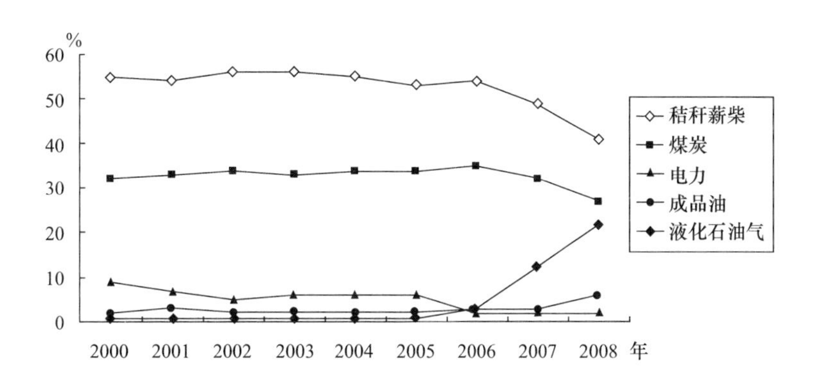

图 4-1　农村生活用能消费结构变化图

这一情况表明：村镇居民对于高质量生活的要求，将快速提高对商品能源的需求与消费量。若不能将可再生能源技术的应用水平相应提高，沼气仍按照既定的模式发展，既浪费沼气建设的投资，又无助于缓解商品能源需求快速增长带来的冲击。

2．村镇居住形态的变化

随着社会主义新农村建设的深入进展，村镇居民的居住形态已经发生了很大变化。在经济发达地区，相对分散的院落已逐步被统一规划的楼房所替代；即使在中西部地区，许多村落也经过重新建设，家庭之间的距离大为缩短。这种空间上密集化的发展趋势，既反映了对土地资源合理规划与使用的要求，也在客观上满足了管道供应的需要。

实际上，近年在北京、上海、四川的一些地区，已开始了规模化集中供应沼气的示范工程建设。但由于一些管理和技术上的问题，尚未达到商品能源供应的可靠程度。

3．村镇沼气供需平衡的地域分析

从沼气原料与生活用气需求的地域分布角度上，可进行下面的分析。

村镇居民的生活用气主要包括炊事和生活热水两大项。据统计村镇居民每人每天的炊事用沼气量约 $0.28\sim0.42m^3$，取 $0.4m^3$ 进行计算。假设现阶段村镇居民每人每年洗澡 120 次，每次用水量 40L，则人均年炊事用气量 $=0.4\times365=146m^3/a$。

人均年生活热水用气量按下式计算：

$$cm(t_2-t_1)\cdot n=\eta VH_l \tag{4-1}$$

式中：c=4.18kJ/kg·℃ 为水的比热；m=40kg 为每次洗澡用水量；t_1 为热水器进水温度，近似取当地年平均干球温度，如图 4-2 所示；t_2=40℃ 为热水器出水温度；n=120 为洗澡次数；η=80% 为热水器实际使用效率；$H_l=20.4MJ/m^3$ 为沼气的低热值（取沼气成分为 $CH_4$60%，$CO_2$40%）。

由于各省的平均干球温度不同，计算得到的洗澡用沼气量也不同，为 $19\sim50m^3$ 不等。各地区人均沼气需求量取炊事用气和生活热水用气量之和，约为 $165\sim192m^3$。

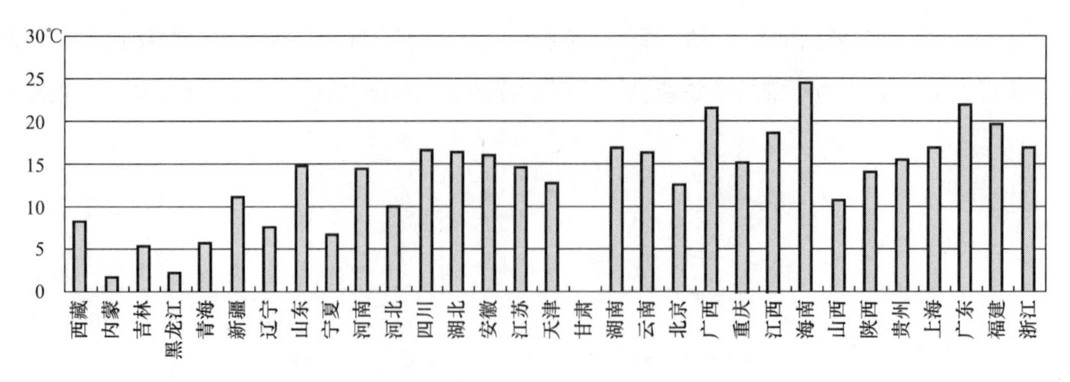

图 4-2　各地区年平均干球温度图

从目前的技术成本与成熟程度来看，村镇的主要沼气原料包括农作物秸秆、人畜禽粪便等。秸秆资源量通常是根据农作物产量和草谷比系数进行估算。其中，草谷比系数（Residue to Product Ratio，缩写为 RPR）指作物的地上非籽粒部分与籽粒部分的重量比，该系数存在地区、年际、品种、大田管理及收获方式等多方面的差异。本文草谷比采用科技部星火计划《农作物秸秆合理利用途径研究报告》中的数据。根据《中国农村统计年鉴 2008》中各地区主要农作物产量的统计数据及相应的草谷比估算各地区农作物秸秆产量。计算结果显示，我国秸秆资源量存在明显的地域差异，河南、山东、黑龙江等农业大省秸秆资源量丰富，而西藏、甘肃、青海等以畜牧业为主的省份以及浙江、上海、福建等经济发达地区秸秆资源量远远少于农业大省的秸秆量。估算得到全国农作物秸秆理论年产总量为 6.82 亿 t 实物，折合约 3.5 亿 tce。

在我国秸秆用途较多，可用作燃料、肥料、饲料、秸秆还田、工业原料等。据不完全统计，约有 15% 的秸秆被用来直接还田造肥，24% 的秸秆被用作饲料，2.3% 的秸秆被用作工业原料。按我国 50% 的秸秆资源即 3.41 亿 t 秸秆可用来发酵产沼气。

畜禽粪便的资源量一般根据畜禽排泄量与畜禽数量进行估算，即

$$Q_m=N \cdot T \cdot P \tag{4-2}$$

式中：

Q_m——畜禽粪便年产生量，kg/ 年；

N——畜禽年饲养数量，头 / 年；

T——畜禽饲养周期，天 / 年；

P——个体畜禽日排泄量，kg/ 天。

畜禽粪便日排泄量与畜禽种类、品种、性别、生长期、体重、生理状态、饲料组成和饲喂方式等均有关，因此任何一种畜禽的日排泄量个体差异很大，且畜禽体格越大其变化幅度越宽，如禽类的日排泄量为 0.07~0.16kg/d，牛则为 5.0~60.0kg/d。畜禽数量的统计一般分存栏量和出栏量 2 项，估算粪便量时要根据不同类别畜禽饲养周期的长短确定畜禽年饲养数，其中饲养数不管取出栏量，或存栏量，抑或二者之和都与实际参与排便的畜禽数量有偏差。以饲养周期为一年的畜禽为例，饲养数若被认为是存栏量和出栏量之和，计算结果会使畜禽粪便估算值偏大，原因是存栏的畜禽部分可能是年内新生的，在一年里的排泄时间有可能远远少于饲养周期，而出栏畜禽中饲养期不足 1 年的排泄时间亦少于饲养周期。在畜禽数量的取舍上，有的学者以存栏量计大牲畜数量，饲养期较短的禽类和兔则以出栏计，这样计算则会使畜禽粪便的估算值大大偏小，原因是出

栏的大牲畜与存栏的禽类和兔的粪便均被忽略。

由于一些研究中往往在畜禽养殖数量上未区分各种畜禽出栏与存栏数，在估算时对排泄系数选取上差别也很大，因此导致研究结果相差甚远。不同资料提供的畜禽粪便排泄系数，相差甚大，如奶牛的排泄系数为5~53kg/d，相差近10倍。

畜禽的出栏量和存栏量数据来源于《中国畜牧业年鉴2008》中有关统计数据。估算得我国人畜粪便（不含尿）年产量为13.33亿t实物，不同地区畜禽粪便量存在明显差异，其中四川、河南、山东、河北等省份畜禽粪便总量较多，福建、浙江等沿海地区畜禽粪便量较少。

由于畜禽养殖数量、饲养期、日排泄量是动态数据，主要决定于畜禽个体大小、饲料成分，同时也与季节、气候、管理水平等因素有关。计算时取某类畜禽饲养周期和日排泄量均为定值，且只计算了主要禽畜粪便量，鸭鹅等家禽由于缺乏统计数据而没有进行计算，因此计算结果不是精确的年排放量，只是估算研究。

沼气的产量与池内温度、pH值、接种物、厌氧环境、搅拌情况以及发酵原料的种类、碳氮比等发酵工艺条件均有关，不同资料显示的各种原料产气量存在些许差异。计算采用的农村沼气发酵原料的产气量、含水量等参数，见表4-1所示。表中产气量是发酵温度为35℃时的值，计算时取沼气池年平均温度为20℃，此时产气量为表4-1中的60%。由于作物种类繁多，产气量亦不同，这里将各种作物秸秆的单位干物质产气量统一为0.41m³/kg，含水量为20%。沼气产量按下式计算：

$$Q_{BG}=\sum F_i \cdot X_i \cdot (1-Y_i) \tag{4-3}$$

式中：

Q_{BG}——沼气产量；

F——发酵原料；

X——产气率；

Y——含水率；

i——第 i 种发酵原料。

不同沼气原料的基础数据表 表4-1

序号	原料	总固体（TS）产气量（m³/kg）	含水量（%）	排泄系数（kg/d）	排泄周期（d）	饲养数量
1	人粪	0.43	80	0.5	365	
2	猪粪	0.43	82	2.6	199	出栏数
3	奶牛	0.21	83	5	365	存栏数
4	肉牛	0.21	83	15	365	存栏数
5	肉鸡	0.31	70	0.3	55	出栏数
6	蛋鸡	0.31	83	0.1	210	存栏数
7	羊粪	0.33	68	1	365	存栏数
8	马粪	0.33	78	16	365	存栏数
9	驴粪	0.33	78	13.6	365	存栏数
10	骡粪	0.33	78	13.6	365	存栏数
11	兔粪	0.30	75	0.11	90	出栏数
12	秸秆	0.41	20			

图 4-3 为我国各地区秸秆和人畜粪便的理论人均年度产沼气量以及人均年度沼气需求量（仅包括炊事用能和生活热水用能）的最终计算结果。显然，仅有西藏、内蒙古、黑龙江、青海、辽宁、山东、宁夏、河南等 8 个省份的生物质原料能满足沼气需求，其余大部分省份现有的生物质原料都难以满足用气需求，特别是生活水平相对较高的沿海经济较发达地区，能源缺口更大。

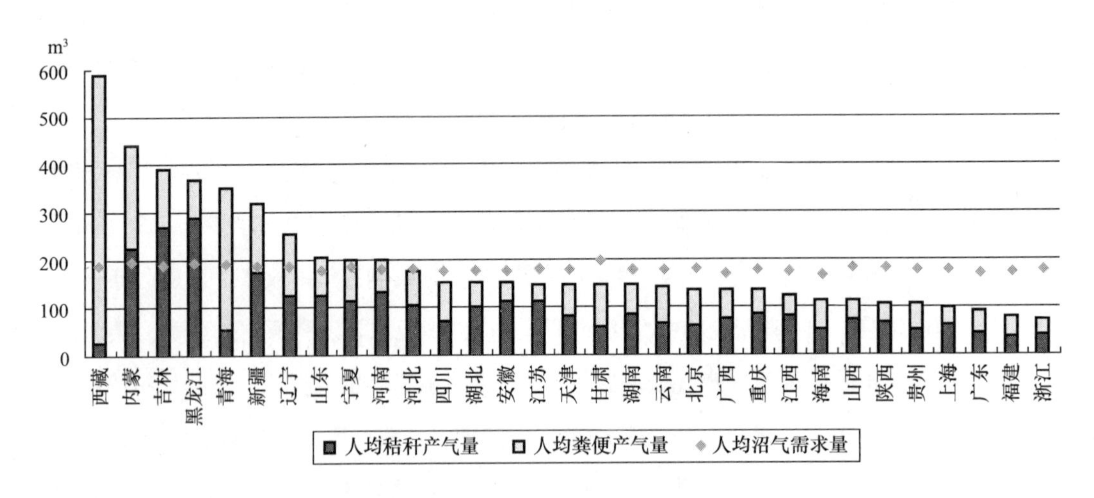

图 4-3　各地区秸秆、粪便产沼气量及沼气需求量图

上述简单的估算表明：我国的生物质能资源存在地域上的不均衡问题，单纯依赖沼气试图缓解经济增长带来的能源供应与保障，存在资源分配上的困难。

4.1.3　液化石油气与沼气掺混的供气技术方案

村镇地区的沼气资源总量不足，且气质成分波动大、压力不稳，热值偏低。为了充分利用当地资源并保证持续提供可靠的气源，可考虑借鉴 20 世纪 90 年代起在国内广为普及的液化石油气掺混空气的工程经验，将沼气和液化石油气掺混后利用管道输送至用户处。可以在集中式沼气站附近建立混气站，通过类似液化石油气混空气的装置实现两者的定比例掺混。在出现突发事故或装置大修、导致沼气供应不能持续时，可采用液化石油气－空气混合气作为备用气源。

液化石油气－沼气掺混供气方案的掺混环节，可采用低成本的比例引射技术；输气管网可以使用类似沼气的输配管线。根据液化石油气与沼气的掺混比例来设计配套的灶具、热水器等燃具。这样，一套混合装置、一套管网、一套燃具便可解决村镇的用气需求。

这种技术方案的优点如下：

（1）将可再生能源的沼气融入到商品能源的液化石油气体系中，以商品能源的质量和稳定供应要求来提升沼气利用技术，从而彻底改变沼气对于村镇居民生活可有可无的现状。并且，可探索实现商业化的村镇燃气站运营模式。

（2）可通过逐步提高液化石油气的掺混比例，满足居民生活用能水平的提高。只要在燃气具的设计上，采取一定的气质灵活性方案，就可在相当长时间内保证燃烧的稳定性。

（3）利用集中式沼气站结合掺混液化石油气的供应源，建设村镇的燃气管网系统。当该地区以后接入天然气管网时，可直接将天然气引入沼气站，继续掺混；此时，只需更换用户处的燃具而不必对管网进行重复建设。

（4）集中式沼气站有助于根本扭转户式沼气的产气稳定性问题，保证供应压力与组分。而且，通过改进发酵装置，可以考虑将生活垃圾、粪便、秸秆等多元混合发酵。对于生活水平日益提高的经济发达地区来说，可实现环境与资源的双重改善。

如图 4-4 所示，为村镇燃气站的流程示意图，其中沼气的相关工艺已经在一些集中式沼气工程中大量使用。

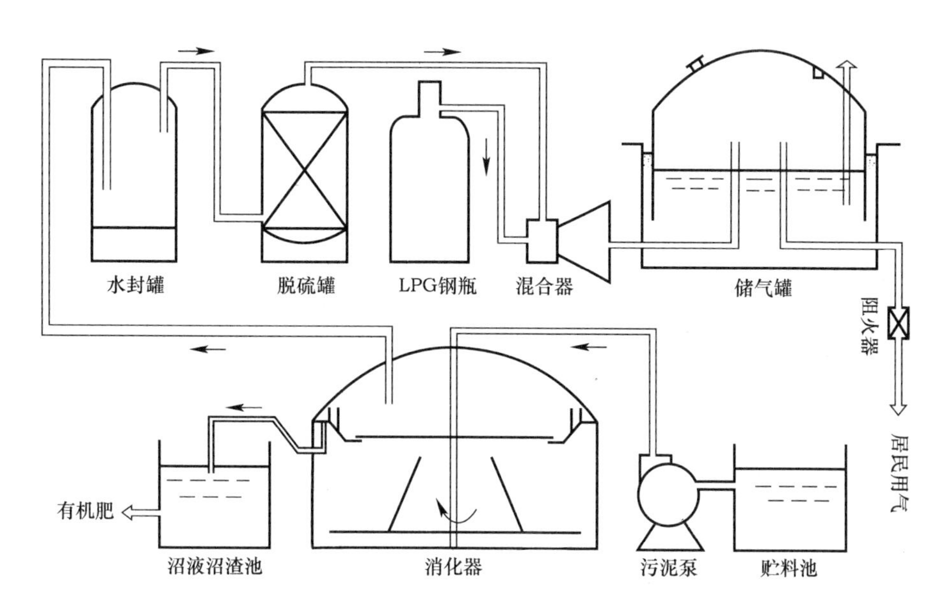

图 4-4　村镇液化石油气－沼气掺混站流程示意图

4.1.4　掺混气的质量要求

为将液化石油气与沼气的掺混气体作为一种商品燃气供应，必须考虑现有国标对有关气质规格与质量的要求。为了保证输气管道的安全运行和燃气的安全使用，并考虑保护环境的要求，我国制定了相关标准对城市燃气气质进行管控。天然气的技术指标，见表 4-2 所示。人工燃气的技术要求，见表 4-3 所示。

天然气的技术指标表　　表 4-2

项　目	一　类	二　类	三　类
高位发热量（MJ/m^3）	>31.4		
总硫（以硫计）（mg/m^3）	≤ 100	≤ 200	≤ 460
硫化氢（mg/m^3）	≤ 6	≤ 20	≤ 460
二氧化碳（%（V/V））	≤ 3.0		—
水露点（℃）	在天然气交接点的压力和温度条件下，天然气的水露点应比最低环境温度低 5℃		

注：1. 本标准中气体体积的标准参比条件是 101.325kPa，20℃。
2. 本标准实施之前建立的天然气输送管道，在天然气交接点的压力和温度条件下，天然气中应无游离水。无游离水是指天然气经机械分离设备分不出游离水。

人工燃气的技术要求表 **表 4-3**

项　目	质量指标	
	一类气ⓑ	二类气ⓑ
低热值ⓐ（MJ/m³）	>14	>10
燃烧特性指数ⓒ波动范围应符合	《城镇燃气分类和基本特性》（GB/T13611-2006）	
焦油和灰尘（mg/m³）	<10	
硫化氢（mg/m³）	<20	
氨（mg/m³）	<50	
萘ⓓ(mg/m³)	<5000/P（冬天） <10000/P（夏天）	
含氧量ⓔ（体积分数）（%）	<2	<1
含一氧化碳量ⓕ（体积分数）（%）	<10	

注：ⓐ 本标准煤气体积（m³）指在 101.325kPa，15℃状态下的体积。

ⓑ 一类气为煤干馏气；二类气为煤气化气、油气化气（包括液化石油气及天然气改制）。

ⓒ 燃烧特性指数：华白数（W）、燃烧势（C_P）。

ⓓ 萘系指萘和它的同系物 α- 甲基萘及 β- 甲基萘。在确保煤气中萘不析出的前提下，各地区可以根据当地城市燃气管道埋设处的土壤温度规定本地区煤气中含萘指标，并报标准审批部门批准实施。当管道输气点绝对压力（P）小于 202.65kPa 时，压力（P）因素可不参加计算。

ⓔ 含氧量系指制气厂生产过程中所要求的指标。

ⓕ 对二类气或掺有二类气的一类气，其一氧化碳含量应小于 20%（体积分数）。

标准规定：民用天然气的气质应满足一类气或二类气的要求。对于沼气与液化石油气的掺混气，其热值可以通过调节掺混比例实现，而硫化氢含量、水露点等指标则需较高的处理成本才能实现。建议采用三类气指标，并设计、使用相应的设备、管线和器具。

由于沼气中含有较多的硫化氢和水蒸气等杂质，也很难直接满足国家标准对人工燃气的质量要求。在实际应用时，可参考相关指标进行气质处理的技术经济评价后确定。

4.2 掺混装置及性能分析

4.2.1 液化石油气－沼气引射混合原理

液化石油气－沼气掺混供气的关键设备是混气装置，混合气的气质和气量都会直接影响用户的使用情况。在沼气、液化石油气组分不变的情况下，确保混合比的稳定是混气装置的首要任务。

引射器是利用射流的紊动扩散作用，使不同压力的两股流体相互混合，并引发能量交换的流体机械和混合反应设备。引射器中压力较高的流体叫工作流体，它以很高的速度从喷嘴流出，卷吸周围的流体而发生动量交换，被吸走的压力较低的流体叫被引射流体。引射器具有不消耗其他能量、构造简单、加工方便、运行可靠等一系列优点。除了本身结构特别简单之外，引射器与各种设备连接的系统也很简单，制造也不复杂。更为重要的是，固定式引射器的引射比对引射压力的变化不敏感，即具有引射比稳定的特性，可以用作液化石油气－沼气的掺混设备。为了适应燃气用量的变化，可以采用台数组合方式，实现不同的供气量，即按最大用气负荷设置若干个小供气量的混气单元。

固定式引射器的结构，如图 4-5 所示。

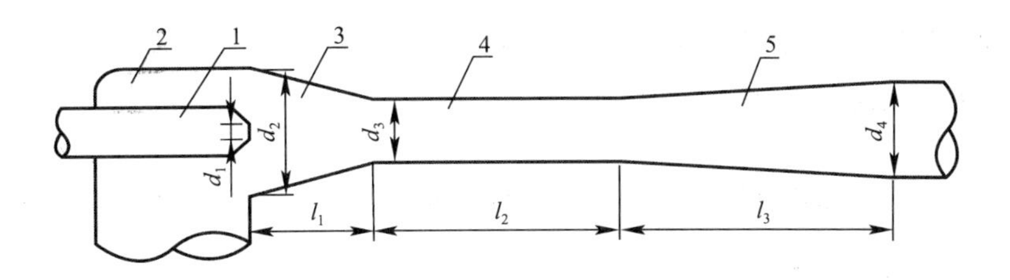

图 4-5 引射器结构原理图

1—喷嘴；2—接受室；3—收缩室；4—混合室；5—扩散管

引射器的主要损失来自于两股具有不同初速度的同轴流体因为混合而发生的撞击损失。若将引射器混合段内理想化为等压混合过程，则工作流体单位流量的撞击损失为：

$$\Delta E_P=\frac{u(w_{P1}-w_{H1})^2}{2(1+u)} \tag{4-4}$$

被引射流体单位流量的撞击损失为：

$$\Delta E_H=\frac{(w_{P1}-w_{H1})^2}{2(1+u)} \tag{4-5}$$

式中：

$u=m_H/m_P$——质量引射比；

w_{P1}——喷嘴出口处工作流体的速度；

w_{H1}——混合前被引射流体的速度。

从上式可以看出，撞击损失与两股流体混合时的速度之差的平方成正比，故增大被引射流体的速度 w_{H1} 可以减少撞击损失。

常用的燃气引射器中，工作流体一般处于亚临界膨胀，即 $p_p<1/\Pi_*$，此时引射器的特性曲线方程为：

$$\frac{p_c-p_H}{p_H}=\left[\varphi_1\varphi_2\frac{\lambda_{PH}}{p_{PH}}+\varepsilon_{p^*}(\varphi_1\varphi_2-0.5)\frac{v_H}{v_P}\frac{f_{p1}}{f_{H2}}u^2-\varepsilon_{p^*}\left(\frac{1}{\varphi_3}-0.5\right)\frac{v_c}{v_P}\frac{f_{p1}}{f_3}(1+u)^2\right]\times k_p\Pi_{p^*}\frac{p_p}{p_H}\frac{f_{p1}}{f_3}q_{PH}^2 \tag{4-6}$$

$$p_c=\frac{p_3}{2}\left[1+\sqrt{1+2s\frac{R_CT_C}{R_PT_P}\frac{p_p^2}{p_3^2}\frac{f_{p1}^2}{f_3^2}q_{PH}^2(1+u)^2}\right] \tag{4-7}$$

式中：

p_p——喷嘴前工作流体的绝对压力，Pa；

p_H——被引射流体在输入管道内的绝对压力，Pa；

p_c——扩散管出口混合气体的绝对压力，Pa；

p_3——混合室出口混合气体的绝对压力，Pa；

φ_1——工作喷嘴的速度系数；

φ_2——混合室的速度系数；

φ_3——扩散段的速度系数；

v_H，v_P，v_c——喷嘴前工作流体、被引射流体及扩散管出口混合气体分别对应的比容，m^3/kg；

f_{p1}，f_3——喷嘴出口及混合室出口截面积，m^2；

f_{H2}——被引射流体在混合室入口截面上所占的面积，m^2；

k_p——工作流体的绝热指数。

其中，相对密度 $\varepsilon_{p^*}=\frac{\rho_{p^*}}{\rho_p}$，相对压力 $\Pi_{p^*}=\frac{p_{P^*}}{p_P}$，折算等熵速度 $\lambda_{PH}=\frac{w_{P2}}{a_{P^*}}$，折算质量流速 $q_{PH}=\frac{\lambda_{PH}\varepsilon_{PH}}{\varepsilon_{P^*}}$。式中 p_{p^*}，ρ_{p^*}，a_{p^*} 分别为工作流体的临界压力、临界密度和临界速度。

有文献建议取 $\varphi_1=0.95$；$\varphi_2=0.975$；$\varphi_3=0.9$；$\varphi_4=0.925$。但这只是一个近似值，不同结构尺寸的喷嘴、引射器对应的速度系数是不同的。

从上述方程可以看出，当工作流体和被引射流体在喷射器前的参数（p_p，v_p，p_H，v_H）给定时，亚临界膨胀比引射器的特性与截面比 f_3/f_{p1}，f_{H2}/f_{p1} 以及混合管出口混合气的压力 p_3 有关。

4.2.2 引射器设计计算

引射器的工艺计算是根据液化石油气的组分、物理热力性质和规定的引射器扩散管出口处的压力，计算喷嘴前压和引射器尺寸。

引射器喷嘴前压力可按下式计算：

$$\frac{P_c-P_H}{P_p}=\frac{D\eta}{2\phi} \tag{4-8}$$

式中：

η——喷嘴效率，这里取 0.8；

D——系数；

ϕ——引射器基本最佳结构比。

1．系数 D

D 与喷嘴前工作流体压力及接受室入口处被引射流体压力有关。在亚临界压力下（对于液化石油气，即喷嘴前的压力为 0.09Mpa 时），D 按下式计算：

$$D=2\frac{\kappa}{\kappa-1}\left(\frac{p_H}{p_p}\right)^{\frac{1}{\kappa}}\left[1-\left(\frac{p_H}{p_p}\right)^{\frac{\kappa-1}{\kappa}}\right] \tag{4-9}$$

式中：

κ——绝热指数，液化石油气的 $\kappa=1.16$。

2．引射器最佳基本结构比 ϕ

当混合气的混合比一定时，为使 P_C-P_H 为最大值，混合管入口截面积和喷嘴截面积的最佳比值称最佳基本结构比，又称流量系数，可按下式计算：

$$\phi=A[K_1(1+u)(1+us)-K_2u^2s] \tag{4-10}$$

式中：

K_1——喉管与扩散管的阻力系数，可取 $K_1=1.5$；

K_2——被引射流体进入收缩管的阻力系数，可取 $K_2=0.8\sim0.85$；

A——当 P_p 在临界压力以上时，考虑气体射流膨胀的系数。当 P_p 在临界压力以内时，$A=1$。

喷嘴直径 $d_1=1.13\sqrt{f_1}$，其中喷嘴面积

$$f_{p1}=Q_1\frac{\left(\frac{p_H}{p_p}\right)^{\frac{\kappa-1}{\kappa}}}{0.0036v_1} \tag{4-11}$$

式中：

Q_1——工作流体的流量，m^3/h；

v_1——喷嘴的流速，m/s。

喷嘴的流速按下式计算：

$$v_1=\varphi\sqrt{2\frac{\kappa}{\kappa-1}RT\left[1-\left(\frac{p_H}{p_p}\right)^{\frac{\kappa-1}{\kappa}}\right]} \tag{4-12}$$

式中：

T——工作流体的绝对温度，K；

R——工作流体的气体常数，J/(kg·K)；

φ——喷嘴速度系数，这里取 0.9。

由于液化石油气一般在常温高压下储存，而沼气生产系统中沼气的储存压力不会很高，因此考虑用高压气态液化石油气引射低压沼气。假设沼气、液化石油气体积比为 4：1，混合气的流量为 $20Nm^3/h$（在实际工程中根据实际用气量确定），沼气入口压力为 1kPa，引射器出口压力为 3kPa，液化石油气相对沼气的密度 $s=1.78$，则质量引射比 $u=2.25$。按照上述计算公式，通过试算的方法可以得到喷嘴前工作流体的压力，继而算出喷嘴、引射器的尺寸大小。计算结果为：

喷嘴前液化石油气的压力为 52.5kPa，喷嘴直径 $d_1=4.3$mm，混合管直径 $d_3=d_1\sqrt{\phi}=18$mm。引射器其他尺寸一般是通过经验公式确定，具体如下：

收缩管直径 $d_2=2d_3=36$mm。

扩散管出口直径 $d_4=(1.41\sim1.58)d_3$，取 26mm。

收缩管长度 $l_1=(1.5\sim2)d_3$，取 36mm。

混合管长度 $l_2=(3.5\sim4)d_3$，取 72mm。

扩散管长度 $l_3=(3.36\sim4.74)d_3$，可取 80mm。

4.2.3 引射器的工作性能

使用商业仿真软件 FLUENT 对引射器的引射性能进行模拟。对上节计算的引射器尺寸建立几何模型并合理划分网格，如图 4-6 所示。

对引射器流动过程的数值模拟采用三维、定常、黏性流动的控制方程，选用压力基求解器及适合喷嘴射流的 Realizable k-ε 湍流模型，引射器壁面附近的区域使用标准壁面函数。边界条件为：喷嘴入口为压力入口边界，全压为 52800Pa；沼气入口为压力入口边界，全压为 1100Pa；引射器出口为压力出口边界，静压为 3000Pa；钢管壁面的相对粗糙度设为 0.05mm。

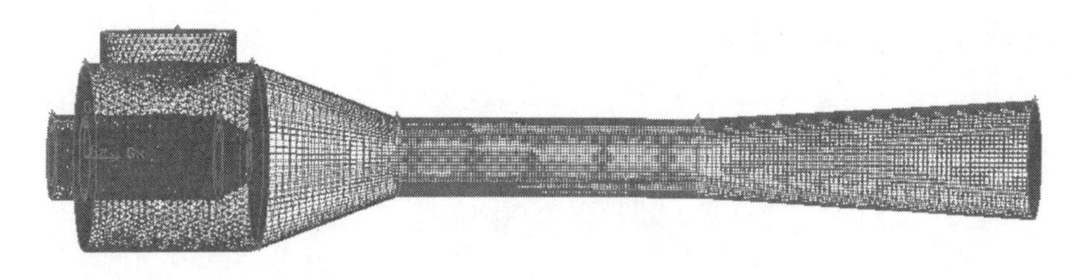

图 4-6　引射器模型网格图

对 FLUENT 模拟结果中引射器出口截面的气体成分进行分析计算，得出沼气、液化石油气的体积比为 4.07，与设计时采用的体积引射比 *us*=4 基本一致。图 4-7 为引射器纵截面上速度场分布图，工作流体液化石油气以 180m/s 左右的速度从喷嘴中喷出，卷吸周围流速较小的沼气一起进入混合管，在混合的过程中液化石油气速度不断减小，将动能不断传递给沼气，沼气速度不断增大，直到引射器出口处，二者速度基本相等。

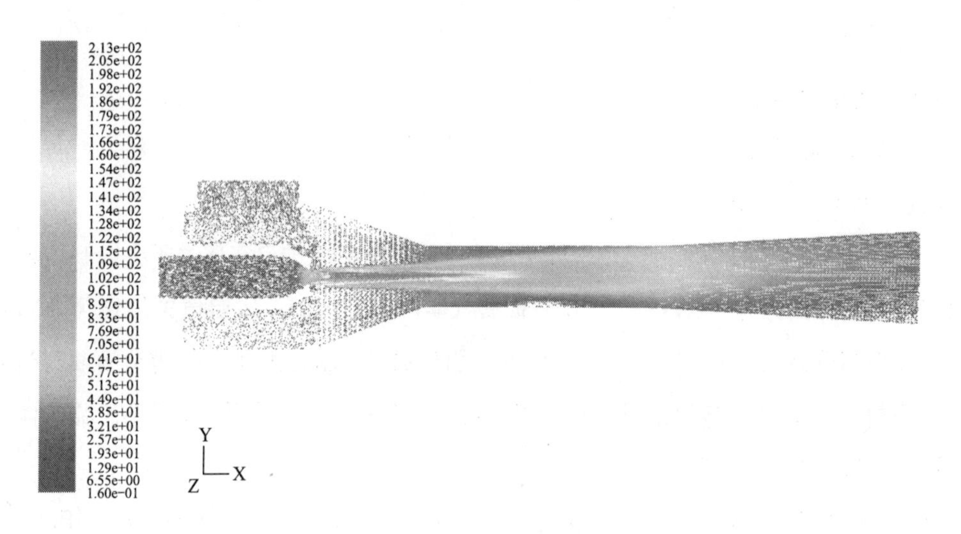

图 4-7　引射器纵截面速度矢量图

图 4-8 为引射器轴向上静压力的变化。喷嘴前液化石油气静压力为 52.8kPa，从喷嘴高速喷出后，压力急剧下降。液化石油气的动能一部分传递给沼气，一部分克服流动阻力，还有一部分转化为静压力，因此混合管中静压力不断增大，到引射器出口达到 3kPa。

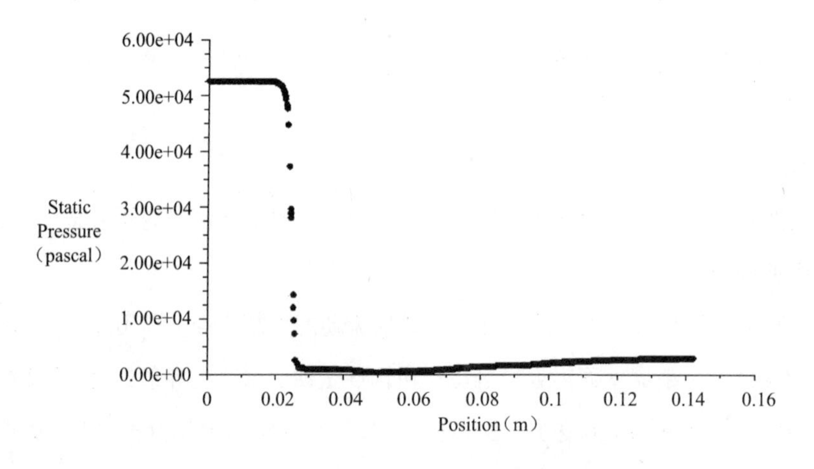

图 4-8　引射器中心轴线上静压变化图

为了论证上述FLUENT模拟计算方法的正确性及可靠性，根据上节所讲的引射器设计方法设计并加工了一款引射器，对其引射性能进行了实验研究。该引射器加工尺寸如下：

喷嘴直径 d_1=1.5mm，收缩管直径 d_2=25mm，混合管直径 d_3=6.2mm，扩散管出口直径 d_4=10mm，收缩管长度 l_1=13mm，混合管长度 l_2=25mm，扩散管长度 l_3=28mm。

引射器外形，如图4-9所示。

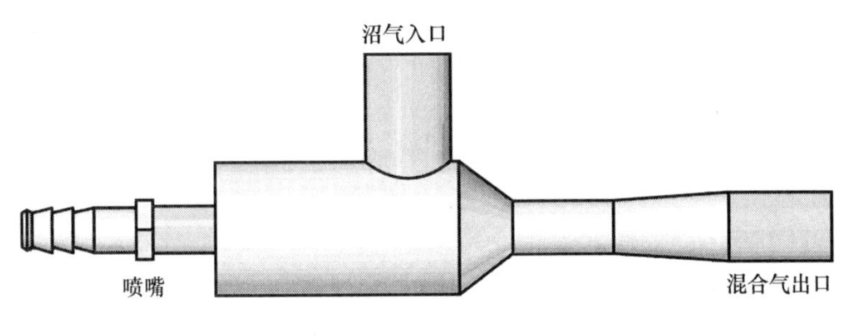

图4-9　引射器外形图

引射实验台，如图4-10所示。

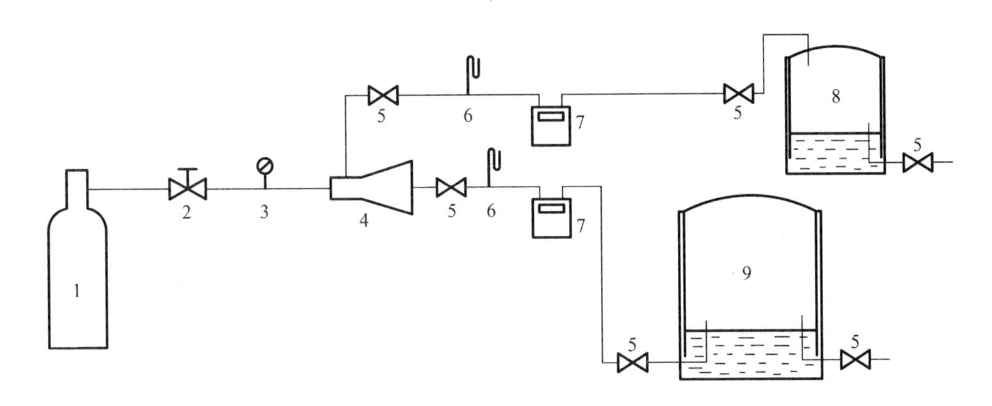

图4-10　引射器实验示意图

1—液化石油气钢瓶；2—调压器；3—精密压力表；4—引射器；5—球阀；
6—U形管压力计；7—气体流量计；8—沼气储罐；9—混气储罐

实验中通过调节液化石油气钢瓶后的减压阀来控制喷嘴前液化石油气供气压力。实验中沼气从储气罐流出，压力保持恒定，静压为1100Pa；引射器出口为湿式储气罐，压力3500Pa。改变喷嘴前液化石油气供气压力，测得五组数据。以实验时喷嘴前压力、沼气压力以及扩散管出口压力为边界条件，利用FLUENT模拟计算，将模拟结果与实验结果进行比较，如图4-11。

将实验和数值计算结果对比分析，二者基本吻合，相对误差在10%以内。因此可以采用Realizable k-ε 湍流模型计算引射器内复杂的流动过程。

4.2.4　影响引射比的因素

在一定温度条件下，对某一确定的引射器，导致引射比变化的主要因素是喷嘴前气体压力、被引射气体压

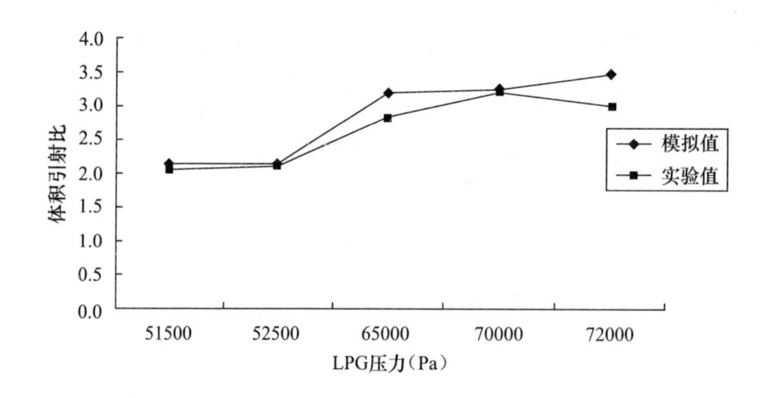

图 4-11　体积引射比模拟值与实验值对比图

注：沼气压力为 1100Pa，引射器出口压力为 3500Pa。

力、引射出口背压，另外气体物性，如成分、黏度等也对引射比有一定的影响。

图 4-12~ 图 4-14 分别为引射器体积引射比 us 与喷嘴前压力 P_p、沼气压力 P_H 以及引射器出口混合气压力 P_c 的关系曲线，拟合曲线方程依次为：

$$us=-13.88+8.108\times10^{-4}P_p-1.223\times10^{-8}P_p^2+6.31\times10^{-14}P_p^3 \tag{4-13}$$

$$us=1.964+2.25\times10^{-3}P_H-1.977\times10^{-7}P_H^2 \tag{4-14}$$

$$us=7.803-7.0810\times10^{-4}P_c-1.798\times10^{-7}P_c^2 \tag{4-15}$$

式中：P_p，P_H，P_c 单位均为 Pa。

表 4-4 表示当 $us=3$，us 的波动范围为 −27.5%~44.9% 时对应的液化石油气压力 P_p、沼气压力 P_H 以及引射器出口混合气压力 P_c 的变化。显然，引射系数对沼气压力的变化最为敏感，液化石油气压力对引射系数的影响最小。

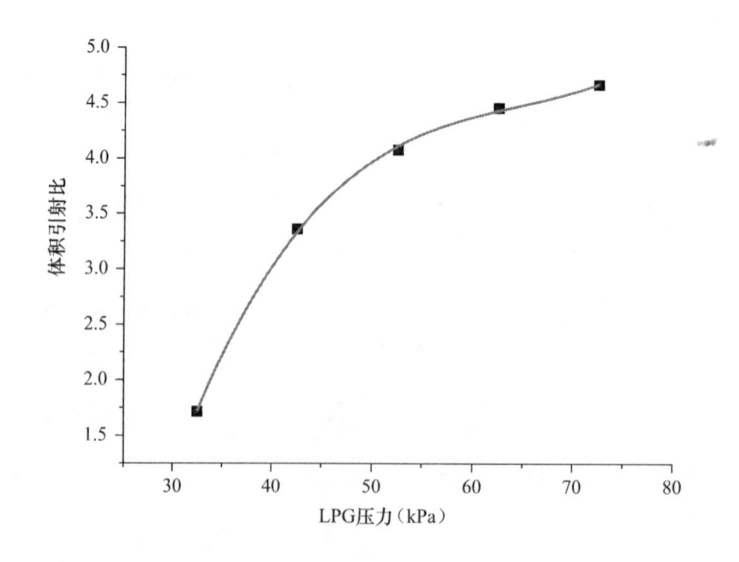

图 4-12　体积引射比与喷嘴前液化石油气压力的关系图

注：沼气静压 1kPa，引射器出口静压 3kPa。

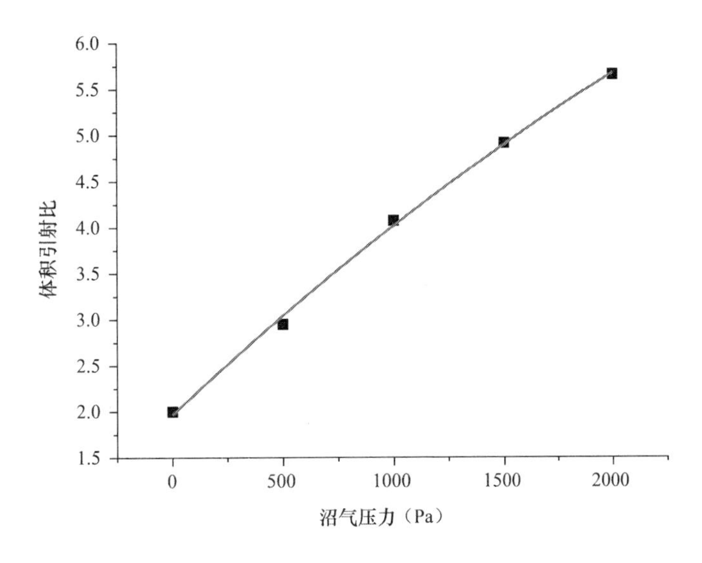

图 4-13　体积引射比与沼气压力的关系图

注：液化石油气静压 52.2kPa，引射器出口静压 3kPa。

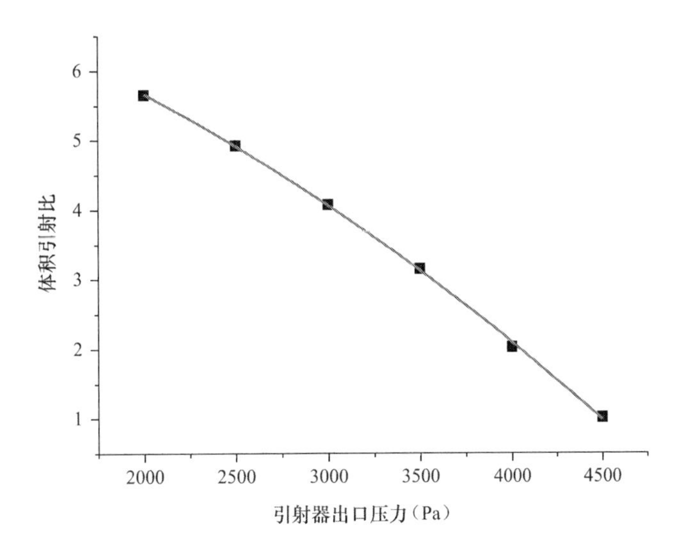

图 4-14　体积引射比与混合气出口压力的关系图

注：液化石油气静压 52.5kPa，沼气静压 1kPa。

us=3 时 W 变化 ±10% 对应的 us、P_p、P_H、P_c 变化值　　　表 4-4

us 变化（%）	P_p 变化（Pa）	P_H 变化（Pa）	P_c 变化（Pa）
44.9%	+19216	+701	−725
−27.5%	−5084	−386	+400

因此，为得到最佳性能的引射器，必须根据目标引射比、被引射气体压力以及引射器出口背压 3 个因素合理设计引射器的关键尺寸，特别是喷嘴尺寸、喷嘴位置、混合室直径的确定；继而在引射器运行的过程中保证喷嘴前气体压力、被引射气体压力以及引射器出口背压的稳定，尤其是后二者的稳定，这样才能得到引射能力最强、引射性能最稳定的引射器。

4.3 掺混气的燃烧特性研究

掺混供气模式除了分析引射掺混手段与装置外，还应该对掺混气的燃烧特性进行研究，确定与其他燃气的关系以及其火焰的稳定性。

4.3.1 基本燃烧特性参数

1．爆炸极限

可燃气体与空气混合，点火后发生爆炸所必需的最低或所容许的最高可燃气体（体积）浓度称为爆炸下限或爆炸上限。由于爆炸是瞬间完成的着火燃烧过程，爆炸极限也代表了火焰传播的极限，因此也称为火焰传播浓度极限。无论是在实验还是在实际应用中，从防漏防爆的安全要求及合理使用角度以明确沼气－液化石油气混合气的爆炸极限有重要意义。

燃气爆炸极限可由实验测得，也可通过计算得出近似值。

对于只含有可燃气体的混合气体的爆炸极限可按 Le Chatelier 法则计算：

$$L=\frac{100}{\sum\frac{y_i}{L_i}} \tag{4-16}$$

式中：

L——混合气体的爆炸下（上）限，%；

L_i——混合气体中各可燃气体的爆炸下（上）限，%；

y_i——混合气体中各可燃气体容积成分，%。

对于含有惰性气体的混合气体，可以采用公式修正法计算爆炸极限：

$$L=L^C\frac{100\left(1+\frac{y_N}{100-y_N}\right)}{100+L^C\frac{y_N}{100-y_N}} \tag{4-17}$$

式中：

L^C——该燃气的可燃基（扣除了惰性气体含量后，重新调整计算出的各燃气容积成分）的爆炸极限，%；

y_N——惰性气体的容积成分，%。

2．最大火焰传播速度

混合燃气的最大火焰传播速度除用实验测定外，也可按单一可燃气体的最大火焰传播速度值，用经验公式计算。对于沼气和沼气－液化石油气掺混气来讲，使用以下经验公式计算，与实验值的误差 <5%：

$$S_n^{max}=\frac{\sum S_{ni}\alpha_i V0_i r_i}{\sum \alpha_i V_{0i} r_i}[1-f(N_2+N_2^2+2.5CO_2)] \tag{4-18}$$

式中：

$$N_2=\frac{N_{2\cdot g}-3.76O_{2\cdot g}}{100-4.76O_{2\cdot g}}；\quad CO_2=\frac{CO_{2\cdot g}}{100-4.76O_{2\cdot g}}；\quad f=\frac{\sum r_i}{\sum\frac{r_i}{f_i}}$$

S_n^{max}——燃气最大法向传播速度，Nm/s；

S_{ni}——各单一可燃组分的最大法向火焰传播速度，Nm/s，见表4-5；

α_i——各组分相应于最大法向火焰传播速度时的一次空气系数，见表4-5；

V_{0i}——各组分的理论空气需要量，Nm^3/Nm^3，见表4-5；

r_i——各组分的容积成分；

$N_{2\cdot g}$——燃气中的 N_2 容积成分；

$O_{2\cdot g}$——燃气中的 O_2 容积成分；

$CO_{2\cdot g}$——燃气中的 CO_2 容积成分；

f_i——各组分考虑惰性组分影响的衰减系数，见表4-5所示。

计算燃气最大火焰传播速度的数据表 **表4-5**

化学式	H_2	CO	CH_4	C_2H_4	C_2H_6	C_3H_6	C_3H_8	C_4H_8	C_4H_{10}
S_{ni}	2.80	1.00	0.38	0.67	0.43	0.50	0.42	0.46	0.38
α_i	0.50	0.40	1.10	0.85	1.15	1.10	1.125	1.13	1.15
V_{0i}	2.38	2.38	9.52	14.28	16.66	21.42	23.80	28.56	30.94
f_i	0.75	1.00	0.50	0.25	0.22	0.22	0.22	0.20	0.18

3．掺混气燃烧特性参数计算

沼气的组分受众多因素影响，而液化石油气的组分也不固定，参考《城镇燃气分类和基本特性》（GB/T13611–2006），采用含 CH_4 60%、CO_2 40% 的沼气和含 C_3H_8 50%、C_4H_{10} 50% 的液化气进行掺混计算，以反映原料气的平均组成。原料气及掺混气组成及燃烧特性计算结果见表4-6所示。表中BG表示沼气，LPG表示液化气，MG表示沼气和液化气的掺混气，其下标为掺混气中LPG的体积分数。

沼气、液化气原料气及掺混气的燃烧特性参数表（15℃，101.325kPa、干） **表4-6**

组分或参数		BG	液化石油气	10T-0	12T-0	MG_{25}	MG_{40}
CH_4（%）		60	0	86	100	45	36
C_3H_8（%）		0	50	0	0	12.5	20
C_4H_{10}（%）		0	50	0	0	12.5	20
CO_2（%）		40	0	0	0	30	24
N_2（%）		0	0	14	0	0	0
高热值（MJ/m^3）		22.67	110.93	32.49	37.78	44.73	57.97
低热值（MJ/m^3）		20.41	102.24	29.25	34.02	40.87	53.14
相对密度		0.9439	1.8142	0.6125	0.5548	1.1614	1.2920
华白数（MJ/m^3）		23.33	82.36	41.52	50.72	41.51	51.00
燃烧势		18.5	44.5	33.0	40.3	26.4	30.6
理论空气量		5.71	27.4	8.19	9.52	11.1	14.4
最大火焰速度（m/s）		0.19	0.40	0.35	0.38	0.30	0.33
爆炸极限（%）	上限	22.7	9.0	17.0	15.0	16.5	14.1
	下限	8.1	1.8	5.8	5.0	4.4	3.4

计算结果显示，掺混气的主要燃烧特性参数介于沼气和液化气之间。与沼气相比，掺混气热值和华白数都显著增大，提高了加热能力；燃烧势和火焰传播速度也有增加，将有助于减轻沼气火焰的离焰倾向。

当液化气的掺混比例为 25%、40% 时，可使掺混气的华白数与城市燃气 10T、12T 天然气一致，即掺混气的加热能力达到与天然气相当的水平，但热值、相对密度和燃烧势存在较大差异，其燃烧性能还需进一步研究。

4.3.2 掺混气与 12T 天然气的互换性预测

燃气的互换性定义为："在某种燃烧设备中，用一种燃气替换另一种燃气，不会显著改变其操作安全性、效率、性能，也不会显著增加污染物排放量。"如果两种燃气具有互换性，则意味着原先使用基准气的燃具，可无条件使用置换气。

由于液化石油气 - 沼气的掺混气体，不属于目前国家标准中的任何一种商品燃气。开展互换性研究的目的，在于揭示新气种与现有的气源之间可否互换？液化石油气 - 沼气掺混气的燃烧特性参数介于沼气和液化气之间，而适当配比的掺混气燃烧放热能力与天然气相当。如果这种混合燃气能对天然气具有互换性，就不用再针对特定的掺混气开发专用燃具，直接购买市场上已有的天然气燃具就可以直接使用了。

经过几十年的研究，各国形成的燃气互换性判定方法多达十几种，但从应用角度来看，实际可用的方法并不多。美国是较早进行互换性研究的国家之一，目前已形成比较完善的研究成果。A.G.A. 指数法和 Weaver 指数法是美国使用最为广泛，且被认为是最先进的互换性判定方法。鉴于指数判定法的方便性，使用 A.G.A. 指数法和 Weaver 指数法对沼气 - 液化气掺混气与 12T 天然气的互换性进行研究。

前已述及，沼气和液化石油气的组分变化范围均较大，为了尽可能反映所有可能的混合情况，选用表 4-7 所示的沼气和液化石油气组分和物性。表中 BG 下标表示沼气中甲烷体积分数，液化石油气下标为此液化气在国标中的代号。

沼气和液化石油气的组分及物性表（15℃，101.325kPa，干） **表 4-7**

组分或参数	12T-0	BG_{70}	BG_{50}	液化石油气$_{19Y}$	液化石油气$_{22Y}$
CH_4（%）	100	70	50	0	0
C_3H_8（%）	0	0	0	100	0
C_4H_{10}（%）	0	0	0	0	100
CO_2（%）	0	30	50	0	0
高热值（MJ/Nm^3）	37.78	26.45	18.89	95.65	126.21
华白数（MJ/Nm^3）	50.72	28.74	18.51	76.84	87.54
相对密度	0.555	0.847	1.041	1.550	2.079

使用表 4-7 中的沼气和液化气掺混，并保证华白数与 12T-0 接近（偏差 <1%），所得 4 种掺混气的组成及物性见表 4-8。

沼气和液化气掺混气的组成及物性表（15℃，101.325kPa，干） 表 4-8

组分或参数	MF_{70-19Y}	MF_{50-19Y}	MF_{70-22Y}	MF_{50-22Y}
CH_4（%）	42	24.5	49	30
C_3H_8（%）	40	51.0	0	0
C_4H_{10}（%）	0	0.0	30	40
CO_2（%）	18	24.5	21	30
高热值（MJ/Nm^3）	54.13	58.04	56.38	61.82
华白数（MJ/Nm^3）	50.97	50.89	51.12	51.23
相对密度	1.128	1.300	1.216	1.456

1．以 12T-0（纯 CH_4）为基准气的互换性预测

以 CH_4 作为基准气，沼气与液化气的掺混气为置换气，按 A.G.A 指数法和 Weaver 指数法进行计算，结果如表 4-9。

以甲烷为基准气时的互换性计算结果表 表 4-9

指　数	MF_{70-19Y}	MF_{50-19Y}	MF_{70-22Y}	MF_{50-22Y}	允许范围
I_L	1.09	1.11	1.10	1.13	$\leqslant$ 1.10
I_F	1.11	1.13	1.11	1.14	$\leqslant$ 1.20
I_Y	0.70	0.67	0.58	0.54	$\geqslant$ 0.86
J_A	1.00	0.99	1.00	0.99	0.95~1.05
J_H	1.00	1.00	1.00	1.00	0.80~1.20
J_L	1.02	1.01	1.00	0.99	$\geqslant$ 0.64
J_F	0.02	0.03	0.01	0.01	$\leqslant$ 0.26
J_Y	0.73	0.92	0.81	1.08	$\leqslant$ 0.30
J_I	0.09	0.10	0.09	0.11	$\leqslant$ 0.05

从表 4-9 中看出，由于 4 种 BG- 液化石油气的混合气华白数均与甲烷相同，因此互换后热负荷因数 J_H 均等于 1，说明互换后燃具热负荷不会变化。由于燃气燃烧所需的理论空气量正比于燃气热值，所以 J_A 值也接近于 1。当沼气的甲烷含量为 50% 时，I_L 值略超出允许范围，说明有离焰倾向；而 Weaver 指数法则显示不会离焰。不论置换气按何种比例混合，I_Y 和 J_Y 均较大地偏离了允许范围，说明置换后将出现较严重的黄焰工况。Weaver 指数法还显示，置换后还会出现不完全燃烧现象，污染物排放将会超过允许范围。

从计算结果来看，使用 BG- 液化石油气的混合气置换天然气后将会出现黄焰和不完全燃烧工况，置换气不能完全互换基准气。

2．以 BG- 液化石油气掺混气为基准气的互换性预测

基准气的选择也会影响到互换性结果。将华白数与甲烷相等的掺混气作为基准气，甲烷作为置换气进行互换性计算，结果见表 4-10 所示。

以沼气－液化石油气的掺混气为基准气时的互换性计算结果表　　表 4-10

指　数	MF_{70-19Y}	MF_{50-19Y}	MF_{70-22Y}	MF_{50-22Y}	允许范围
I_L	0.92	0.90	0.91	0.88	≤ 1.10
I_F	1.10	1.11	1.10	1.13	≤ 1.20
I_Y	1.43	1.48	1.73	1.85	≥ 0.86
J_A	1.00	1.01	1.00	1.01	0.95~1.05
J_H	1.00	1.00	1.00	1.00	0.80~1.20
J_L	0.98	0.99	1.00	1.01	≥ 0.64
J_F	-0.02	-0.03	-0.01	-0.01	≤ 0.26
J_Y	-0.73	-0.92	-0.81	-1.08	≤ 0.30
J_I	-0.12	-0.14	-0.13	-0.16	≤ 0.05

由于置换气和基准气的华白数相等，J_H 和 J_A 值均接近于 1。但与天然气作基准气时不同，当天然气作为置换气时，A.G.A 指数法和 Weaver 指数法所计算的各项指数均在允许范围内。即是说当用天然气置换任何一种掺混气时，不会出现离焰、回火、黄焰以及不完全燃烧的情况，天然气可以完全置换 BG– 液化石油气掺混气。就是说，有可能直接使用天然气灶具用于沼气与液化石油气的掺混气。

4.3.3 掺混气应用于天然气灶具的实验研究

1. 掺混气的燃烧稳定性研究

虽然互换性指数判定法使用简便，但其对于沼气－液化石油气掺混气的适用性尚需实验验证。而实际使用的液化石油气成分焦复杂，因此对掺混气的燃烧性能进行实验研究是必要的。

在实验室利用商品液化石油气、管道天然气和压缩 CO_2 通过配气得到 10T′ 混合气，使其华白数与 10T-0 一致，组分及特性参数见表 4-11 和表 4-12 所示。

配气原料气及混合气成分表　　表 4-11

组　成	CH_4	C_2H_6	C_2H_4	C_3H_8	C_3H_6	i-C_4H_{10}	n-C_4H_{10}	n-C_4H_8
天然气	91.27	3.1	0	0.49	0	0.82	0.57	0
液化石油气	0.74	0.67	0.67	22.21	2.59	25.98	13.85	15.14
10T′	42.74	0.95	0.95	4.02	0.31	7.27	4.40	3.83
组成	i-C_4H_8	C_4H_8	i-C_5H_{12}	n-C_5H_{12}	CO_2	N_2	H_2O	
天然气	0	0	0.14	0.08	0.67	2.88	0	
液化石油气	10.11	7.36	0.30	0	0.36	0	0	
10T′	2.56	1.76	0.02	0.00	29.75	0.78	0.67	

10T′、10T-0 及 12T 燃气的主要燃烧特性参数表　　表 4-12

类　别	相对密度 s	热值（MJ/Nm^3）		华白数（MJ/Nm^3）		燃烧势 C_P	理论空气量 V_0
		H_l	H_h	W_l	W_h		
10T′	1.19	42.07	45.83	38.53	41.97	26.06	11.33
10T-0	0.613	29.25	32.49	37.28	41.52	33.0	8.19
12T-0	0.555	34.02	37.78	45.67	50.73	40.3	9.52

实验用燃烧器为改装的大气式天然气灶具燃烧器，封堵了一次风门，在喷嘴位置使用三通分别连接经过流量计量的燃气和空气。

实验所用燃气灶 1、燃气灶 2 的结构尺寸见表 4-13。

燃气灶 1 和燃气灶 2 火孔尺寸参数表 **表 4-13**

	孔形状	孔直径（mm）	孔净间距（mm）	个数	排数	火孔总面积（mm^2）
燃气灶 1	圆形	2.10	8.5	70	3	242
燃气灶 2	圆形	2.40	3.5	60	1	270

对两种火孔形式不同的燃烧器分别进行燃烧实验，图 4-15~ 图 4-18 为发生离焰和黄焰时的火焰形态。

图 4-15　燃气灶 1 离焰图

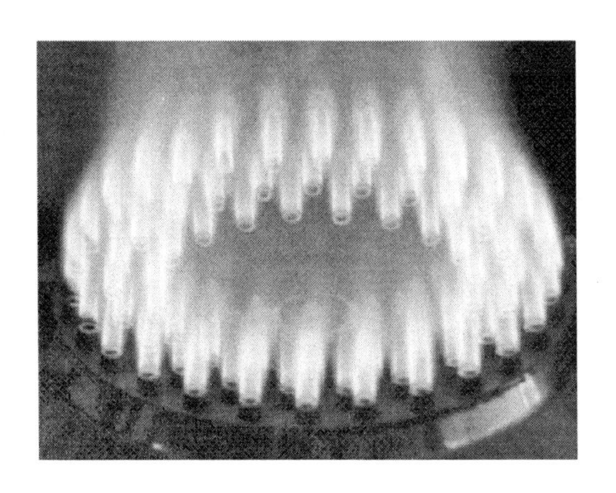

图 4-16　燃气灶 1 黄焰图

图 4-17　燃气灶 2 离焰图

图 4-18　燃气灶 2 黄焰图

图 4-19 为两种燃气灶在头部混合气温度为 155℃时的离焰线和黄焰线。灶具 2 的曲线比灶具 1 的曲线左移了一段距离。表明燃气灶 2 相对燃气灶 1 来说不容易发生黄焰，但容易出现离焰。实验中掺混气不易发生回火现象，因此只进行了黄焰曲线和离焰曲线的实验。由燃烧特性曲线可以推定在燃气灶上稳定燃烧所需的一次空气系数和火孔热强度，见表 4-14 所示。

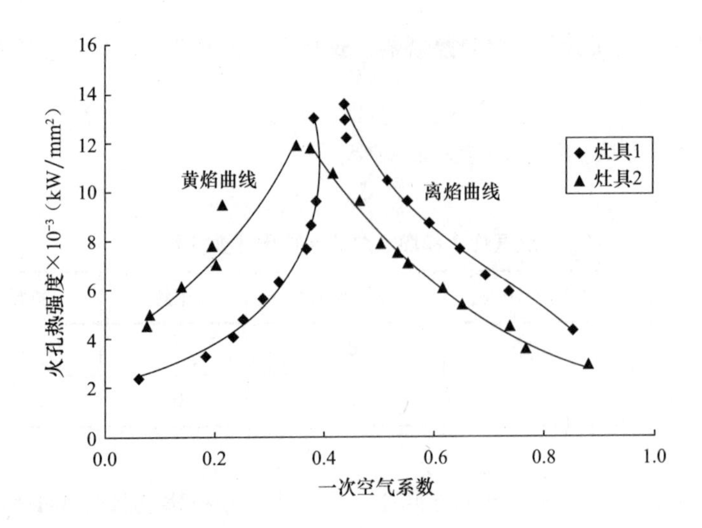

图 4-19　75% 沼气 +25% 液化石油气的掺混气燃烧特性曲线图（头部混合气温度为 155℃）

燃气灶 1、2 稳定燃烧对应的参数表　　表 4-14

	一次空气系数 α'	火孔热强度 $q_p\times10^{-3}$（kW/mm²）
燃气灶 1	0.4~0.55	5.0~9.0
燃气灶 2	0.3~0.45	5.3~8.8

沼气－液化石油气的掺混气的燃烧特性曲线的测绘为其对应灶具的设计提供了基础数据。与炼焦煤气、天然气和液化石油气在长期设计实践中积累的设计参数（见表 4-15）相比，与天然气火孔热强度接近时，10T′需要的一次空气系数 α' 较小。

大气式燃烧器常用设计参数表　　表 4-15

燃气种类		炼焦煤气	天然气	液化石油气
火孔尺寸	圆孔 d_p	2.5~3.0	2.9~3.2	2.9~3.2
	方孔	2.0×1.2	2.0×3.0	2.0×3.0
		1.5×5.0	2.4×1.6	2.4×1.6
火孔中心间距（mm）		（2~3）d_p		
火孔深度（mm）		（2~3）d_p		
额定火孔热强度 $q_p\times10^{-3}$（kW/mm²）		11.6~19.8	5.8~8.7	7.0~9.3
额定火孔出口流速 v_p（m/s）		2.0~3.5	1.0~1.3	1.2~1.5
一次空气系数 α'		0.55~0.60	0.60~0.65	0.60~0.65
喉部直径与喷嘴直径比		5~6	9~10	15~16
火孔面积与喷嘴面积比		44~50	240~320	500~600

良好的燃气灶应该在达到足够的火孔热强度，即达到额定热负荷时，使燃烧特性曲线所包含的稳定燃烧区域最大。根据图可以得出 10T′混气在两种燃气灶上的燃烧稳定区域，范围还是比较大的，说明该 10T′从燃烧角度来说具有较广泛的利用范围。

燃气灶的结构形式不同直接导致了同一燃气在不同灶上的燃烧特性曲线是不同的，但是只要两种燃具的基本型式相同，那么不同燃气在这两种燃具上的特性曲线的相对位置仍能保持不变。引射式大气燃烧器的具体型式虽然很多，但是均具有部分预混火焰（本生火焰）的共同特点，具有本质相同的火焰特性，因而燃烧特性曲线的大致形状及趋势是类似的。

2. 掺混气在天然气灶上的热工性能研究

将 10T′ 混合气在某额定压力为 2000Pa，额定热负荷为 4.2kW 的台式 12T 天然气灶具上燃烧，火焰如图 4-20 所示。在冷态时，10T′ 混气在该灶上很难燃烧且易脱火，当 15min 之后，燃烧开始稳定。在灶前压力为 2000Pa，环境温度为 29℃时，测试 10T′ 在该灶上的热负荷和热效率，如表 4-16 所示。

图 4-20　10T′ 在 12T 天然气灶上的燃烧实验

10T′ 在 12T 灶上的热负荷和热效率表　　表 4-16

项　目	上限锅（260mm）	下限锅（280mm）
热负荷（kW）	3.16	3.13
热效率	51%	48%

可见 10T′ 在 12T 灶上燃烧时，热负荷和热效率均达不到额定指标。若 10T′ 能在现有 12T 燃气灶稍作改装的情况下可以稳定燃烧并达到额定要求，将为 10T′ 燃气灶的推广和利用提供便利。

针对 10T′ 在 12T 灶上燃烧时容易脱火的问题，采用条缝型火孔。条缝型火孔具有较强的防脱火能力，特别是该条缝火孔形状和分气盘内气流速度场曲线相吻合，其稳焰能力更强。本实验改装所用的燃气灶其火孔形状，如图 4-21 所示。

图 4-21　实验用燃气灶火盖形式

对该燃气灶的改造主要是更换喷嘴和改变灶前压力。实验表明，在对 12T 燃气灶作适当改造后，10T′ 可基本达到额定热负荷，见表 4-17 所示。但总的来说，火焰不稳定，比较容易发生离焰，冷态时更为严重。因此，对 12T 燃气灶仅进行简单的喷嘴或灶前压力的变动，不能使 10T′ 稳定燃烧，需重新设计 10T′ 对应的燃气灶。

10T′ 在改装燃气灶上的燃烧表　　表 4-17

项　目	改造 1	改造 2	改造 3	改造 4
灶前压力（Pa）	2000	2000	2500	2800
喷嘴直径（mm）	1.5	1.8	1.8	1.8
热负荷（kW）	3.36	3.48	3.86	4.13

4.4 总结

针对目前村镇地区在沼气推广应用中的问题，提出了村镇建设集中式沼气站，同时掺混液化石油气的技术设想，并就有关掺混技术的低成本、掺混气的燃烧特性与燃具问题，进行了探讨。

一直以来我国扶持与发展的重点是户式沼气技术，在居住相对分散且沼气原理丰富的地区，这一方法确实发挥了重要的补充作用，为商品能源匮乏、运输不便的村镇提供一种拾遗补缺的能源支撑。随着城镇化进程的加速发展，村镇地区的居住形态与能源使用均在发生变化。一方面随着生活水平的提高，村镇居民不再甘于使用高污染的煤炭、秸秆等，而转向清洁高效的液化石油气，导致商品能源的消费快速增长。沼气等原本可以发挥重要作用的生物质能则由于原料供应、产气保障程度等多种原因，始终无法达到商品能源的水平，在沼气具的巨大潜在市场面前，许多企业因为沼气的组分、含硫量、压力波动等问题而裹足不前。

针对这一现状，以及集中式沼气开始在村镇地区试点示范的实际情况，本文提出了将集中式沼气站与液化石油气进行掺混，建设专门输送管道的技术路线。作者认为以商品能源的质量与可靠性来有机融合沼气这种古老的可再生能源，有助于提升沼气的使用比例，建设有中国特色的生物质能利用模式与技术体系。

沼气与液化石油气的掺混气，涉及掺混工艺、输送工艺与终端的燃烧设备。各环节均存在近期推广的低成本化与长期运行需要的稳定可靠两方面的制约，是一个复杂的系统工程。为此，我们对掺混工艺的定比例引射装置和专用燃烧设备进行了研究。结果表明：

（1）使用定比例引射器可以实现沼气与液化石油气的有效掺混，所提供的设计方法经过理论仿真、实验测试的验证，可以满足存在燃气站的使用要求。

（2）沼气与液化石油气的掺混气，其燃烧特性取决于沼气的组分与液化石油气的组分以及二者的掺混比例。本章主要探讨了华白数相当于 10T 天然气的掺混比例，并对相当于 12T 的掺混比例进行了互换性计算。这样考虑的原因在于：既然有可能利用掺混气来实现商品燃气的供应，那么掺混气本身应当遵从目前的国家相关标准，对于远期可能出现的气种与现有掺混气的互换性，若能有效互换则可望将来形成一种真正的融合可再生能源的商品能源。

（3）对 10T′（即相当于 10T 的沼气－液化石油气掺混气）燃烧特性进行了实验研究，确定了在灶具上的稳定工作曲线。结果显示 10T′ 是一种易出现黄焰、易脱火的燃气，按照 12T 天然气设计的灶具，在使用这种混合燃气时会出现冷态的离焰。必须针对这种气源重新设计新燃具，方有可能大量推广。

第五章
村镇住宅采暖系统节能技术

5.1 火炕

火炕是北方的一种“床”，是一种巧妙高效地利用能源的采暖设备，它有较大幅度的散热表面，在燃烧一定时间后，就能均匀不断地向室内散发热量。传统的火炕一般是用泥坯和砖块砌成的，外接土灶，内连烟道，将做饭的余热通过炕板散入室内，是一种具有地域气候特色的分散式采暖形式。夜间人们利用火炕睡眠，直接吸收由火炕表面散发出的热量，使身体感到温暖舒适，容易入睡。在我国北方的家庭中，火炕还起着固定家具的作用，也是家务活动的主要场所。因此，火炕作为一种经济实用、集采暖与炊事为一体的居室设备，非常符合寒冷地区人们的生活习惯，特别受中老年人所喜爱。虽历经千百年，至今仍在广泛使用。

5.1.1 火炕的历史渊源

火炕最早出现于我国春秋时代，至今已有2000多年的历史。在北魏郦道元的《水经注》十四卷中就有这样的记载：“水东有观鸡寺，寺内起大堂，甚高广，可容千僧。下悉结石为之，上加涂塈。基内疏通，枝经脉散。基侧室外，四出爨火，炎势内流，一堂尽温。”它描述的是魏时的观鸡寺所起啐经高堂，足可容纳和尚千人席地打坐。而地面俱以石板铺之，板上加抹灰泥一层。板下基石垒砌为火洞烟道。而室外基侧，则灶口、烟突交错，东薪西火，入炎出烟。

火炕起源与进化的历史，同样遵循着各种事物“高由下基”即由低级到高级、由简而繁的普遍规律发展。火炕之初生，自然发于“炙地”。古人之“炙地”，大抵是原始人类发现烧（熟）食之益处后，将狩得猎物火烧食之而后，发现拂去灰烬之下的地面贮存热量，无潮湿而有温暖，可坐而息，可卧而眠。由此，人类产生了对于“炙地”的自然利用与专意烧灼的意念与行为。

如果说“炙地”是指在地面以上，用火烧灼地表层的话；那么，从地面以下掏洞架火燎热地表，便可称此地表为“火地”。“炙地”由笼火灼成，故而面积较小；而利用笼火所灼之“炙地”，又必因移火（或熄火）扫灰而缩短灼热地表的保温时间。由此，为了扩大地表受热面积，延长其贮热保温时间，我们的先人自然而然地优选了“火地”的制造与使用。那么“火地”与“火炕”又有何异同呢？两者的相同点是皆从居住面下燃火取暖；而两者的区别则在于：“火地”从地面之下掏空火道，居中燃火，直烤地面，以地面为居住面；而“火炕”则是使用土坯、砖石为建筑材料，在地面以上垒砌烟火通道数条，而在通道上平铺石片或砖、坯，其上加抹泥灰弥缝找平，烘干而成形同床榻之居住平面。

由此可知，前述观鸡寺“可容千僧”的居住面，虽然占据满屋，别无床箦而貌似火地；然而，观其“基侧室外”，可见室内之居住面并非原始地面，而是在原始地面之上“结石”而“崇斯构”（用石块高垒起烟道结构，在烟道上平铺石板而成的炕面）。因此，观鸡寺千僧宴坐者，实非火地，而是更为进化了的千人大火炕。它标志着早在5世纪，中华民族已将火炕文化由“炙地”和“火地”推上了“火炕”的高度！

从观鸡寺大火炕后 400 年，中华火炕的使用已普及覆盖了冰天雪地严冬酷寒的包括华北、东北、朝鲜和日本在内的东亚。《旧唐书 • 高丽传》载："其（高丽族）所居必依山谷，皆以茅草葺舍，唯佛寺、神庙及王宫、官府乃用瓦。其俗贫窭者多，冬月皆作长坑，下燃；煴火以取暖。"《旧唐书 • 渤海靺鞨传》载："（靺鞨族）风俗与高丽及契丹同。"朝鲜半岛地处北纬 34° ~42°，因严冬取暖避寒的需要，自唐代开始推广了火炕的使用，且已向今日整面火炕的型制过渡。今日的朝鲜、韩国依然是进屋上炕，饮食起居多系活动于炕上。日本四岛处于北纬 30° ~45°，特别是北海道之冬日相当中国东北、华北之酷寒，也有火炕的需要。及至唐与日本交往频繁，中华火炕文化与整个中华文化同步传入日本，故而其国民亦有整面火炕之上起居之习惯；并因其火山爆发频繁的缘故，而多以木料为屋，火炕亦渐为整面木炕所代替。

到了宋代，与之同时代的金国（女真族）、辽国（契丹族）以及再后的满族人同与之混居杂处的汉族、朝鲜及俄罗斯等族，居东北、华北普遍使用火炕，使中华炕文化获得极大发展。如宋人徐梦莘所著《三朝北盟会编》说："其（女真）俗依山谷而居，联木为栅。屋高数尺，无瓦，覆以木板，或以桦皮，或以草绸缪之。墙垣篱壁，率皆以木，门皆向东。环屋为土床，炽火其下，相与寝食起居其上，谓之炕，以取其暖。"文中"以草绸缪之"指：一是墙壁之迭垒。先于院内掘一土坑，于其中浇水和稀泥备用；次于墙基地面以二尺距离钉立周圈四排；相距一尺之两层与房屋等高的直径约为 9cm 的园松木杆。再用东北特产的 1 米多高的稍细于芦苇的茅草拧成麻花状多股碗口粗的草辫，边拧边续，约 2m 长，放入泥坑滚满大泥，举至杆顶，自上而下插入木排之中，层层积垒，成为周围内外两圈泥辫墙。再为内墙之内与外墙之外各抹一层草穰稠泥，是为内外墙皮。待至佯干，复于室内墙皮再挂一层细白麻刀石灰。室外泥墙皮因受风雨剥蚀，故每 1~2 年则重挂大泥一次。二是房顶之苫草。房顶人字木架之上"覆以木板"，板上苫盖前述茅草厚一尺。自屋檐之下仰视之，似以铡刀裁齐，千万茅管，年复一年，显露着能工巧匠的天心灵气。"墙垣篱壁率皆以木"者，院墙间隔丈把远深埋一尺宽、一寸厚丈把高松板一块。再以两丈长、一尺宽之寸板横向两头以大铁钉钉在立板半边，自下而上，直至立板顶端，是为院墙，名曰"板障子"。三间房内，东西两间，南北各一大炕，灶台皆在中间堂屋之内。四炕烟突皆在屋外四角，曰"烟桥"、"烟柜"、"烟筒"。又中、西两间北半之"隔山"与东间南北两半间处各用砖砌"火墙"一堵。"火墙"内端镶铁铸炉门一俱。"火墙"者，实为"火炕"的变体与发展。屋内六火眼，一律燃烧县北凤山滚圆松木于冬季严寒乘其松木松脆所锯断斧劈之"瓣子"（劈柴之方言词）。

2005 年 9 月，河北省文物研究所与昌黎县文物保管所联合发掘昌黎县裴家堡 35 万 m^2 辽金遗址，发现了辽金时代的四铺火炕遗址。其火炕与东北吉林省东宁团结遗址、集安东台子遗址、双辽电厂遗址及黑龙江友谊县凤林城址、海林木兰、集东遗址、海林渡口遗址等处的汉、魏、高丽、渤海、辽金火炕的形制、结构相比，裴家堡辽金火炕显得科学性更强。火炕的形制多为曲尺形，东北炕多单、双烟道，而裴家堡炕则在四炕之中，三烟道者一铺；余皆四烟道。且裴家堡炕一律火灶、烟囱俱全，灶、囱位置皆呈斜对角。其间烟道底；自火灶至烟囱呈斜上坡走势。四股烟道至烟囱方面，一律汇入其顶端之一纵向主烟道内从而通入烟囱。

2006 年末，在徐水县东黑山村的汉代遗址中，发掘出 11 座与灶相连的火炕。这些火炕的长宽在 3m × 1.5m 左右，均有 2~3 条火道。考古人员认为，炕的时代 2 条火道的为西汉中晚期，3 条火道的为东汉早期，此为我国发现最早的火炕，如图 5-1 所示。它的发现，弥补了史书记载的缺失。

2009 年初，在对位于崇礼县头道营村的战、汉遗址进行发掘时，发现一座唐代房基，内有一座火炕。房基为面阔、进深各三间的半地穴式建筑，坐西朝动向，地面上分布有柱洞和柱顶石。南北长 9.55m，宽 6.5m 以上，残存深 0.45m，门宽 2m，如图 5-2 所示。火炕为东西向，倚房基的北墙和东墙北部而建，由火道、烟囱和石板组成。东西通长 6.5m 以上，宽 1.6m，高 0.28m。火道和烟囱是就地挖成，底面和房基屋面相平。火道为长条形，共 3 条；每条宽 0.2m，深 0.25m，间距 0.2m，内壁均积有较厚的黑色烟垢，东北面顶部残存石板搭盖的炕面。烟囱在火炕的东北角，圆桶形，直径 0.7m，残存深 0.3m，底与火道相连，如图 5-3 所示。

图 5-1　东黑山出土的汉代火炕图

图 5-2　崇礼唐代房基全景图

图 5-3　崇礼火炕全景图

5.1.2　火炕的布局设计

火坑的平面布局，不仅影响着居室空间的利用、家具陈设和辈行分居，而且直接影响着采暖效果。旧建筑的火炕布置，一般是按家庭人口、居住习惯以及烟囱位置等进行考虑，并要满足炊事采暖的需要。新建住宅的卧室应尽量与厨房相毗连，使灶炕相通，并为土暖气管路的设置提供条件。

在火炕的单体设计上应注意：(1) 火炕的烟道长度应有适当的控制。一般民用火炕，直洞式和花洞式不宜超过 4m，而转洞式和横洞式不宜超过 6m。如果生活和采暖需要把火炕加大，那么就要相应地解决炕膛前后的高差，提高烟囱抽力和增加燃烧量。(2) 火炕与炉灶之间用烟道连接的，应适当控制烟道断面，使之略大于火坑排烟口的尺寸，并将烟道坡度提高到 10° 左右，以加大炕膛前部的烟气流速，使热量较多较快地集中于炕膛。燃烧量少、排烟温度低或前部烟道超过 2m 的，一般不宜采取这种形式。而用烟道连接火坑与烟囱的，烟道延长部分增加了烟气的摩擦阻力，但当烟囱具有克服上述阻力的条件时，采暖效果好。(3) 在一户多室的住宅中，应提倡火炕与火墙及土暖气等相结合得一火多用的采暖形式。它不仅可节省燃料，降低采暖费用，而且也方便生活。

5.1.3 火炕的分类

根据民用房屋的布局特点、节约燃料和适应当前炕灶所采用的建筑材料要求，火炕可分为直洞炕、花洞炕、转洞坑和横洞炕等多种形式。

1．直洞炕

直洞炕的内墙有 1~6 道烟道不等，烟道的宽度由炕面板材料的规格而定。直洞炕通常是先把炕内墙砌好，再依次铺设炕面板。施工方法比较有规律，但是为均衡各烟道的烟气流量，在距离炉灶较近的各烟道入口或出口处，要用阻烟砖改变其原有烟道断面。在一般情况下，距炕进火口最近的烟道可缩减 1/2 左右，与其邻近的烟道缩到原断面的 2/3 左右，以便为边缘的烟道提供较合理的流量。

2．花洞炕

花洞炕也称散烟式火炕，通常用天然板材和加工板材做炕面板。花洞式有两种基本形式：（1）炕板支承无固定位置，而是根据需要设立。板大支承少，板小支承多。支承方式采取砖（或坯）直立、侧立或水平叠垛均可。这种炕膛结构的分烟处理，除在炕前端由分烟箱控制外，支承砖的安放角度也起着调整烟气流向和流量的作用。但是炕膛两侧烟道的支承点不宜过密。（2）支承砖取“八”字形安放。两侧的支承砖都向后约倾斜 30° 左右。这样烟气在炕内基本上仍呈规则的流动，分布均匀，使用支承材料也较少。

3．转洞坑

转洞坑是用一道隔墙分成 2 个主烟道，其连接转弯处的宽距，应根据烟囱抽力的大小而定。一般民用火炕可在 500~800mm 之间，约为后部烟道断面的两倍左右。如果炕面板规格小，转弯处需设几个排烟口，远处排烟口应逐渐加大。转洞炕的炉灶可采用冬、夏 2 个排烟道。夏用排烟道的上皮要低于火炕进烟口上皮 50~100mm，以利于控制插板的效果。烟囱在坑中部的一侧，除设间隔墙之外，还要在进火口的后方，设分烟墙，以控制烟气的流向。

4．横洞炕

横洞炕通常用于烟囱吸力强以及燃烧口与烟囱呈对角形的火炕。这种炕膛结构阻力较大，但保温效果较好。

5．混合转洞炕

这种炕的平面布局是把炕膛横断面的 2/3 砌成半封闭的蓄热室，蓄热室中烟气的流动缓慢，有利于炕体的保温和吸热；外侧的单烟道虽然烟气行程较长，但由于局部阻力减少，仍可通过足够的烟气量，而取得较好的采暖效果。

6．直花洞坑

这是直洞和花洞的一种混合形式。热分布比较均匀，并节省炕内支承材料的用量。

7．横花洞坑

这是横洞和花洞的一种混合形式，同时也具有直花洞炕的优点。

8．斜洞炕

这种炕膛使烟气分布较为合理，阻力较小，但须先砌好分烟斜墙。搪炕面板时，再根据需要设顶柱支承。

9．叠洞炕

叠洞炕是根据炕面厚度的不同要求和适当调节跑烟道断面而砌成的，这有利于冬夏炕面温度的调节。

10．一条龙火炕

这是一种超长的火炕形式，它把燃烧的点由分散变为集中，达到节约燃料、减轻劳动强度和保持室内清洁的目的。

5.1.4 火炕的发展和研究

火炕从传统的复杂落地式发展到现在的简单落地式和简单架空式，都离不开当时社会经济技术状况、人们生活条件和需求的影响。20 世纪 70 年代末之前，国内对火炕重视不够，对火炕文化无论是从学术方面还是实际应用都缺少足够的研究，更缺少整合医学、卫生学、民俗文化、构造、能源形式等相关知识，缺少针对火炕的综合建造技术研究和技术开发，使得不同地区长期沿用构造和形式陈旧落后的火炕，采暖效果和舒适感较差，严重阻碍了火炕的发展，造成火炕文化被逐渐遗弃的状况。同时，尽管沿用千年的旧式火炕历经多年实践，创造了一些良好的结构和搭砌经验，但仍存在着热效率低、不好烧（倒烟、燎烟）、炕面温度不均、凉得快等问题。已有的调查和测试表明，北方寒冷地区农村生活能耗绝大部分消耗在炊事和采暖上，炕连灶综合热效率不足 45%，农民冬季生活在室内日均温度不到 5℃的环境中，夜晚室内还常结冰，居住环境的热舒适性很差。

针对农村室内环境差及农村能源紧张等问题，从 20 世纪 70 年代末开始，许多农村能源第一线的科技工作者们进行了大量的研究，对传统灶炕进行改进。一方面，改进旧式炕的炕洞形式，减少炕洞内支撑柱数量，从而增加炕面向室内的散热量，同时合理调节进、排烟温度，保证炕体温度在人的舒适性范围内；并且还考虑到炕面温度的均匀性，取消了炕体内部人为设置的炕洞阻隔，使换热过程在整个炕体内进行，而非在分炕洞内进行，通过炕面抹面材料厚度来调节炕面温度。另一方面，针对落地炕存在的问题，辽宁、吉林省的农村能源科技人员在“七五”、“八五”期间经过反复研究、不断实践而研制新型炕，充分利用炊事余热，提高燃料的利用率，使得火炕在短短的 30 年内再次得到迅速的发展。

火炕在现代的发展以及相关技术的广泛应用，说明火炕这种采暖方式得到了广泛的重视和认可，现代技术使火炕的形式有了更多的变化，近期的研究成果使其内容更加丰富。火炕不仅仅是一种单纯的采暖方式，更是一种体现寒冷地区气候特征、建筑构造及居住文化的要素。火炕是古人在应对自然和社会制约因素的长期建筑实践中形成的劳动产物，其中蕴涵了大量合理的营建经验。这些宝贵的经验不仅表现为具体的设计措施，还包括抽象的设计观念和生活沉淀。

火炕是我国古代居民应用科学技术的一项成就，是北方人民为了适应寒冷气候条件而发明的采暖设施。传统火炕技术立足于特有的地域气候条件，利用原始而实用的建造技术来改善人们的生活质量。从现代生态学视角来看，其对环境的适应性、材料与技术的选择及使用效果都具有积极的生态意义，而这种对生存环境的适应性又带有浓厚的原生态色彩，体现出我国传统设施中特有的生态智慧。

5.2 家用热水采暖系统

家用热水采暖系统是包括燃煤炉、散热器、热水管路及膨胀水箱等在内的小型重力循环热水采暖系统，俗称“土暖气”。它以热水为热媒，由水在管路及散热器中因冷却而产生的密度差造成系统循环所需的作用压头，实现自然循环。它是古老而简易的采暖方式之一，于 18 世纪中期首先在欧洲出现，约在 20 世纪初期传入我国。由于采暖系统的作用半径不断扩大，使这种小型重力循环系统正逐渐被以水泵为动力的机械循环热水采暖系统所取代，但广大尚无条件设置集中采暖系统的农村地区，很多农民家庭在力所能及的范围内，安装了自制的家用热水采暖装置，并取得了较好的效果。并且，以炊暖两用炉为热源的家用热水采暖装置，正在被越来越广泛地使用，它不仅能承担采暖的任务，还可兼顾一定的炊事工作，达到一炉多用、提高能源利用率的目的。

5.2.1 家用热水采暖炉设计

对用户而言，不仅希望燃煤炉安全可靠、能维持一定的室内空气温度，并且要求最大限度地节省煤炭。由于燃料种类、炉型设计和制造的多种原因，不同炉型的热工性能差异很大。在维持同样室温的条件下，所需的煤炭量可能相差一倍以上。因此，设计并生产优良炉型对节能、节省投资、满足使用要求都是非常重要的。但是，由于煤种的不同，及各地区传统炉型及使用习惯的差别，使家用热水采暖炉的设计比较困难。任何一种炉型都难以适应不同煤质和煤型的需要。这里将介绍家用热水采暖炉的一般设计方法，并提供一些供参考使用的数据。

在燃煤炉中，直接与火焰或燃烧的煤块相对并相靠近的受热面可按辐射受热面来计算。一般说来，炉膛口上的水套、炉顶加热器多为辐射受热面。而炉膛水套当内壁无很厚的耐火泥衬层时可按辐射受热面计算；有较厚的耐火泥衬层时只能按导热计算。炉体内烟道部分的受热面（包括翻火后的烟气通道）均为对流受热面。由于炉子各部受热面传热方式的不同及炉子燃烧温度的不同，使炉体各部受热面的传热强度（单位面积的传热量）不同，所以炉子的总传热量也不相同。对此，虽然可按传热学有关公式进行计算，但过程较为繁琐，这里将按传热强度进行简化计算。实践证明，比较可靠的办法是在计算的基础上，以实测数值进行校正，取得实际可用的炉子发热量数值。

燃煤炉发热量实用计算公式为：

$$Q_l=\sum(q_i \cdot F_i) \tag{5-1}$$

式中：

Q_l——燃煤炉向采暖系统提供的发热量，W；

q_i——燃煤炉各部受热面的传热强度，W/m^2，可参考表 5-1 选取；

F_i——燃煤炉各部受热面的传热面积，m^2。

家用热水采暖炉各部受热面的传热强度 q_i 表（单位：W/m^2） **表 5-1**

受热面部位	传热强度	
	烟煤炉	蜂窝煤炉
炉膛水套内壁	20000~23000	（炉筒与水套间有隔热材料）1700~2200
炉膛水套外壁（对流受热面）	8000~12000	6000~8000
炉膛口上的水套内侧	13000~17000	7000~9000
返火烟道（对流受热面）	8000~12000	3500~4600
炉顶增热器	17000~22000	17000~20000
烟囱水套（对流受热面）	3500~4600	1200~2400
炉口正上方 φ250 范围内的小区（壶底）	29000~35000	29000~30000

炉体内各部受热面面积的配置比例，是一个较难确定的问题。一般做法是先根据炉膛的构造尺寸，假定一些基本尺寸，然后经过反复计算决定。在烟煤炉中由于炉胆尺寸可以根据所需的燃煤量自由决定，所以最常用的受热部件为炉膛水套，其高度不应采用炉膛的全高，而采用炉膛全高的2/3甚至更少一些即可，因为炉膛的下部为灰层，不仅换热强度很低，并且灰层本身也不希望大量向外传热，以便使尚未燃透的煤块得以继续燃烧。炉膛口以上的辐射受热面则受炉圈尺寸及火焰长度的影响。为了照顾家用热水采暖装置的炊事功能，不能把炉膛上口到炉盘的距离定得太大，烟煤炉一般取50~70mm，蜂窝煤炉可取40mm左右。所以，这部分受热面也不可能设定得很多。炉子的对流受热面则可以根据炉型及煤种的不同由设计者决定。由于烟煤的火焰较长，要求有较多的尾部对流受热面以使排烟温度降低一些，最好能降至200℃以下。蜂窝煤炉则由于燃料为无烟型煤，且多采用二次风技术，使煤的燃烧比较完全，煤层的透风性好，烟气量比较稳定，所以多采用烟火炉型，炉子的排烟温度可达100℃左右，因而无需再设置更多的像烟囱水套那样的尾部对流受热面。

以烟煤和煤球作燃料的小型家用热水采暖炉的设计步骤，一般是先根据每户总的热负荷和假定的炉子采暖热效率计算燃煤量，然后确定相应的各部尺寸，最后再校核总的发热量。

5.2.2 散热器设计

1. 热负荷计算

房间的热负荷应当由散热设备承担，以补偿房间的净失热量，维持房间内空气的平均温度。在家用热水采暖装置中，由于炉子设于有采暖要求的房间内，所以炉体、管道及散热器均为散热设备，这就使该装置的散热器选择略异于集中采暖系统。后者有时会由于管道散热量占总散热量的份额较小而不予计算；但在家用热水采暖装置中，系统为自然循环，其作用压头又很小，所以管道内的水流速很慢，这时管道本身的散热量可能占整个系统总散热量的较大份额，即由管道承担了大部分的热负荷。同时，由于管道敷设位置的不同，其散热量对房间内的有效影响也是不相同的，这就要求在进行散热器计算时既要对不同的管段分别计算其总散热量以便于计算管道内水的温降，还要分别计算各管段散热量对房间内人的活动区的有效影响值，然后才能确定散热器的实际计算热负荷，进而选定散热器数量。但是，在进行散热器计算时管道计算往往尚未进行，管径的大小难以确定，使管道散热量难以计算。设计中经常采用先假定管道直径，并确定管道布置和走向，然后进行计算，最后加以调整的试算方法。

房间内散热器所承担的热负荷应为房间的计算热负荷减去管道的有效散热量，即：

$$Q_{sj}=Q_{rj}-\sum Q_{gi} \tag{5-2}$$

式中：

Q_{sj}——散热器的计算热负荷，W；

Q_{rj}——该房间的计算热负荷，W；

$\sum Q_{gj}$——房间内所有管段的有效散热量，W。

因此可以根据计算热负荷，按计算求得的散热器内不同的平均水温及室内计算温度，依照产品样本选定散热器。

2．选择原则

散热器有铸铁制和钢制两大类。一般说来，铸铁散热器重量较大但价格略低，并且耐腐蚀；钢制散热器则具有重量轻、造型美观、安装方便等优点。由于家用热水采暖装置的工作压力很低（仅为 20~60kPa，只有超过两层时才可能再高一些），因此，不论哪一种散热器，其承压能力都是足够使用的。在选择散热器型式时，除了应考虑用户的要求之外，主要应选用热价格低、寿命长、外形美观、安装方便、水容量大、水阻力小的散热器。对于间歇时间很长而着火运行时间很短的系统，则应选用水容量小、启动快的散热器。

3．安装位置

在集中采暖系统中，散热器多沿外墙设置于窗台下，这样安装有 2 个作用：一是减小房间的区域温差，不使靠近外墙处的空气温度过低。二是使室内空气的循环比较合理，使房间内靠近地板处的空气温度稍高一些。如图 5-4 所示，为散热器设于外墙窗台下时的室内空气循环示意图。从窗户渗入的室外冷空气因被散热器加热而上升；同时，房间下部较冷的空气亦被散热器加热而上升，造成室内空气循环。这时，靠近地板处的空气温度，是经过散热器加热、并在室内循环后的空气温度，其数值与室内空气设计温度相近。所以，人的腿、脚感觉较暖。对于机械循环的采暖系统，水泵所产生的作用压头很大，所以对散热器的安装高度及管路的长短无严格要求，散热器沿外墙设置是合理的。

在家用热水采暖系统中，系统的作用压头是由管道、散热器及炉子的相对高差及系统中水的温降决定的。为了保证系统内水循环所需的作用压头，多数情况下要求散热器有一定的安装高度，不希望散热器中心低于炉子的加热小心。计算表明，散热器的安装高度每提高 100mm，约可产生 9.8Pa 的作用压头，约占整个采暖系统作用压头的 5%~8%。但若过分强调这一点，而把散热器装得过高，以致对房间的采暖质量及家具布置产生较大的影响，也是不可取的。除此之外，出于系统作用压头小及经济性方面的原因，还要求管线尽可能短，以减少水流阻力及降低造价。所以在家用热水采暖系统中，散热器多就近沿内墙安装，不强调沿外墙设置。如图 5-5 所示，为散热器设于内墙时的室内空气循环示意图。可见在此情况下，室内原有的空气是在外墙及外墙处因受冷而下降，从窗户渗入的冷空气亦立即下沉，两股气流一起沿地板向房间里部流动，这就使靠近地板处的空气温度稍低一些。从保证采暖质量的角度来说是不太有利的，但目前家庭中门、窗的气密性较好，使冷风渗入量减少，会使前述现象有所减弱。根据实验资料介绍，散热器设于内墙时其散热量约可提高 7%，从总的方面看还是值得考虑的。

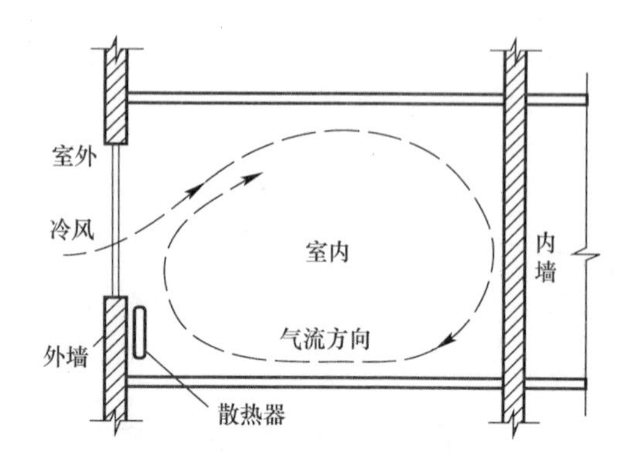

图 5-4　散热器设于外墙窗台下时室内空气循环示意图

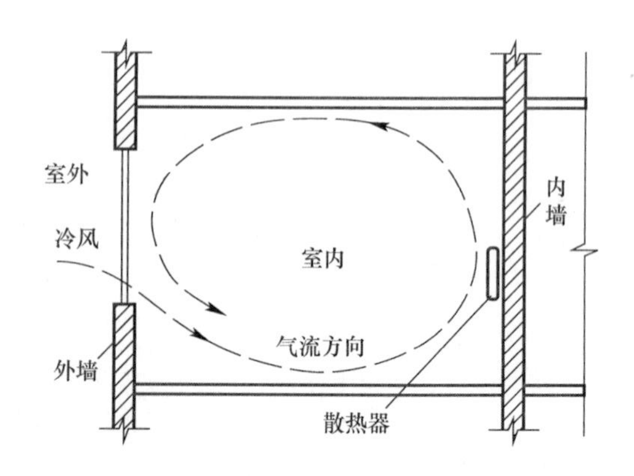

图 5-5　散热器设于内墙时室内空气循环示意图

散热器在室内的平面位置，宜按照管线短（单层住宅的系统作用半径宜 <12m）、不影响或尽量少影响家具布置、不占用房间重要部位、室内空气温度均匀、便于维修等原则进行考虑。一项好的采暖设计除了系统的热工性能良好之外，必然具有系统简洁整齐、与建筑装修及家具布置配合适宜及管理操作方便等优点。

5.2.3 系统制式选择

家用热水采暖系统制式的选择，应根据房间平面布置、散热器位置、管路的合理走向、住宅层数、炉子的安装位置及标高等因素综合决定。采暖系统的制式大致可分为上供下回式、中分式和水平串联式等，如图 5-6 所示。其选择原则主要有以下几点：

（1）尽量减小系统的作用半径，即从炉子出口处的总立管到最远一根立管的水平供水干管的实际长度。实践证明，作用半径越短，系统的总水流阻力越小，则系统的热力性能越好。当装设炉子的房间地坪与其他采暖房间相平时，系统的作用半径宜控制在 10~12m 以内。当炉子间的地坪比其他房间低 0.5m 时，系统的作用半径可为 20m 左右。炉子的安装标高越低，炉子的加热中心比散热器中心低越多，则系统的作用半径就可越大。

（2）管道尽量不拦截门口及其他主要通道。采暖系统的供水干管一般多沿顶棚下敷设，标高较高。可在门的上方通过，不会拦截门口及其他主要通道。而回水干管则有上行和下行之别。当采用下回水式系统时可能会

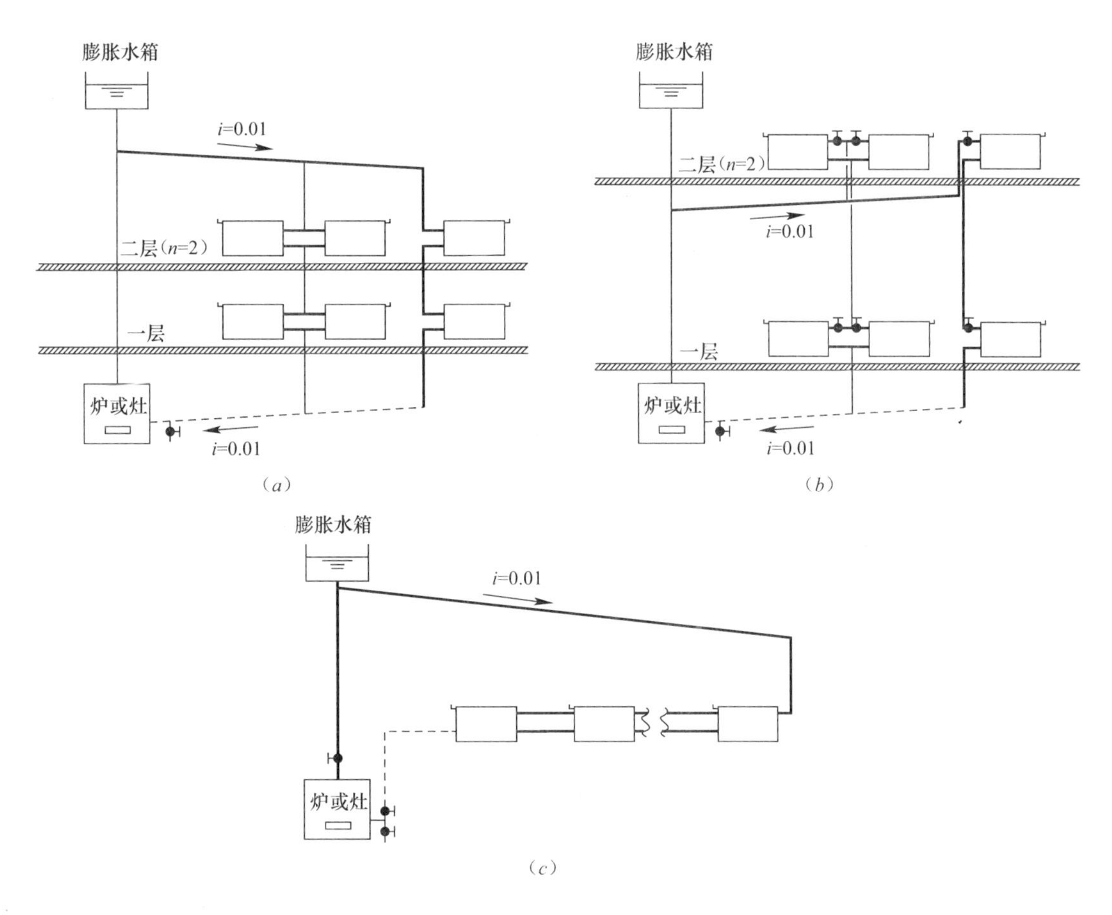

图 5-6　家用热水采暖系统的不同制式图

(a) 上供下回式；(b) 中分式；(c) 水平串联式

遇到拦截门口及通道的问题。采用上回水式系统可避免这一问题的出现，即回水干管与供水干管一起，均沿顶棚下并行敷设。此时，为了排气的需要，需在上行回水干管的最高点设排气管或其他排气装置。

（3）有利于系统的排气及泄水。在重力循环热水采暖系统中，空气的排除是非常重要的问题。在进行制式选择时，应选用排气畅通（最好是不需要定时手动排气）、操作方便的系统。

（4）尽量减少系统中各环路的水流阻力差，使各组散热器的压力比较平衡。同时，为了获得最大的作用压头，应尽量减少低于炉子加热中心标高的管道。

5.2.4 正常运行操作程序

1．点火前的准备

检查炉子及采暖系统各部件是否安装完毕，阀门是否转动自如，管道及部件是否符合设计要求，烟囱是否畅通等。

2．灌水

一般应从回水管灌入，以便于系统中原有的空气排除。如果膨胀水箱设于供水立管顶部，并且只能通过该水箱灌水时，则不要灌得太急，并且在第一次灌满后稍停一段时间，从各排气点进行排气，并进行全面检查，直到无漏水点为止。此时可从系统的泄水口放水，对整个系统进行冲洗。然后重新灌水，灌至膨胀水箱的信号水管出水，或水位至水箱底以上 50mm 左右为止。

3．温炉

其目的为，一是防止炉膛等部件因急骤升温而胀裂。二是使系统的水升温慢一些，避免首次点火时出现“烧顶了”的事故。出现这种事故时，系统的供、回水管一起热，但水不循环。这时只好从炉子的出水口处适量放水，使冷水充入炉体水套并保持流动，待炉体降温后方可停止放水，才能恢复正常循环。所以在首次点火时应首先温炉，然后再进入正常运行，温炉时间一般为 0.5~1.0h。

4．正常运行

在正常燃烧时，烟煤炉的风门可以全开，而蜂窝煤炉不需要全开，只需开 1/3 甚至更少一些即可。为了减少加煤时烟尘四溢，烟煤炉所用燃料可适量加水，蜂窝煤炉可以根据当地的习惯及煤渣的坚固度采用上出渣或下出渣，但下出渣时最好关闭风门，以减少发尘量。

5．清炉

蜂窝煤炉无需清炉，但各块煤的通风孔应对正，并用火棍疏通不使通风孔堵塞。烟煤炉在燃烧几个小时之后要进行清炉。时间间隔的长短随煤质情况而异。清炉时要快速，不使炉膛温度降低很多，并留有充足的火种，然后加适量的块煤把火引旺，才能恢复正常燃烧。

6．出灰

灰室中的积灰要定时清出，以保持炉子通风所必需的通风空间，并可通过灰室观察炉子燃烧情况。

7．封火

烟煤炉的封火在风门关闭后尚需加封火炉盖以保持炉温，延长封火时间。烟煤炉的封火问题较难控制，需要使用者结合当地习惯及个人经验进行。蜂窝煤炉的封火比较简单，采用风门封火，在加煤、清灰后把风门关紧即可。

8. 调火

室内空气温度的调节方法可以通过改变供水温度、间断供热或减少水流量等方法进行。这就要求炉子能按照室温的变化而调火（或封火、压火）。当炉子的发热能力超过采暖系统的散热能力时，一旦系统的供、回水温度已达到设计数值，炉子即应适当调火，以使炉子的发热量与采暖系统的散热量相适应，使水温不再继续升高。否则，就有可能出现汽化，造成冒气、冒水事故。此外，由于采暖系统是按照室外采暖计算温度进行设计的，当室外气温高于前述温度时，炉子也应进行调火。

5.2.5 系统维护

为防止或减轻管道、炉体及散热器的氧腐蚀，整个装置在停炉期间（非采暖期内）要进行漏水养护。当在运行期间系统无渗漏现象，并且不需要更换部件时，可按系统补满水，然后停止运行即可；当系统需要修理时，应将系统中的水放空，进行修理，然后再重新灌满水，并点火把水加热到60℃以上，各排气点进行排气后方可停炉。

在整个停炉期间，整个系统都不能缺水。特别当采用开式膨胀水箱时，水箱盖要盖好，并需定期检查与补水。大致说来，在非采暖季中开式膨胀水箱的自然蒸发量与采暖季节相差不大。

在第二年采暖系统启动前，最好将系统中原有的水放掉，然后换水运行，以使系统内水质干净一些。

5.3 低温热水地板辐射采暖系统

低温热水地板辐射采暖是采用低于60℃的低温水作为热媒，通过直接埋入建筑物地板内的铝合金/聚乙烯型（PAP）或铝合金/交联聚乙烯型（XPAP）等盘管辐射而达到一种方便灵活的采暖形式。

早在20世纪70年代，地板采暖在许多经济发达国家已得到广泛的应用，不仅大量用于饭店、商场、展览馆、体育场馆等大型公共建筑，而且已普及到住宅，甚至使用到室外停车场、公路坡道化雪、花坛（圃）及农业种植大棚等场所。目前我国已逐步推广使用地板采暖，其效果也都令人满意，而且已制定了相关的设计规范《采暖通风与空气调节设计规范》（GB50019-2003）、《地面辐射供暖技术规程》（JGJ142-2004）和施工规范《建筑给水排水及采暖工程施工质量验收规范》（GB50242-2002），以及设计图集《低温热水地板辐射供暖系统施工安装（03(05)K404）》。

5.3.1 地板辐射采暖的特点

1. 优点

（1）热稳定性好。地板采暖系统供回水温度一般为45~55℃，温差为10~15℃。由于热量从地板传导的特殊性，一方面减少了墙体四周围护结构的无效耗热量；另一方面由于传热温差小，室内气流自然对流减弱，可使室内温度均衡。特别对大开间、大进深及楼层较高的房间，地暖有效地解决了室内温度不均匀的问题，满足了人体对温度舒适性的要求。由于地面层及混凝土层蓄热量大，因此在间歇供热的情况下，室内温度变化缓慢，热稳定性好。

（2）舒适保健、卫生清洁。地板辐射采暖方式通常以采暖房间的整个地面为散热面，温度由下而上逐渐递减，室温垂直度分布均匀，形成满足人体供热需求的理想室温分布，自下而上"足温而顶凉"，前后左右温度均匀一致；且由于其散热面积大，散热表面温度一般都低于30℃，供热任务大部分由远红外线辐射承担，依赖室内空气对流散热相对较少，因而避免了其他供热方式造成的室内燥热、有异味、有风感、皮肤失水、口干舌燥等不适。地暖房间的空气流动速度不大于0.2m/s，避免了室内空气流动扬起灰尘污染室内空气，因此地暖有效地提高了室内清洁度。

（3）节能高效。地暖的房间温度梯度小，沿高度方向上的温度分布比较均匀，使房间顶部不会过热，减少了围护结构的无效耗热量。在相同舒适条件下，采用地板辐射采暖比一般对流采暖的设计温度低2~3℃，总耗热量可减少10%~30%，节省能源。并且，地板辐射采暖系统可以利用热网回水、余热水，也可以利用太阳能、风能、地热能等自然能源，因此减小了采暖能耗。

（4）使用寿命长，安全可靠。地暖加热管使用整根管按一定间距盘绕固定在绝缘保温层上，管子无接头，两端与分水器连接。由于地暖系统水温不高，运行时管内水流速度平稳，无水击现象，加之分水器又安装了安全排气装置，不会对系统产生破坏力。管内壁光滑，不易结垢，不产生化学反应，运行安全可靠，因此地暖管材的使用寿命是普通钢管的15倍以上，正常使用寿命为50年，与建筑物的设计使用寿命一样。维护管理只需每年对分水器进行维修保养，维护管理费用低。

（5）增加使用面积，增强隔声效果。地暖改变了传统散热设备及管道占用室内空间的供热方式，取消了地面上的散热器，增加了室内有效的使用面积。地暖由于增加了聚苯板保温层，而苯板具有一定的吸音、隔声的物理特性，交联管的中空结构会在此形成一个噪声缓冲区，减少声音的传射，从而形成良好的声环境，增加了住宅的舒适性。

2．缺点

（1）造价较高

低温地面辐射采暖增加了隔热层和辐射地面层，这与常规采暖方式相比，增加了建筑物地板的厚度，使建筑初投资增大，可能会有较多居民不愿采用。但由于其独特的舒适性和节能效果，从长远来看，还是值得的。

（2）家具覆盖率大的居住建筑可能达不到规定的设计温度

室内家具及其他物品的布置对地板的遮挡，会影响低温地板辐射采暖系统的散热，导致难以达到设计的温度，特别是小卧室房间更应该慎重考虑其散热效果。作为居室设计，往往由于家具摆放的不定性，即使管道在平面均匀布置，但家具的摆放会使散热面积大幅减少，采暖效率相应降低。

（3）维修难度较大

热水管直埋在混凝土地面中，万一发生损坏、渗漏现象，难于维修，造成的损失也比较大。必须由专业人员、专业设备查漏修复。虽然这种现象出现的可能性非常小，但一旦发生则很难解决。

（4）响应较慢，对地板可能会有影响

地板辐射采暖快速加热能力不足，一般需要15h后才能达到设计温度，适用于需要持续采暖的房间。地暖由底板向上散热，容易引起填充层、找平层及混凝土收缩，产生温度应力，导致地面产生轻微裂缝。

5.3.2 低温热水辐射地板采暖系统设计

（1）低温热水地板辐射采暖系统的供、回水温度应由计算确定，供水温度宜采用35~50℃，供回水温差不宜大于10℃。地表面平均温度计算值应符合表5-2中的规定。

地表面平均温度表（单位：℃） 表5-2

区域特征	适宜范围	最高限值
人员经常停留区	24~26	28
人员短期停留区	28~30	32
无人停留区	35~40	42

（2）与土壤相邻的地面，必须设绝热层，且绝热层下部必须设置防潮层。直接与室外空气相邻的楼板，必须设绝热层。绝热层采用聚苯乙烯泡沫塑料板时，其厚度不应小于表5-3中的规定值；采用其他绝热材料时，可根据热阻相当的原则确定厚度。

聚苯乙烯泡沫塑料板绝热层厚度表（单位：mm） 表5-3

楼层之间楼板上的绝热层	20
与土壤或不采暖房间相邻的地板上的绝热层	30
与室外空气相邻的地板上的绝热层	40

（3）地面构造由楼板或与土壤相邻的地面、绝热层、加热管、填充层、找平层和面层组成，面层宜采用热阻小于0.05m^2·K/W的材料。

（4）计算全面地板辐射采暖系统的热负荷时，室内计算温度的取值应比对流采暖系统的室内计算温度低2℃，或取对流采暖系统计算总热负荷的90%~95%。局部地板辐射采暖系统的热负荷，可按整个房间全面辐射供暖所算得的热负荷乘以该区域面积与所在房间面积的比值和表5-4中所规定的附加系数确定。

局部辐射供暖系统热负荷的附加系数表 表5-4

供暖区面积与房间总面积比值	0.55	0.40	0.25
附加系数	1.30	1.35	1.50

（5）连接在同一分水器、集水器上的同一管径的各环路，其加热管的长度宜接近，并不宜超过120m；加热管的布置宜采用回转形、往复形或直列形，如图5-7所示；加热管的敷设管间距，应根据地面散热量、室内计算温度、平均水温及地面传热热阻等通过计算确定；加热管内水的流速不宜<0.25m/s。

（6）每个环路加热管的进、出水口，应分别与分水器、集水器相连接。分水器、集水器内径不应小于总供、回水管内径，且分水器、集水器最大断面流速不宜大于0.8m/s。每个分水器、集水器分支环路不宜多于8路。每个分支环路供回水管上均应设置可关断阀门。在分水器之前的供水连接管道上，顺水流方向应安装阀门、过滤器、阀门及泄水管。在集水器之后的回水连接管上，应安装泄水管并加装平衡阀或其他可关断调节阀。在分水器的总进水管与集水器的总出水管之间宜设置旁通管，旁通管上应设置阀门。

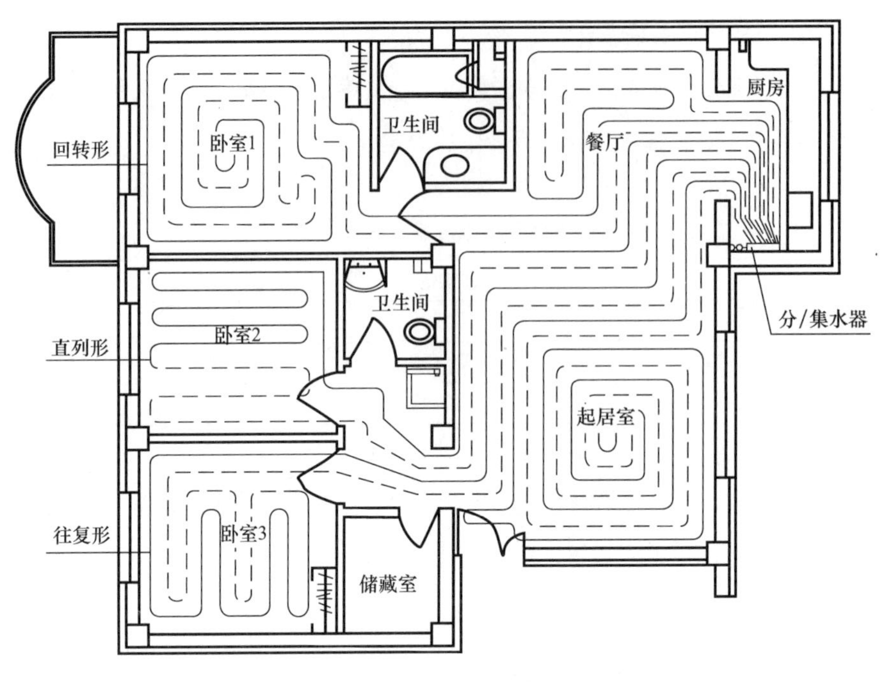

图 5-7 低温热水地板辐射采暖系统布置示意图

注：卧室 1 为餐厅和起居室为回转形布置，卧室 2 为直列形布置，卧室 3 为往复形布置。

5.3.3 散热器采暖与辐射地板采暖的比较

1．系统的灵活性

散热器系统非常有灵活性，任何时候的维修改动都很方便。改变散热器的位置后，只需简单地修补下很小范围的墙面就可以了。在装修旧建筑时，散热器系统可以利用原有管道，不必做很大的改动。辐射地板系统的灵活性较小，它是建筑结构的一部分，若不拆除地板是不可能改动的。

2．环境的舒适性

如果散热器布置得好，可以防止外墙或窗户对热舒适度的负面影响。某些情况下觉得舒适性差的原因，是由于散热器的高温使用或错误地把散热器安装在内墙所造成的；若还为了考虑美观而把散热器罩起来的话，则会减少热量、隔绝热辐射，严重影响环境的热舒适度。辐射地板的舒适性很好，地板的温度高于室内空气的，可以补偿外墙面的低温。但由于地板采暖的加热管安装在建筑填充层中，不是所有的表面都能有效传热，只有家具以外的部分才可以，所以家具的布置和地毯的使用都会较大地影响室内热舒适度。

3．设计安装的方便性

散热器的设计和安装都很方便，可通过轻易地增减散热器片数来更改；系统调节也很简单，尤其是当散热器配备了温控阀。辐射地板系统的设计和安装较为复杂，尤其是在放置地板和填充层的阶段，若此步骤不正确，系统的散热量会比设计的低。

4．负荷变化的反应时间

由于散热器系统的热惰性小，它达到稳定的室内温度的时间很短，对室内热负荷的变化的反应时间也非常快。而辐射地板采暖系统的热惰性较高，不能在短时间内达到并保证稳定的室温，同样它也不适应负荷的变化与间歇使用。

第六章
村镇住宅空调设备节能技术

6.1 房间空调器原理

房间空气调节器（Room Air Conditioner）是一种向密闭空间、房间或区域直接提供经过处理的空气的设备。它主要包括制冷和除湿用的制冷系统以及空气循环和净化装置，还可包括加热和通风装置。

房间空调器按其功能和用途的不同，可分为单冷型和冷暖型两种。单冷型空调器只具有制冷功能，没有供暖功能，但可以兼有除湿功能。冷暖型空调器可以根据用户的需求进行操作，使其同时具有制冷功能（用于夏季房间的降温）和供暖功能（用于冬季房间的升温）。而根据供暖方式的不同，冷暖型空调器又可分为热泵型、电热型及热泵辅助电热型3种：（1）热泵型（Heat Pump），通过转换制冷系统制冷剂运行流向，从室外低温空气吸热并向室内放热，使室内空气升温。（2）电热型（Electrical Heating），当空调器供暖时，只用电加热方法加热空气。（3）热泵辅助电热型（Additional Electrical Heating With Heat Pump），当空调器供暖时，热泵系统和电加热系统同时工作，这时，热泵系统起主要供热作用，电加热系统起辅助供热作用。

6.1.1 基本组成

房间空调器通常由制冷系统、通风系统和电气系统3部分组成，这3部分组装于一个箱体（整体式）或两个箱体（分体式）内。它们相互配合，共向完成调节室内空气参数、改善室内环境品质的任务。

1．制冷系统

空调器的主要功能是通过冷却或加热室内空气，使室内环境处于人体感觉舒适的状态。在夏季使空气降温时，制冷系统将室内热量排出到室外，是提供冷源的设备；而在冬季使空气升温时，制冷系统将室外热量吸收进室内，则是提供热源的设备。制冷系统由压缩机、冷凝器、蒸发器和节流阀（毛细管）组成，并由铜管将这四个基本组件相连接组成一个封闭循环系统。它们的功能分别为：（1）压缩机，通过消耗一定的外界功，将蒸发器中的气态制冷剂吸入并压缩到冷凝压力，然后排出到冷凝器中。（2）蒸发器，制冷剂进入其中后，吸收被冷却介质的热量气化，由液态变为气态。（3）冷凝器，制冷剂进入后，向冷却介质放出热量而冷凝，由气态变为液态。（4）节流阀，将冷凝器中出来的制冷剂节流，使其降至蒸发压力和温度，并根据负荷的变化调节进入蒸发器的制冷剂流量。

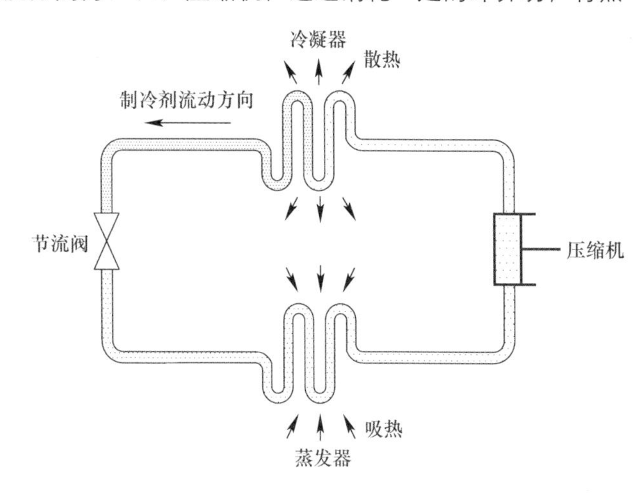

图6-1　房间空调器制冷循环示意图

如图6-1所示，制冷剂在系统中经过4个热力状态变化过程，连续不断地循环而产生制冷效应。这4个热力过程分别是：（1）压缩过程，由压缩机来完成，它将制冷剂蒸气吸入气缸内，进行压缩提高压力后再排出气缸，促使制冷剂在系统内流动。(2) 冷凝过程，气态制冷剂在冷凝器中将所吸收的热量排出系统，然后凝结为液体；因此，冷凝器就是一个散热器，被放置在室外，以便将热量排放到室外环境空气中。(3) 节流过程，也可被认为是降压过程，用节流元件来减小其流量，降低压力，使液态制冷剂有膨胀的空间条件。(4) 蒸发过程，降压后的制冷剂气液混合体在蒸发器中吸热气化，变为气态制冷剂后再进入压缩机。这一过程是获得制冷效应的热力过程，是制冷系统的最终目的。

综上所述，制冷系统工作时，压缩机将蒸发器中低压、低温的制冷剂蒸气吸入气缸内，经压缩升压升温后，气缸内的高压制冷剂蒸气被排到冷凝器中；在冷凝器内，高压高温的制冷剂蒸气与外界温度较低的空气进行热交换而被冷凝成液态制冷剂，然后液态制冷剂再经过节流阀（毛细管）降压后进入蒸发器，在蒸发器内吸收室内空气中的热量后再次气化。这样，房间空气温度下降，而制冷剂蒸气又被压缩机吸走，进行下一次循环，如此周而复始。

2. 通风系统

房间空调器室内机组中的通风机，将室内空气吸入机组与蒸发器进行热交换，蒸发器内的制冷剂吸收空气中的一部分热量、湿量，使其温度降低后送回室内，再与室内空气对流混合，从而使室内空气温度维持在设定的范围内。室外机组中的通风机帮助冷凝器散热，使压缩冷凝机组在稳定正常情况下运行。所以，空调器中的通风系统是增强换热器换热效率必不可少的组成部分。根据作用原理和结构形式，通风机分为离心式通风机与轴流式通风机 2 种。

3. 电气系统

空调器的电气控制系统是指为保证空调器的电动机、压缩机、电动机和电气控制的正常运行，由各种电器、线路相互连接所构成的总体。按照所使用的控制电器和元件的特点，空调器的电气控制系统可以分为触点控制系统和无触点控制系统。在有触点控制系统中，控制电路的换接是通过开关或继电器等触点的闭合与分断进行控制的，这种系统的特点是控制方法简单、工作稳定、便于维护及成本低。而在无触点控制系统中，控制电路的换接是通过电子元件进行控制的，它具有功能齐全、寿命长、操作方便及美观等优点。随着电子技术的发展，控制系统的功能也日趋完善。近年来，已经相继出现了具有遥控功能、变频调速及模糊控制等各种新型空调控制系统。

6.1.2 工作原理

1. 制冷循环

从室外机组进入室内机组的液态制冷剂，进入蒸发器与房间内的空气进行热交换。液态制冷剂因吸收室内空气中的热量由液体变成气体，其温度压力均不变，而室内空气由于热量被带走而温度降低。在室内被气化的制冷剂，进入到压缩机中，被压缩成高温高压的过热蒸气，然后进入室外冷凝器中。高温高压的气态制冷剂在冷凝器中与室外空气进行热交换后，被冷凝成中温高压的液体，室外空气因吸收了制冷剂的热量而温度升高，然后被排到外界环境中去。当液态制冷剂从冷凝器出来时，其温度和压力均比较高，必须通过节流元件（毛细管）节流进行降温、降压，使其温度压力均下降到原来的状态，然后再进入蒸发器中吸热气化，重复上述制冷循环。此时，通风系统的室外轴流风机和离心风机同时进行工作。室外轴流风机迫使室外空气经过冷凝器流动，将制冷剂放出的热量带走，以便制冷运行。而室内离心风机吸入室内空气，经过空气过滤网净化后，再经风机涡壳，并在蒸发器中被制冷剂吸热降温，然后吹回室内，如此不断地循环，使室内空气温度均匀地维持在空调器的设定温度下。

2．制热循环

当主控开关处于“制热”档位置时，电磁四通换向阀通电，换向阀换向，空调器开始制热运行。从压缩机排出的高温高压制冷剂蒸气流向室内机蒸发器中向室内放热，此时蒸发器变为冷凝器，使室内空气温度升高，而制冷剂在室内被冷凝成高压高温的液体，经过毛细管节流降压后排向室外冷凝器中吸收室外空气中的热量，此时冷凝器变为蒸发器，液态制冷剂被蒸发为低温低压的蒸气，再次被压缩机吸入，重复上述制热循环。

6.1.3 性能指标

1．试验工况（Test Condition）

试验工况是指对空调器进行性能测试时特定的试验条件，又称额定工况或特定工况。T1、T2、T3 类空调器试验工况的具体条件见《房间空气调节器》（GB/T7725–2004）中的规定。

2．制冷量（Total Cooling Capacity）

空调器在额定工况和规定条件下进行制冷运行时，单位时间内从密闭空间、房间或区域内除去的热量总和称为制冷量，单位为“W”。

3．制冷消耗功率（Total Cooling Power Input）

空调器在额定工况和规定条件下进行制冷运行时，所输入的总功率称为制冷消耗功率，单位为“W”。

4．制热量（Heating Capacity）

空调器在额定工况和规定条件下进行制热运行时，单位时间内送入密闭空间、房间或区域内的热量总和称为制热量，单位为“W”。

5．制热消耗功率（Heating Power Input）

空调器在额定工况和规定条件下进行制热运行时，所输入的总功率称为制热消耗功率，单位为“W”。只有热泵制热功能时，其制热消耗功率称为热泵制热消耗功率。

6．能效比（Energy Efficiency Ratio）

在额定工况和规定条件下，空调器进行制冷运行时，制冷量与有效输入功率（Effective Power Input）之比称为能效比，单位为 W/W。

7．性能系数（Coefficient of Performance）

在额定工况（高温）和规定条件下，空调器进行热泵制热运行时，制热量与有效输入功率之比称为性能系数，单位为 W/W。

注：有效输入功率指在单位时间内输入空调器内的平均电功率，包括：（1）压缩机运行的输入功率和除霜输入功率（不用于除霜的辅助电加热装置除外）。（2）所有控制和安全装置的输入功率。（3）热交换传输装置的输入功率（风扇、泵等）。

8．循环风量（Indoor Discharge Air-Flow）

空调器用于室内、室外空气进行交换的通风门和排风门（如果有）完全关闭，并在额定制冷运行条件下，单位时间内向密闭空间、房间或区域送入的风量称为循环风量，单位为 m^3/s。

9．噪声（Noise）

空调器在运行时，室内和室外均会产生噪声，以室内侧噪声作为重点，因室内机噪声直接影响用户，所以各制造厂家对室内噪声控制比较重视。室内机噪声主要来自风机气流声、电动机电磁声、塑料件因装配等原因而产生的摩擦声、振动声等。《房间空气调节器》（GB/T7725-2004）对空调器室内、外机噪声标准的规定，见表 6-1 所示。

额定噪声值（声压级）表 **表 6-1**

额定制冷量（kW）	室内噪声（dB（A））		室外噪声（dB（A））	
	整体式	分体式	整体式	分体式
<2.5	≤ 52	≤ 40	≤ 57	≤ 52
2.5~4.5	≤ 55	≤ 45	≤ 60	≤ 55
>4.5~7.1	≤ 60	≤ 52	≤ 65	≤ 60
>7.1~14	—	≤ 55	—	≤ 65

6.1.4 型式命名

1．型式分类

（1）按使用气候环境（最高温度）分类

按使用气候环境的分类和空调器通常工作的环境温度，见表 6-2 所示。

空调器工作的环境温度表（单位：℃） **表 6-2**

空调器型式	气候类型		
	T1	T2	T3
	温带气候	低温气候	高温气候
冷风型	18~43	10~35	21~52
热泵型	-7~43	-7~35	-7~52
电热型	≤ 43	≤ 35	≤ 52

注：不带除霜装置的热泵型空调器，工作的最低环境温度可为 5℃。

（2）按结构形式分类

1）整体式，其代号为 C；整体式空调器结构分类为窗式（其代号省略）、穿墙式及移动式等，其代号分别为 C、Y 等。

2）分体式，其代号为 F；分体式空调器分为室内机组和室外机组，室内机组结构分类为吊顶式、挂壁式、落地式和嵌入式等，代号分别为 D、G、L 和 Q 等，室外机组代号为 W。

3）一拖多空调器，用阿拉伯数字表示，一拖三以上允许用“d”表示。

（3）按主要功能分类

1）冷风型，其代号省略（制冷专用）。

2）热泵型，其代号为R（包括制冷、热泵制热，制冷、热泵与辅助电热装置一起制热，制冷、热泵和以转换电热装置与热泵一起使用的辅助电热装置制热）。

3）电热型，其代号为D（制冷、电热装置制热）。

（4）按冷却方式分类

1）空冷式，其代号省略。

2）水冷式，其代号S。

（5）按压缩机控制方式分类

1）转速一定（频率、转速、容量不变）型，简称定频型，其代号省略。

2）转速可控（频率、转速、容量可变）型，简称变频型，其代号Bp。

3）容量可控（容量可变）型，简称变容型，其代号Br。

2. 型号命名

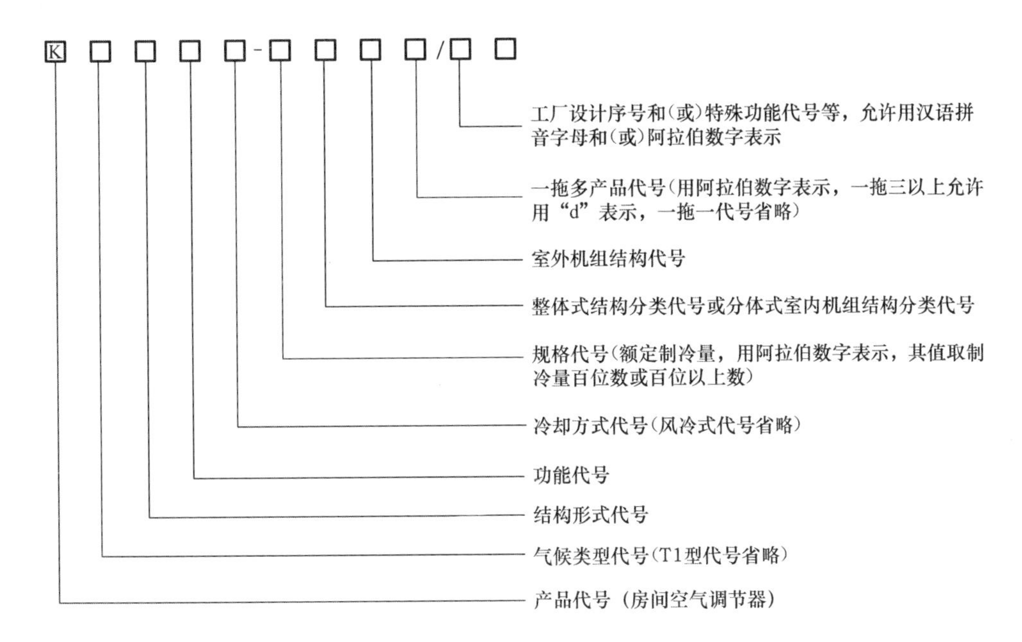

例如：KT3C-35/A表示T3气候类型，整体（窗式）冷风型房间空气调节器，额定制冷量为3500W，第一次改型设计。KFR-50LW/Bp表示T1气候类型、分体热泵型落地式变频房间空气调节器（包括室内机组和室外机组），额定制冷量为5000W。

6.2 村镇房间空调器的节能设计和使用

6.2.1 设计选型

用户可以根据自己的经济条件、本地区的气候特点及其他要求，设计选购适于家庭使用的空调器。

1. 选型

（1）结构型式的选择

房间空调器按照结构型式可分为整体式、分体式和一拖多等 3 种。

窗式空调器是一种使用广泛的整体式空调器。它结构紧凑、重量轻、尺寸小，只要将它安装在窗台上或墙孔里，接通电源，即可工作，成本低，使用方便。但缺点是噪声振动都较大，宁静度差。窗式空调器将制冷系统（压缩机、换热器、毛细管等）、通风系统（电机、风扇、涡壳等）及电控系统（主控开关、温控器等）都置于底盘上，套上箱体，因此结构上没有现场连接件、制冷管路全部采用焊接连接。一般来讲不易发生制冷剂泄漏现象，维护工作量小。

分体式空调器是在窗式空调器的基础上发展起来的，其室内机组结构又可分为吊顶式、挂壁式、落地式和嵌入式等。分体式空调器的特点是噪声低，它将产生较大噪声的冷凝器、压缩机和轴流风机等放置在室外，构成室外机组；室内机组只有蒸发器、毛细管、低噪声风机和电控元件，使空调室内侧较宁静，而且不必在墙上开大孔或者安装在窗户上，以致影响外观、采光和通风。同等制冷量规格的分体式空调器，室内机组噪声比窗式空调器要低 10dB（A）左右。但分体式空调器需要在现场进行管路连接和排空气操作，连接不好会影响制冷能力或造成制冷剂泄漏。对于一般消费者，由于没有这方面的经验，因此需请专业人员进行安装。

一拖多空调器是一台室外机组带动多台室内机组运行的机型，它适用于多居室住房单元都要求空调的场合，可实现一台机组对多个起居室、会客室分时空调的目的。

以往因窗式空调器价格便宜，在村镇住户中的占比较高。但随着生活水平的提高和对舒适性要求的提高，分体式空调器越来越受到村镇居民的欢迎。

（2）功能的选择

房间空调器按照功能可分为冷风型、热泵型和电热型。热泵型房间空调器都是以空气作为热源，而室外空气的状态参数随地区和季节的不同差别很大，这对热泵的容量和制冷制热性能影响很大。热泵冬季制热时，随着室外温度的降低，热泵的蒸发温度下降，制热性能系数也随之降低。虽然在 -20~-15℃时热泵仍能运行，但此时制热系数已大大降低，供热量可能不到额定工况时的 50%。与之相反，随着气温的下降，房间所需的供热量上升，由此热泵的供热量与房间内的耗热量就存在着供需矛盾。同时，当冬季室外温度很低时，室外换热器中制冷剂的蒸发温度也很低，湿空气流经时就会发生结霜的现象，而机组进行除霜时，热泵不仅不能供热，而且还要消耗一定的能量用于除霜。因此，热泵型空调器适用于夏季有制冷需求、冬季有制热需求但冬季室外最低气温通常不低于 -5℃的地区，如夏热冬冷地区及一部分的寒冷地区。

电热型房间空调器的功能虽然与热泵型相同，但是其热量的获取是利用电热丝通电加热得到的。这种方式不再受室外气温变化的影响，可在夏热冬冷地区和寒冷地区使用；但是其热效率较低，所以为获取相同的制热量所消耗的电量要比热泵型的多。

冷风型房间空调器只具有降温、通风和除湿等功能，没有升温的能力，所以适用于夏季需制冷、但冬季无制热需求的夏热冬暖地区及夏季需制冷但冬季不依靠空调器供暖的地区。

（3）定频与变频

变频式空调器是一种新型节能机种，其产品的出现主要依赖于电力电子技术、微电脑控制技术及压缩机技术的发展。变频空调摒弃了原有采用的单一毛细管，而采用一种新型的电子膨胀阀进行控制。控制器根据室温传感器检测到的室内实际（回风）温度与设定温度进行比较，发出一个温差电信号，控制器根据温差电信号控制功率开关的导通和关断时间。在压缩机开始供冷或供暖的最初阶段，以大于其自身16%的大功率高速运转，当室温达到设定温度时，则以只有自身50%的小功率运转，不但能维持室温恒定而且节约电能。

从节能角度看，由于评价方法不同，变频空调与定频空调哪个更节能还不能一概而论，也没有可比性。不过，目前能效标识管理中心正在筹备制定有关定频、变频空调能效统一换算方法的相关标准。随着标准的制定完成，未来这两种空调将可能具有统一的对比办法。从节能角度看，选择定频或变频空调应根据个人使用习惯。定频空调相对适合不常使用、开机时间短的用户；变频空调相对适用于开机时间长、注重噪音小的用户。

2. 制冷量

制冷量大小选择合适与否，直接关系到使用效果以及价格、电耗、噪声、风量、除湿量等性能。若空调器制冷量选得太小，制冷效果差，室温降不下来，压缩机长期连续工作，容易损坏；若选得太大，则价格高，而且耗电大、噪声大。

空调房间的得热量通常包括：(1) 通过墙、门、地板、天花板等围护结构传入的热量。(2) 透过外窗进入的太阳辐射热量。(3) 人体、照明、家用电器设备等的散热量。(4) 通过换气、开门和缝隙引起的渗透空气带入的热量。用这种分类的方法来估算热负荷比较复杂，需要有一套比较完整的资料，对于一般用户来讲较为困难。

对于一般的居住条件而言，并不需要精确计算，可用经验数字概略估计即可。按照国际制冷学会提供的下列数据，可供用户在选购空调器时参考：在密闭的房间内，有阳光直射的窗户应以窗帘遮住，环境温度为35℃，相对湿度为70%H时；室内每平方米约需冷量120~150W，室内平均每人约需冷量150W，室内发热电器的热量以相等冷量抵消计算，不加窗帘的窗户每平方米约需冷量300~500W。

3. 能效比

自《房间空气调节器能效限定值及能源效率等级（GB12021.3–2004)》发布施行以来，消费者在购买空调器时越来越关注“能效标识”这个小标签，能效比这个节能性指标也随之越来越为普通居民所熟知。能效比越高的空调器，在相同运行工况下所消耗的电量越低，因此从节能角度考虑，购买时应选择能效比高的空调器产品。随着空调技术的进步与发展，产品的能效比也不断得到提高，目前新标准《房间空气调节器能效限定值及能源效率等级》(GB12021.3–2010) 已替代了旧标准《房间空气调节器能效限定值及能源效率等级》(GB12021.3–2004)。新、旧标准在能效限定值和能效等级指标等方面的差别，见表6-3所示。

空调器能效限定值表 **表6-3**

类　型	额定制冷量（CC）(W)	能效比（EER）(W/W)	
		GB12021.3–2004	GB12021.3–2010
整体式		2.30	2.90
分体式	CC ≤ 4500	2.60	3.20
	4500<CC ≤ 7100	2.50	3.10
	7100<CC ≤ 14000	2.40	3.00

空调器能效限定值（the minimum allowable values of energy efficiency of air conditioner）指在额定工况下，

空调器制冷运行时，空调器所允许的最低能效比。

空调器能效等级（energy efficiency grade of air conditioner）是表示空调器能效高低差别的一种划分能效等级的方法，其依据空调器能效比的大小确定。

空调器能效等级指标表（单位：W/W） **表 6-4**

类型	额定制冷量（CC）	能效等级									
		1		2		3		4		5	
		2004	2010	2004	2010	2004	2010	2004	2010	2004	2010
整体式		3.10	3.30	2.90	3.10	2.70	2.90	2.50	—	2.30	—
分体式	CC ≤ 4500	3.40	3.60	3.20	3.40	3.00	3.20	2.80	—	2.60	—
	4500<CC ≤ 7100	3.30	3.50	3.10	3.30	2.90	3.10	2.70	—	2.50	—
	7100<CC ≤ 14000	3.20	3.40	3.00	3.20	2.80	3.00	2.60	—	2.40	—

由表 6-3 和表 6-4 可知，与 2004 年标准相比，2010 年标准中的同档能效限定值提高了 23% 左右。同时，2010 年标准将房间空调器产品按照能效比大小划分为 3 个等级，其中 1 级表示能效最高；2 级表示节能评价值，即评价空调产品是否节能的最低要求；3 级表示能效限定值，即标准实施以后产品达到市场准入的门槛。能效等级也将由此前的 5 个调整为 3 个，而原先的 3、4 和 5 级产品将全部退出历史舞台。到 2009 年底，高效节能空调器的市场占有率已超过 50%，主要空调生产企业已经具备按照新能效标准组织生产的能力。初步估算，全国实施新标准后每年可节电 33 亿 kWh。

虽然能效比高的空调器产品具有更好的节能优势，但由于生产成本等原因，其价格通常要比能效比低的产品贵一两千元，这就致使相当一部分消费者特别是农村的消费者在购买时仍然会选择那些能效比低但售价相对便宜的空调器产品。为了改变这种性价差异，推广高能效空调器产品的使用，财政部、国家发展改革委于 2009 年 5 月制定印发了《"节能产品惠民工程" 高效节能房间空调推广实施细则》，对能效等级 2 级及以上、制冷量在 14000W 以下、气候类型为 T1 的分体式房间空气调节器进行推广财政补助，实施期限为 2009 年 6 月 1 日 ~2010 年 5 月 31 日。具体补贴标准为：额定制冷量≤ 2800W 的一级能效产品 500 元，二级能效产品 300 元；2800W< 额定制冷量≤ 4500W 的一级能效产品 550 元，二级能效产品 350 元；4500W< 额定制冷量≤ 7100W 的一级能效产品 650 元，二级能效产品 450 元；7100W< 额定制冷量≤ 14000W 的一级能效产品 850 元，二级能效产品 650 元。

自采取财政补贴方式推广高效节能空调以来，高效节能空调市场份额快速提高，产品整体能效水平显著上升，对促进节能减排、拉动国内消费、推动产业升级起到了重要作用。为进一步推广使用高效节能空调，扩大节能产品惠民工程成效，并与新修订的《房间空气调节器能效限定值及能源效率等级（GB12021.3–2010）》国家标准相衔接，财政部、国家发展改革委在 2010 年 5 月对《关于印发〈"节能产品惠民工程" 高效节能房间空调器推广实施细则〉的通知》（财建 [2009]214 号）（以下简称《通知》）中有关政策内容进行相应调整，现行财政补贴政策实施到 2010 年 5 月 31 日后，按新能效标准继续对能效等级 2 级及以上的推广产品给予补贴，实施期限为 2010 年 6 月 1 日 ~2011 年 5 月 31 日。推广产品调整为额定制冷量 7500W（含）以下的分体式房间空调，并研究适时推广变频空调。高效节能空调推广财政补贴标准调整为：额定制冷量≤ 4500W 的一级能效产品 200 元，二级能效产品 150 元；4500W< 额定制冷量≤ 7500W 的一级能效产品 250 元，二级能效产品 200 元。

对于能效标准和补贴政策的调整，定速空调能效新国标的执行，会推动定速空调价格上升，在定速空调价格普遍上涨导致与变频空调价格相差不大的情况下，也会给变频空调、特别是具有显著节能省电优势的双模变频空调创造更多市场机会。值得注意的是，财政部在《通知》中首次表示“研究适时推广变频空调”，这表明国家认为推广变频空调的时机已经成熟，具有显著节能省电优势的变频产品将在国内市场迎来一轮新的发展良机。

6.2.2 安装

房间空调器的正确安装是保证安全使用、充分发挥其制冷能力和延长使用寿命的关键。

1．室内机安装位置的选择

（1）室内机安装位置附近（2~3m 以内）不宜有热源（如电热器、燃气灶等）和蒸汽源。

（2）吹出的冷气应流过人活动的主要场所，并能使室内空气保持良好的循环；室内机的位置应使室内形成合理的空气对流，即能使冷气吹送到房间的各个角落；室内机的送风口不要直接向人吹风，在送风口和回风口周围，不应有妨碍通风的障碍物。

（3）尽量悬挂在无日光照射的地方。

（4）分体壁挂式室内机的安装高度，下底边应高于目视水平线，上方、左方和右方一般应留出 100mm 以上的空间，给维修和清洗空气过滤器以一定的空间；分体落地式室内机顶面离天花板距离应在 300mm 以上。

（5）不要安装在会增加机组震动和增大噪声的地方。

（6）与室外机相连接的管路应尽量短，少弯曲，高度差最好不要超过 5m，且易于安装和检修。

（7）能方便地向室外排出凝结水。

2．室外机安装位置的选择

（1）室外机安装位置应选择尽可能离室内机较近的室外，又要考虑空气流通、无阳光或少阳光照射的地方；室外机宜放置在朝北或朝东的方向，因为朝北方向太阳晒不到空调器，有利于冷凝器的散热；并且朝北向的空气温度又较朝南向的温度为低，所以制冷降温效果好；如果空调房间只有一面外墙朝南，则宜在室外机的上方设置遮阳设备。

（2）室外机正面出风口处距离障碍物应在 1000mm 以上，左、右两侧距离墙壁应在 100mm 以上，背面距离墙壁应在 50mm 以上。

（3）室外机顶部的空间距离应大于 500mm；在正面（排风口）无障碍物时，背面空间距离应在 200mm 以上，左侧应在 200mm 以上，右侧在 300mm 以上；若正面（排风口）有阻挡物，则排风口离阻挡物的距离应 >500mm；室外机前、后、左、右都有障碍物，则不宜安装。

（4）安装场地应能承受住室外机的重量，且应该无震动，不引起噪声的增大。

（5）室外机设置在屋顶上或其周围没有建筑物的地方时，应不使强风直接吹向室外机的排风口，因为若强风吹向排风口，则室外机内的空气就不易排出，风量会明显减少，还可能引起故障。

(6) 避开易燃气体发生泄漏的地方，或有强腐蚀气体和热源的环境。

(7) 尽量避开周围环境恶劣（油烟大、风沙多、阳光直射、室外通风散热不畅及有高温热源）的地方。

(8) 排出的空气和噪声不影响邻居的场所。

(9) 安装场地不要饲养动物或种植花木，因为排出的热气对它们有影响。

6.2.3 运行使用

1. 允许环境温度

房间空调器一般采用风冷式冷凝器，当环境温度超过 43℃时，因冷凝器的气温太高，会导致冷凝温度过高，压缩机超负荷运行，最终压缩机过载保护器动作，切断压缩机电源。对于特别炎热的地区，可选用最高环境温度为 52℃的空调器，该空调器采用特殊的压缩机。由于外界气温低于 21℃就不必使用制冷空调了，所以冷风型空调器下限环境温度为 21℃。前面已讲述过，热泵型空调器的使用环境温度为 -5~43℃，其中不带化霜器的热泵空调器允许的使用环境温度为 5~43℃。

2. 合适的室内温度和风速

装有房间空调器的房间，夏季室内空调温度 27~28℃，相对湿度 55%~60% 为宜，室内外温差以 5~8℃为宜。若空调温度调得过低，一则耗电量大；二则室内外温差大。人们从空调房间走出，不但感到不舒服，而且容易诱发感冒。为保持室内空气流动，可调节空调器的导风叶，使室内空气更加流通，保持室内的温度均匀。

3. 高效地节能运转

空调器的耗电量是功率与运转时间的乘积，所以要节能省电应从两方面考虑，即降低功率和缩短运转时间。降低功率的方法是夏天不要把空调器的温度设定得过低，当然在最初选购空调器时，选择合适的制冷量是十分必要的。缩短空调器的运转时间同样也会节能，温度调整适当以后，可考虑用弱风、弱冷档次或停机。同时可利用定时器将需要开启和停止空调器的时间设定下来，可避免房间长时间无人时空调器仍然工作，以节约制冷量和电耗。还可把空调器与电风扇配合使用，利用电风扇的微风把从空调器吹出的冷风传遍整个房间，有利于缩短空调运转时间，对狭长的房间和角落来说，电风扇可使温度更加均匀。

4. 减少空调房间的冷量损失

目前我国村镇住宅的隔热条件普遍较差，因而使用空调时会有较大的能量损失，所以最好采取某些辅助的隔热措施，如受太阳直晒的楼房屋顶或平房屋顶（瓦房较好），可增加一夹层构造的天花板，那么从屋顶传至空调房间的热量就可大幅减少。当室内外温差较大时，房间的隔热保温问题就更为重要。空调房间的门窗应气密性好，注意填补接缝，房门少开关，有阳光直射的窗户应装遮阳百叶。为保持室内空气新鲜，需定时开启门窗换气，换气的次数与换气量与室内人数、吸烟与否有关。吸烟人数多时，换气量要成倍增长，使得冷量损失较多，所以空调房内不宜吸烟。

5. 连续启动间隔时间不能太短

运行状态由“制冷（制热）”转换至“停止”或“送风”后，至少应间隔 2~3min 方可再转回至“制冷（制热）”位置，否则压缩机将会因制冷系统内的压力不平衡而难于启动，甚至损坏。对于分体式空调器，因为室内机与室外机距离较远，压力平衡所需时间长，所以等待时间应稍长。若高压侧与低压侧压力还未平衡就开机，则会因负荷过大，电机处于堵转状态。堵转时电流很大，压缩机上的过载保护器会切断压缩机电源，以保护电动机不被烧毁，但万一过载保护器失灵，则压缩机电动机就有被烧毁的危险。

6.2.4 维护保养

对空调器的日常维修保养是确保其安全可靠、高效能、长寿命运行的必要条件。有的用户把空调器装上后，长年累月地使用，从不清洗，这会使空调器性能下降，直至发生故障。

要经常用吸尘器除掉面板和机壳上的灰尘，也可用干软布或潮布抹去面板及机壳的尘埃，切忌用汽油、煤油或其他化学清洗剂擦洗。

蒸发器前的空气过滤网要定期清洗。过滤网的功能是滤除空气中的灰尘，以保持室内空气清洁，同时又使蒸发器不沾尘埃，以确保它高效地工作，当积累的灰尘太多时，便会阻碍气流的畅通而降低制冷效果。保持蒸发器、冷凝器的清洁，保持散热肋片的整齐有序、排列间隙通畅。每年夏季来临准备使用空调器前，可将空调器的底盘抽出，对蒸发器、冷凝器、底盘全面清洗整理一次，以保证使用时，空调器能高效、可靠地运行。清洗时，要把电源板、风机电机、电容器和电源线等电气部分从清洗的地方取下来，可用吸尘器清洁蒸发器和冷凝器（冷凝器无滤尘网保护且放置在室外，一般灰尘较多）散热肋片上的灰尘，也可用湿抹布擦拭。风机叶片、叶轮要用刷子沾水洗，如有油污，要加洗涤剂清洗，洗净后最好用电吹风机吹干，或放在通风处自然晾干。

当空调器停止使用 1 个月以上时，在停机前应将风扇开动约 4~6h，使其内部吹干，然后停机，切断电源，并从遥控器中取出电池。

第七章
村镇住宅热水供应系统节能技术

7.1 家用热水器的分类和原理

家用热水器是一种生产热水供家庭用户使用的装置。无论哪种热水器都必须配有接收能量，并转换成热能的元件。太阳热水器是利用太阳集热器接收太阳辐射能，并转换成热能的；而电热水器是通过电加热元件将电能转变成热能；燃气热水器则是利用燃气燃烧器将化学能转化为热能。

7.1.1 太阳热水器

太阳热水器是太阳能热利用的主要产品之一，它是利用温室原理，将太阳的辐射能转变为热能，向水传递热量，从而获得热水的一种装置。太阳热水器由集热器、储热水箱、循环水泵、管道、支架、控制系统及相关附件组成，必要时还可增加辅助热源。

太阳热水器可分为家用太阳热水器和太阳热水系统两大类，后者亦称太阳热水工程。它们之间没有根本性的区别，所不同之处是前者为企业的出厂产品，后者是根据用户的需求，专门设计、施工、验收合格后交付使用的工程项目。根据《太阳热水系统设计、安装及工程验收技术规范》（GB/T18713–2002）和《家用太阳热水器电辅助热源》（NY/T513–2002）中的规定，凡储热水箱的容水量在0.6t以下的太阳热水器称为家用太阳热水器，＞0.6t的则称为太阳热水系统。

1. 太阳热水器的类型

（1）按太阳热水器集热原理，可分为闷晒型太阳热水器、平板型太阳热水器、全玻璃真空管型太阳热水器和热管真空管型太阳热水器。

（2）根据太阳热水器的结构组合不同，可分为紧凑式太阳热水器（集热部件插入储热水箱）和分离式太阳热水器（集热部件离开水箱较远）。

（3）按太阳热水器的使用时间，可分为季节性太阳热水器（冬季不使用，无辅助热源）和全年使用的全天候太阳热水器（任何时间均有热水供应，有辅助热源及控制系统）。

（4）根据工质循环方式的不同，可分为自然循环、强制循环、定温放水和双回路。

太阳热水器还可根据是否承压，分为承压太阳热水器和非承压太阳热水器。

2. 太阳集热器

太阳集热器是一种收集太阳辐射并向流经自身的传热工质（水）传递热量的装置。它是太阳热水器最重要的组成部分，其热性能和成本对太阳热水器的优劣起着决定性作用。

太阳集热器可根据以下不同方法进行分类：

（1）按传热工质不同可分为液体集热器和空气集热器。太阳热水器大部分集热器均以水为工质，也有部分集热器采用耐低温防冻介质。空气集热器是太阳能干燥装置的重要部件，其干燥温度范围一般为40~70℃。

（2）按收集太阳辐射方法不同可分为聚光型太阳集热器和非聚光型太阳集热器。聚光型太阳集热器利用抛物面或凹面镜收集太阳的直射辐射能量，由于吸热面积小于采光面积，所以热损失小，适用于高温集热。非聚光型太阳集热器的采光面积与吸热面积相等，它不仅可接收直射辐射还可接收散射辐射。

（3）按集热器是否跟踪太阳可分为跟踪集热器和非跟踪集热器。

（4）按集热器吸热体的结构不同可分为平板集热器、全玻璃真空管集热器和热管真空管集热器。平板集热器是以金属或非金属做成吸热板的集热器，其集热温度一般为中温或低温；全玻璃真空管集热器是以全玻璃真空集热管组合而成，其集热温度范围为中高温或高温；热管真空管集热器是以热管真空管组合而成，其集热温度范围为中温或中高温。

（5）按集热器的工作温度不同可分为100℃以下的低温集热器、100~200℃的中温集热器和200℃以上的高温集热器。

3．闷晒太阳热水器

闷晒太阳热水器是将集热器和水箱合成一体，冷热水的循环和流动加热过程在水箱内部进行，经过若干小时或一天的自然循环，将水加热到供人们使用的温度。它的优点是结构简单、造价低廉、易于推广和使用；缺点是保温效果差，热量损失比较大，所获得的热水只能在当天晚上上半夜以前使用。闷晒太阳热水器一般可分为浅池式太阳热水器、塑料袋式太阳热水器、筒式太阳热水器和真空管闷晒太阳热水器。

浅池式太阳热水器就像一个浅水池子，它既能储水又能集热，如图7-1所示。它的特点是水平放置、无需支架、容易制造和安装，成本十分低廉；缺点是在纬度比较高的地区不能充分利用太阳辐射能，玻璃内表面往往有水汽，降低了玻璃的透射比，对热效率有一定的影响。另外，池内易长青苔，常常发出异臭，使水质和使用寿命受到影响。

塑料袋式太阳热水器是采用塑料（如聚氯乙烯或聚乙烯薄膜）进行热合或粘接而成的袋式热水器，如图7-2所示。它的最大特点是质量轻、可以折叠、便于携带，很适合旅游、野外作业或部队外出执行任务时使用，也可用于住宅和家庭。由于它的价格极为低廉，所以使用1~2年即可收回成本，但缺点是使用寿命短。

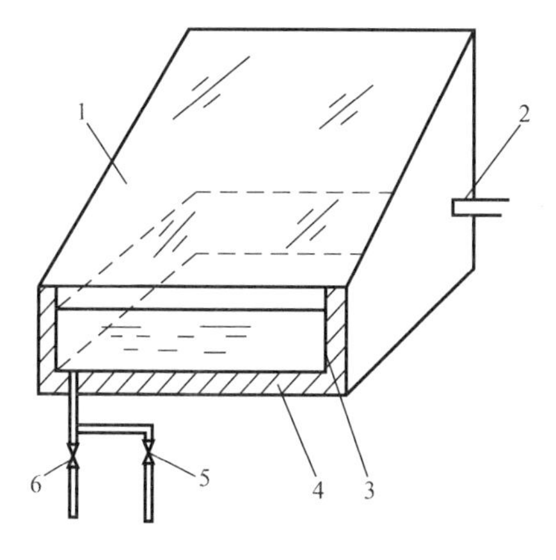

图7-1　浅池式太阳热水器图
1—盖板玻璃；2—溢流管；3—防水层；
4—保温层；5—热水阀；6—冷水阀

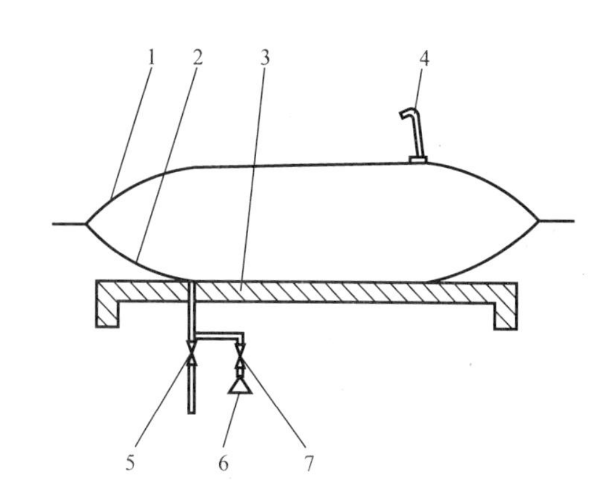

图7-2　塑料袋式太阳热水器图
1—上部透明塑料；2—下部黑色塑料；
3—支撑；4—溢流口；5、7—阀门；6—喷头筒式热水器是由敞开式的浅池热水器改进而来，是密封式，水质洁净不长青苔，它的结构，如图 7-3 所示。其平均热效率比浅池式和塑料袋式都要高一些，保温效果也有较大提高。根据市场的需求，筒式热水器可做成单筒、双筒或多筒热水器。由于单筒热水器的焊缝和焊口最少，故不漏水的可靠性大大提高，同时又省工省料，但它的水容量受到限制；而双筒和多筒热水器则增大了采光面积和水容量。

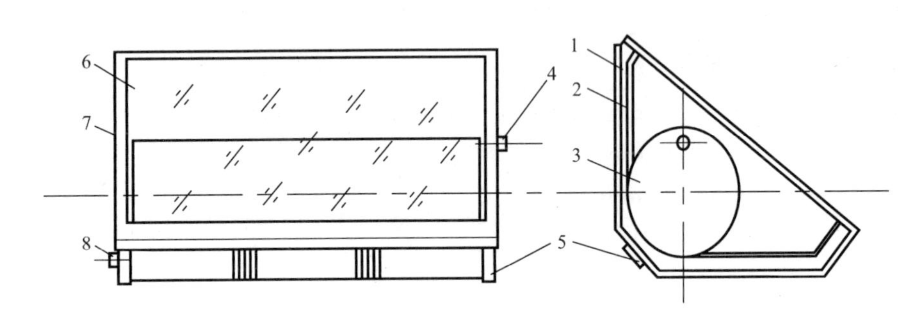

图 7-3　筒式太阳热水器图

1—保温壳体；2—反射层；3—筒体；4—出水管；
5—支架；6—透明盖板；7—壳体；8—进水管

真空管闷晒太阳热水器的不锈钢筒和玻璃管之间抽真空，真空管底部有保温层和外壳。每根不锈钢筒内装有一根进水管，便于冷水进入将热水顶出使用。由于该产品既抽真空又在下部加有保温层，故热损系数比较小。同时还节省一个水箱，安装使用也很方便，并且随时还可以取用热水。

4．平板型太阳热水器

平板型太阳热水器的主要部件是平板集热器，它由透明盖板、隔热材料、吸热板、外壳等部分组成，集热器结构，如图 7-4 所示。

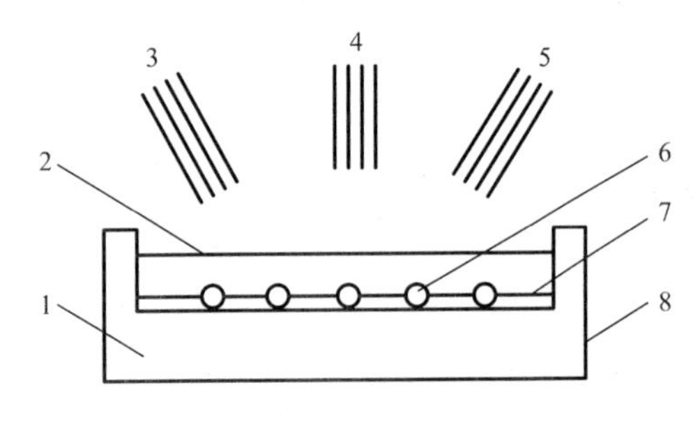

图 7-4　平板型太阳集热器图

1—隔热材料；2—透明盖板；3、5—散射太阳辐射；
4—直射太阳辐射；6—排管；7—吸热板；8—壳体

吸热板是吸收太阳辐射能并向水传递热量的部件，它常用铜、铝合金（要求防锈铝）、不锈钢和镀锌板作为材料。为增加吸热板的热性能，往往在金属表面上喷刷非选择性涂料，使其具有较高的吸收比。

吸热板上表面需有盖板，要求它能透过可见光而不透过远红外线，这就使得进去的能量大于散失的能量，从而提高吸热板的温升。好的盖板应具有高全光透射比、高冲击强度和良好的耐候性能与绝热性能等特性。

保温层的作用是减少集热器向四周环境的散热，以提高集热器的热效率。它的热导率应该很小，通常不大于 0.055W/（m·℃）。保温层外壳的作用是将吸热板、盖板、保温材料组成一个整体，因此它应有一定的刚度和强度，并便于安装，其材料一般用钢板、铝型材、玻璃钢或塑料。

5．全玻璃真空管太阳热水器

全玻璃真空管太阳热水器是利用全玻璃真空集热管作为元件组成的，并与储热水箱以及有关部件形成的热水装置。由于其采用了高真空技术和优质选择性吸收涂层，大大降低了集热器的总热损，因而它可以在中、高温下运行，也能在寒冷的冬季及低日照与天气多变的地区运行，尤其在阴天及每天早晚和冬季具有比一般平板型太阳集热器高得多的集热效率。

全玻璃真空管集热器一般由集热管、反射板、联箱、尾座和支架等组成。集热管由内、外两层玻璃管构成，内管外表面具有高吸收率和低发射率的选择性吸收膜，夹层之间抽成真空，其形状如一个细长的暖水瓶胆，如图 7-5 所示。它采用单端开口，将内、外管口用环形熔封，另一端是密闭半球形圆头，由弹簧卡支撑内外管，以缓冲内管热胀冷缩引起的应力。根据集热管的安装走向，可分为南北向放置和东西向放置两种基本结构。无论是何种结构，集热器平面与地面均有一个倾角。目前，比较流行的是将南北向放置的集热器的联箱省去，真空管直接插入储热水箱，构成一个自然循环真空管直插式整体热水器，使用和安装都很方便，比较适合安装在平房或楼房的平顶上；其缺点是不能安装在斜顶房屋上，即使勉强安装，也有碍观瞻。

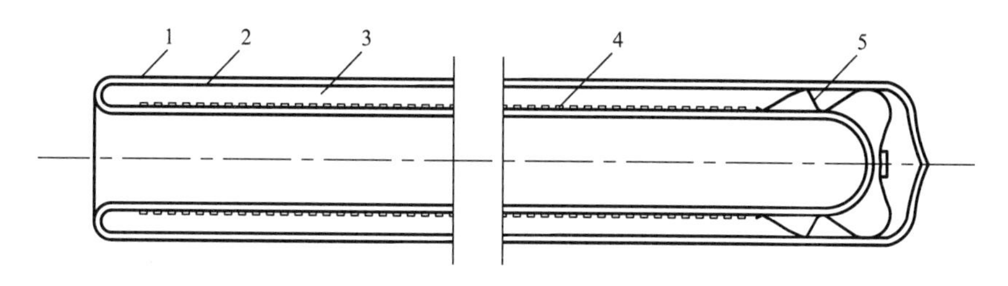

图 7-5　全玻璃真空管集热器图

1—外玻璃管；2—内玻璃管；3—真空；

4—弹簧卡和消气剂；5—选择性吸收表面

联箱是连接真空集热管形成集热器单组模块的重要部件，它可根据承压和非承压进行设计和制造。承压联箱要求运行压力为 0.6MPa，非承压联箱由于运行和系统的需要，也有一定的承压要求，一般可按 0.05MPa 设计。

为了既满足系统热效率和产水量的要求，又能降低成本，可设计出多种式样的反射板（器），如平面漫反射器、V 形反射器和聚光反射器等。反射板长期暴露在空气中，灰尘和污垢将影响反射效果，需经常维护，否则将起不到应有的作用。目前有不少真空管集热器已不用反射板，而它在北方积雪地区也有很好的实用效果。

6. 热管真空管太阳热水器

热管真空管太阳热水器是一种在真空集热管内无水而代之以金属热管传递太阳热能给水箱中水的热水器。这种集热管主要分为两种类型：一种是热管单玻璃集热管，是由带有平板镀膜肋片的热管蒸发段封接在单层真空玻璃管内，其冷凝端以紧配合方式插入导热块内或插入水箱，并将所获太阳热能传给水箱中的水，如图 7-6 所示。另一种是热管双玻璃集热管，是将一种热管的蒸发段以紧配合的方式插入双玻璃真空集热管内的弹性金属肋片中，并处于阳光照射强烈的部位，而扩大直径后的冷凝端是通过密封圈插入水箱中，将太阳热能传给水，如图 7-7 所示。

7.1.2 电热水器

电热水器具有结构简单、价格低、热效率高、使用方便等优点，使用寿命一般为 15 年左右，主要有储水式和速热式两种。按电热元件的状态分为内插式（将电热元件浸入水中）和外敷式（将电热元件制成螺旋状或带状，包敷在四周，热效率比内插式低）。热水器的规格大小，主要以其水箱的容积或耗电功率大小来表示。储水式电热水器的常用参数，见表 7-1 所示。

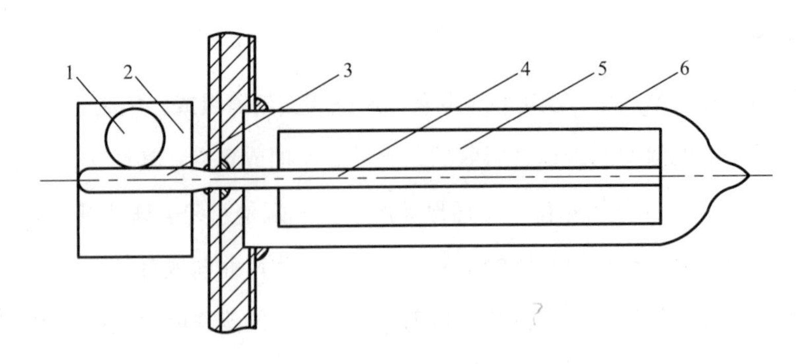

图 7-6　热管单玻璃真空集热管图

1—循环管；2—导热块；3—热管冷凝端；4—热管蒸发段；5—热管肋片；6—单层真空管

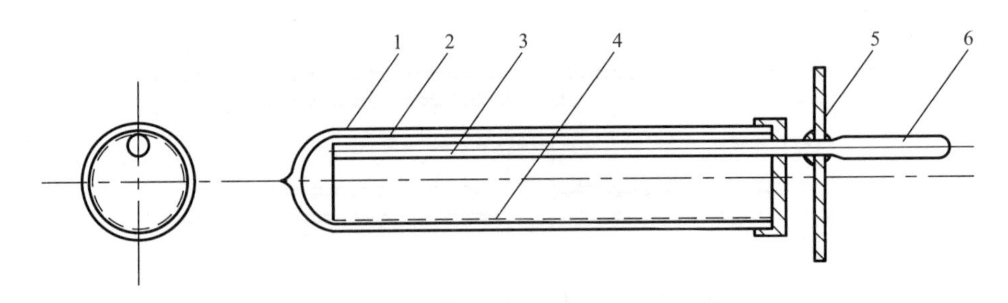

图 7-7　热管双玻璃真空集热管图

1—真空管外管；2—真空管内管；3—热管蒸发段；4—吸热板；5—水箱内壁；6—热管冷凝端

储水式电热水器参数表　　**表 7-1**

容量（L）	5		15		30			50	100	150	300
功率（kW）	0.5	1	1	2	0.5	1	1.5	0.5	1	1.5	3
预热时间（h）	0.7	0.35	1	0.35	4	2	1.5	8			

1．结构组成

储水式电热水器一般由箱体系统、制热系统、控制系统和进出水系统 4 大部分组成，其结构，如图 7-8 所示。

（1）箱体系统由外壳、内胆、保温层等构成，起到储水保温的作用。外壳是电热水器的基本骨架，大部分部件都安装或固定在上面，所用材料有塑料、彩板、冷轧板、喷粉等几种。电热水器钢板外壳主要由筒身、上下端盖、挡块和挂架等组成。内胆既是盛水的容器，又是对外加热的场所，其寿命决定于内胆的材料和制造工艺。常见内胆材料有镀锌铁板、不锈钢板、钢板内涂搪瓷和纳米内胆等。储水式电热水器中的阳极棒是一根金属镁棒，主要用来保护金属水箱不被腐蚀和阻止水垢的形成，镁棒被长年累月的酸性水腐蚀，属消耗材料，一般每两年更换一次。外壳与内胆之间的保温层，起减少热损失的作用，一般采用聚氨酯发泡、玻璃棉等。

（2）制热系统的电热元件多采用管状结构，为提高热效率，直接放在水中加热，形状可根据内胆结构弯成 U 形或其他形状，金属护套管常见为不锈钢管或铜管。电加热管在通电后，其内部高电阻电热合金丝发热，通过金属管内的绝缘填充料导热至金属套管，起加热作用。

（3）控制系统主要包括温控器和漏电保护器。温控器主要有双金属片温控器、蒸气压力式温控器和电子温控器。

（4）进、出水系统由进、出水管，混合阀、安全阀和淋浴喷头等组成。单独打开热水阀，自来水经出水管、混合阀、喷头流出，出热水，出水压力由热水阀控制；单独打开冷水阀，自来水直接经混合阀由喷头流出冷水，出水压力由冷水阀控制；当同时打开冷热水阀门时，冷水和热水在混合阀出水口混合，适当调节冷热水阀门大小，可得到所需水温。在自来水压力突然增高或加热水温过热，造成内胆压力超过规定耐压值时，安全阀会自动排压，以保护内胆。

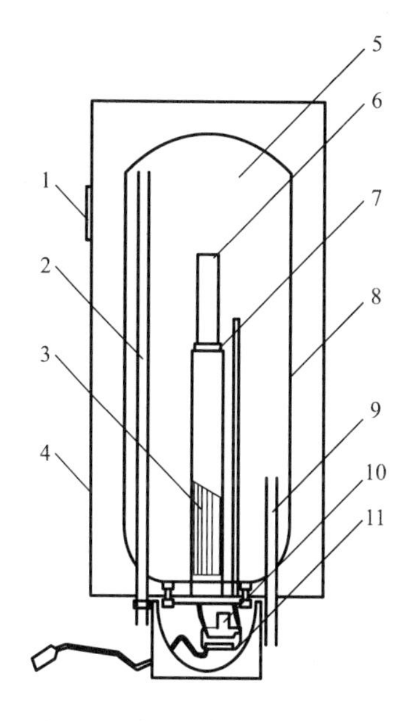

图 7-8 储水式电热水器结构图
1—温度表；2—出水管；3—加热器；4—外壳；5—内胆；6—镁阳极；7—炉膛；8—保温层；9—进水管；10—限温器；11—调温器

2. 工作原理

储水式电热水器的加热分单加热器加热和双加热器加热两种。前者一般用在容积不太大的热水器中；后者往往用于容积较大的热水器中。

（1）单加热器有水平和竖直两种安装方法。水平的加热器一般安装在距贮水箱底部 200~300mm 的部位，竖直的加热器则安装在水箱的中间；温度控制器的感温点则安装在热水取水管以下的部位。热水取水管、箱内的进水口则要安装在高于加热器的部位，以保证加热器无水时即停止工作，避免过热而损坏。

在未接通电源之前，需先向内胆内注水，打开自来水阀，冷水进入内胆，随内胆水位上升，内胆内的空气经出水管排出，当喷头有水流出时，表示已注满水。此时，关上水龙头，接通电源加热。当内胆水温达到设定温度时，温控器动作，切断电源，停止加热；当水温下降到某一温度时，又自动接通电源进行加热。使用时，打开混合阀，一部分冷水不经内胆即可流至出口，与热水混合使用，水流量大小决定于阀门开启大小。热水流出的同时，冷水会自动流入内胆补充。

（2）双加热器的储水式热水器，上、下两个加热器是交替工作的，约 1/4 的加热工作由上加热器承担，3/4 的加热工作由下加热器承担。这种热水器的贮水箱一般是封闭型的，热水出口设在比上加热器高的部位，以进水顶出法取用热水，保证加热器不因过热而烧毁。

7.1.3 燃气热水器

1. 分类

我国地域辽阔，各地气温和海拔高度不同，自来水的水温、压力各异、使用的燃气也多种多样。为此厂家生产了各种不同的燃气热水器，供用户选择使用。燃气热水器可按以下几种方法进行分类：

（1）按燃气的种类分为人工煤气热水器、天然气热水器、液化石油气热水器。燃气热水器是根据气源的不同特点设计的，一般情况下，一种热水器只适用于一种燃气，不能通用。

（2）按控制方式可分为前制式和后制式。前制式是在冷水进口端设置阀门，控制水温和水量，而在热水出口端自由放水。后制式由两个室的水压差来控制气阀的启闭，水温和水量既可在冷水进口端设置阀门，也可在热水出口端设置阀门控制。

（3）按排气方式分为直排式、烟道排气式、平衡烟道式和强排式。直排式热水器使用时，燃烧所需空气取自室内，燃烧后的废气直接排至室内。烟道排气式热水器燃烧时，所需空气取自室内，燃烧后废气通过烟道排至室外。平衡烟道式热水器燃烧时所需空气取自室外，燃烧的废气也通过烟道排至室外，整个燃烧系统与室内隔开，使用安全可靠，但排烟部分结构稍复杂，利用废气排出的惯性将燃烧空气抽入热水器，对安装热水器房间的建筑结构有一定要求。强排式热水器燃烧所需氧气取自室内，但在热水器内装有一个强制排气装置，工作时通过此装置及烟道，将产生的废气全部强制排至室外。只要安装正确，室内空气不会被污染；其采用电脑芯片控制，一通水即可实现排烟、通气、点火等工作过程，同时也具有熄火保护，水气联动等功能，是目前最先进、最安全的燃气热水器。

（4）按供水压力可分为低压燃气热水器（供水压力低于 0.4MPa）、中压燃气热水器（供水压力低于 1.0 MPa）和高压燃气热水器（供水压力低于 1.6 MPa）。

（5）按结构形式可分为快速式和容积式。快速燃气热水器在使用时，自来水连续流过热交换器，供热水速度快，可连续使用，且加热的稳定性好，虽然遇到水压变化和燃气变化时会有一定波动，但感觉不明显，不影响使用，热效率高，因而普及应用较广。容积式燃气热水器在使用前，先把贮存在水箱里的水加热，待水箱内水温达到设定温度后，才能打开使用。它的加热和供水都是间歇式的，适合一次需要热水量较多的场合。

2．结构组成

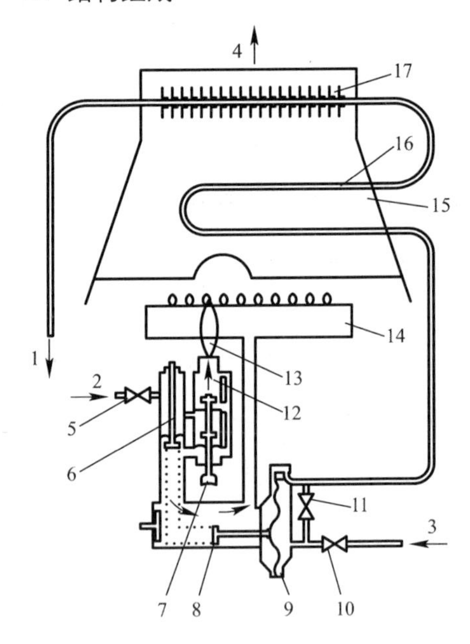

图 7-9　快速燃气热水器结构图

1—热水；2—燃气；3—冷水；4—烟气；5—燃气阀门；6—安全阀；7—点火按钮；8—水气联动阀；9—隔膜室；10—进水阀；11—水量调节阀；12—点火器；13—长明火；14—主燃烧器；15—燃烧室；16—冷水盘管；17—热交换器

家用快速燃气热水器常为壁挂式，适合淋浴使用，主要由水路系统、燃气系统、热交换系统、排烟系统和安全装置五大部分组成，其结构，如图 7-9 所示。水路系统包括进水阀、水膜阀等，其中水膜阀是关键部件，起控制水气联动装置的作用，当水源切断后立即切断燃气；进水阀是控制冷水进入热水器流量大小的装置。燃气系统包括燃气调节阀、水气联动阀、长明火、主燃烧器，其中主燃烧器是热水器供热的主要部件；水气联动阀是由水流的压力差控制气阀的开启，以防止空烧。燃气调节阀可调节进入主燃烧器的气量，以达到调节水温的目的。热交换系统包括腔体、集热片和弯管等。排烟系统包括热水器外壳、排气烟管和排烟口等，燃烧后的烟气须经过排烟系统排出。安全装置包括由热电偶和电磁阀组成的熄火保护、缺氧保护、水气联动阀防止空烧、排水阀防止过水压和冻裂。

容积式燃气热水器主要由水路系统（上水管、水阀、贮水筒、放水阀）、燃气供给系统（燃气管路、阀门、长明火、主燃烧器等）和热交换系统（热交换器、壳体、烟道）等组成。它的燃气供气系统和供水系统与快速式燃气热水器基本相似，只是水被加热的形式不同。容积式燃气热水器多了个加热贮水箱，根据贮水箱结构型式的不同有开放型（筒顶有罩盖，但不紧固，在大气压下加热水，除垢方便）和封闭型（筒顶密封，热水器承受一定蒸汽压力，除垢困难）2 种。

3．工作原理

快速燃气热水器工作时，打开燃气气阀，燃气进入阀门内，按动点火按键，点火微动开关、快速微动开关启动，点火头产生连续电火花，电磁阀线圈强行通入吸合电流，由气阀杆推动，电磁阀被吸住，气路打开，燃气从点火燃烧器和长明火燃烧器流出，被点火器的连续火花点燃，经长明火火焰加热的熄火保护装置的热电偶产生热电势，在强制吸合电流断开时，保持电磁阀处于吸合状态。点火键复位，并关闭与点火键联动的点火器阀门，此时点火器的火焰熄灭，仅保留常明火焰，这样，燃气到达水气联动阀的气阀前面。打开水龙头，冷水进入水气联动阀的水阀内，经调温旋钮进入热交换器，同时有一部分水从调温旋钮分流，进入混合管，因水气联动阀内的膜片受水压作用，推开水气联动阀的气阀。燃气经燃气调节阀、燃烧器调节旋钮，从主燃烧器流出，被长明火点燃。流向热交换器的水，被主燃烧器的火焰加热成热水，经混合水管的冷水混合，就可从供热水龙头流出适合使用的热水。当关闭出水口时，水气联动阀内的压差消失，从而关闭了水气联动阀的气阀，主燃烧器的火焰熄灭，热水停止流出，按下熄火键，点火键复位、关闭主气阀，长明火熄灭。此时熄火安全装置的热电偶的热电势下降，电磁阀关闭。

容积式燃气热水器工作时，自动点火装置点燃长明火，长明火点燃主燃烧器，加热筒体，当筒内水温达到设定温度后，自动调节装置启动，关闭燃烧气阀，主燃烧器熄灭，随着水的使用和水的加入，当筒内温度下降到设定温度以下时，自动温度调节装置又可打开燃气阀，主燃烧器又被长明火点燃。

7.2 村镇家用热水器的节能设计和使用

7.2.1 设计选型

1．不同家用热水器的特点比较

电热水器不受天气变化的影响，通电即可生产热水，使用时不产生废气，且大多数产品还带有防触电装置，所以既方便又安全卫生。但在使用时需要预先通电加热一定时间后才能使用，并且刚使用时温度较高需用冷水将热水顶出，同时要兑一部分冷水；随着使用时筒内水温逐渐下降，在使用过程中需要经常调节冷、热水比例。由于是容积式的，体积较大，占用较多室内空间；易结水垢，用于除垢的阳极镁棒须每两年更换一次，保养较麻烦。

燃气热水器能快速加热，出水量大，即烧即用；具有调温装置，可保持恒温供热水；结垢少，占地小，且不受水量控制。但由于燃气热水器使用时会排出大量废气，废气中除 CO_2 外，还有不完全燃烧的产物 CO；若使用时不注意安全，致使室内 CO 浓度过高，可能会发生中毒事故。其使用寿命一般为 6 年，时间比较短。

太阳热水器使用方便，需要时可直接供热水；安全可靠，无煤气中毒和漏电的隐患；节能环保，运行无需费用且无废气排放、不污染环境；使用寿命长，一般可达 15 年。但其应用地域受太阳辐射量的限制，使用性能受天气变化的影响，在我国北方部分地区、冬季或阴雨连绵时使用可能需要辅助热源。

2．太阳热水器的选择

我国地域辽阔，太阳能资源丰富，是太阳热水器大显身手的舞台。但各地太阳能资源与环境温度等气象条件以及各地水质差别较大，因此使用适宜当地的太阳热水器是非常重要的。

（1）运行方式的选择

选择系统运行方式主要考虑以下几个因素：安装环境与使用地域，当地水质水压状况，使用状况是全年运行还是冬季使用，辅助能源情况，消费者要求以及资金状况等。表 7-2 列出了几种太阳热水器的适应场合。对于家用太阳热水器而言，平板型太阳热水器在我国福建、广东、广西、云南等地技术经济性能优于真空管式太阳热水器，相反在我国华北以北地区真空管太阳热水器系统技术经济性能占优。

不同类型太阳热水器适用地域比较表　　表 7-2

系统	类型	使用面积 (m^2)	使用地域及期限	使用寿命（年）	成本	热效率
自然循环系统	平板型	<50	全国各地季节用	≤ 15	偏低	中
	真空管型	<30	全国大部分地区全年使用	≤ 10	中	较高
	热管真空管型	<30	全国各地全年使用	≤ 10	较高	高
	家用闷晒式	<2	华北以南，季节使用	≤ 5	低	低
强制循环系统	平板型	>30	全国各地全年使用	≤ 15	中	中
	真空管型	>30	全国大部分地区全年使用	≤ 10	偏高	较高
	热管真空管型	>30	全国各地全年使用	≤ 10	高	高
	U 真空管型	>10	全国各地全年使用	≤ 10	较高	中
	定温放水型	>30	全国各地季节用	≤ 10	偏低	中
双回路系统	平板型	<30	全国各地全年使用	≤ 15	较高	中
	真空管型	<30	全国各地全年使用	≤ 10	高	中

（2）集热器种类的选择

太阳集热器是太阳热水器的核心部件，它的类型和参数选择应从技术、经济两方面综合考虑后确定。目前市售的绝大部分太阳集热器主要有三种类型，即平板式太阳集热器、全玻璃真空管式太阳集热器和热管真空管式太阳集热器。平板太阳集热器本身无防冻功能，若冬季使用须考虑防冻措施。全玻璃真空管集热器在冬季温度高于 −15℃ 的地区有防冻功能。热管真空管集热器防冻性能好，但成本较高。从技术经济性能综合考虑，平板式适用于华南地区，即冬季温度高于 0℃ 的地区；全玻璃真空管式适合华北及部分西北东北地区，即冬季温度高于 -15℃ 的地区；热管真空管式适宜高寒地区应用。当然最终选择哪种类型，还应考虑资金投入、集热器安全可靠性等因素，它们的适用地域并非绝对。

（3）集热器面积的确定

对于春夏秋三季使用的太阳热水器，一般设计供热水量与集热器面积的比值为 100kg/m^2 为宜，全年用热水器取比值为 50~70kg/m^2 为宜。若选择容水量与集热器面积比值过大，虽然系统效率提高，但热水温度降低，同时增加了水箱投资。反之，若比例过小会造成水温偏高，降低热效率，从热力学角度分析其能量利用是不合理的。鉴于目前国内所生产的太阳集热器热性能良莠不齐，以及国内各地区气象资料偏差较大，在选择集热器面积时还应根据集热器热性能和当地气象资料调节容水量与集热器面积的比值，一般在我国华南地区此比值宜上浮 10%~20%，在高寒的北方地区此比值宜下降 10%~20%。

（4）使用水量的确定

目前太阳热水器主要用于家庭生活热水，其用水量可参照《建筑给水排水设计规范》（GB50015–2009）中的规定确定。但各地用户使用热水量，因生活习惯而有所不同，所以确定水量时亦要因地制宜。原则上可按规定确定每人、每次淋浴 40℃热水用量为 35~40kg 为宜。

（5）能效等级

《家用太阳能热水系统能效限定值及效率等级》计划于 2010 年 6 月制定完成，2011 年全面执行。此能效标准是在 81 家企业多款产品试验与研究的基础上形成的，并依据产品的实际调研和使用情况及已有标准将产品划分为紧凑式、分离式与闷晒式 3 个种类，而每种产品又分为 5 个能效等级，5 级是入门级别，1 级和 2 级则是高能效产品。适用于贮热水箱容积在 0.6m^3 以下的太阳能热水系统，5 个能效等级划分的参照标准是家用太阳能热水系统综合热性能系数。而该系数则是按照标准规定的试验条件，以家用太阳能热水系统的日有用得热量实测值与标准规定值之比及平均热损因素实测值与标准规定值之比确定的综合系统。

3．电热水器的选择

选购电热水器一般应先确定容积大小，再根据品牌优劣、售后服务水平、消耗功率大小、内胆材质、加热方式、结构型式、价格等因素综合考虑。

按照《储水式电热水器能效限定值及能效等级》（GB21519–2008）中的规定，储水式电热水器能效等级分为 5 级，1 级能效最高。各等级电热水器 24h 固有能耗系数和热水输出率应符合表 7-3 的规定。

储水式电热水器能效等级表 **表 7-3**

能效等级	24 小时固有能耗系数（ε）	热水输出率（μ）(%)
1	≤ 0.6	≥ 70
2	≤ 0.7	≥ 60
3	≤ 0.8	≥ 55
4	≤ 0.9	≥ 55
5	≤ 1.0	≥ 50

电热水器能效限定值（minimum allowable values of energy efficiency for electrical storage water heaters）为表中能效等级的 5 级；自该标准实施之日起 2 年后，其能效限定值为表 7-3 中能效等级的 4 级。电热水器节能评价值（evaluating values of energy conservation for electrical storage water heaters）为表 7-3 中能效等级的 2 级。

4．燃气热水器的选择

选购燃气热水器时应根据燃气种类、住房条件、水源与气源压力、用水量多少等因素综合考虑。

（1）燃气有液化石油气、管道煤气和天然气。各地液化石油气的成分大多相同，因此液化石油气可以直接在商店购买。管道煤气和天然气是各地根据实际情况因地制宜生产的，燃气的热值、压力、配比、杂质等各不相同，一种燃气具不能适应各地的气源，用户要严格使用与气源相匹配的燃气具，否则就会造成燃烧不充分，产生大量 CO，危害用户生命安全。

（2）要求供水迅速且用水量不太大的用户，宜选购快速燃气热水器；而对于要求供水量大，对水温高低有一定要求的用户，宜选用容积式燃气热水器。

（3）因直排式通风不良，使用不当引起事故较多，为保证安全，在家庭条件允许情况的情况下，应尽量购买烟道式或强排式。特别是北方农村地区，冬春季房门紧闭，使用这两种热水器更为安全。

（4）选择适当流量的热水器。家用燃气热水器最常用的是每分钟 5L、8L、10L 等，该数值是指温升 25℃时的流量，反映的是燃烧器功率的大小。在冬天，由于自来水的初温低，热水器的实际出水率会降低，因此在购买热水器时应考虑冬天的需要。

按照《家用燃气快速热水器和燃气采暖热水炉能效限定值及能效等级》（GB20665–2006）中的规定，燃气快速热水器能效等级分为 3 级，其中 1 级能效最高。各等级的热效率值不应低于表 7-4 的规定。

家用燃气快速热水器能效等级表 **表 7-4**

热负荷	最低热效率值（%）		
	能效等级		
	1	2	3
额定热负荷	96	88	84
≤ 50% 额定热负荷	94	84	—

家用燃气快速热水器能效限定值（minimum allowable values of energy efficiency for domestic gas instantaneous water heaters）为表 7-4 中能效等级的 3 级，家用燃气快速热水器节能评价值（evaluating values of energy conservation for domestic gas instantaneous water heaters）为表 7-4 中能效等级的 2 级。

7.2.2 安装

1．太阳热水器

（1）太阳集热器安装倾角的选取

为了得到最大的年太阳辐照能量，集热器应面向赤道，其安装倾角应近似等于当地纬度角。如果要在冬季获得较佳太阳辐照能量，倾角应等于当地纬度加 10°；而春、夏、秋 3 季使用的太阳热水器，集热器安装倾角要比当地纬度小于 10° 为宜。

（2）集热器前后排距离的确定

为了使太阳光充分投射到太阳集热器采光面上，要求在热水器使用期内，前排集热器阴影不遮挡后排集热器。对于全年使用的太阳热水器，当集热器在同一水平面安装时，一般要求集热器前后排距离大于太阳集热器安装高度。在我国南方地区，这一距离要小于北方地区，对于不同地区的安装间距 D 可用下式进行估算：

$$D=h\cdot\cot\alpha_s \tag{7-1}$$

式中：

h——太阳集热器安装高度，m；

α_s——太阳高度角，°。

（3）安装位置的选择

家用太阳热水器一般都安装在房顶上。首先，要确定安装的位置，集热器必须正南放置，如果确实不能正南放置，也应保证集热器左右与正南方向的偏差角度不大于 15°。集热器在正南、偏东、偏西 3 个方向上不能有挡光的建筑或树木。为了减少热损失，所有的热水管道需要保温。

（4）整体式与分离式

真空管太阳热水器通过联集管把真空管联集，再与水箱相接。对于家用太阳热水器，可用联集管兼水箱，成为整体式。整体式比分离式（水箱与联集管分开）省去了中间的连接循环管，虽然热效率稍有提高，但使用上各有利弊，应视具体情况合理选用。集热管可横放也可竖放，对整体式热水器，集热管一般采取竖放。面积较小的太阳能热水器，采用整体式比较合适，面积较大的太阳热水器采用集热管横放的分离式方法比较合适。

2．电热水器

电热水器可直接安装在通水、通电的使用场所，也可安装在关闭的房间、卫生间内，无需考虑通风条件；但要求安装在不使电器零件受潮和被水浸渍的位置，以确保用电安全。水路系统宜采用永久性硬连接，冷水进水管上应装设供水总阀，以便电热水器的拆卸维修。需多头使用热水的，如浴缸、洗脸台、洗碗槽，可在喷淋头软管连接拆开后分别接上三通或四通接头，分头供水。能设置多少热水供应点，应视电热水器的容量而定，一般 15L 以下的热水器不宜多接热水出口。

3．燃气热水器

安装燃气热水器的房间，高度应＞ 2.5m，房间体积不得小于 $12m^3$，且要求房间为砖混结构，耐火等级不低于 2 级。安装房间必须通风良好，进气孔和排气孔的有效面积不小于 $0.02m^2$，最后设置排气扇强制换气，排气孔应使烟气直接排至室外。

燃气热水器与燃气表、燃气灶、电器设备的水平净距不小于 0.3m，热水器上方不得有电力线路和易燃物品。

烟道式热水器安装时，烟道应有足够的抽力和排烟能力；水平烟道应有 2% 的坡度（热水器端低），以利于排烟和冷凝水，水平烟道总高度不小于 3m。

7.2.3 使用维护

1．太阳热水器

太阳热水器不仅能节约大量常规能源，而且能减少环境污染，是一种有效的减排温室气体产品。在使用寿命周期内，太阳热水器每年节约的标准煤量 G（kg/a）可用下式计算：

$$G=\frac{A\beta E\eta}{Q_H\eta_1} \tag{7-2}$$

式中：

A——太阳热水器的采光面积，m^2；

β——太阳辐射能年可利用率，%；

E——太阳辐射量，kJ/（m^2·a）；

η——太阳热水器的热效率，%；

Q_H——标准煤的发热值，kJ/kg；

η_1——燃煤锅炉的热效率，%。

太阳热水器的维护管理工作非常重要，它直接关系到热水器的集热效率和使用寿命。

（1）定期清除太阳集热器透明盖板、真空管表面、反射板面上的尘埃、污垢，保持清洁。清洗工作应在清晨或晚间日照微弱、气温较凉时进行。此时的温度较低，能防止透明盖板或管子被冷水激碎。

（2）保证集热器外壳的良好气密性，各保温部件是否有破损，以确保系统的隔热性能；同时防止雨水和灰尘进入集热器，破坏或降低吸热体的吸热性能。

（3）防止闷晒。由于循环式系统停止循环时易造成闷晒，这样将使集热器内部温度升高、损坏涂层、箱体变形、玻璃破碎等现象，一般在自然循环系统中可能由于水箱中水位低于上循环管所致，在强制循环系统中可能由于循环泵停止工作造成，在运行中的热水器系统应避免上述情况发生。

（4）我国北方冬季最低温度可达 -10~-40℃，在这样的低温下热水器系统内的水会很快地结冰，导致集热管破裂。因此，处理方式一般为入冬后将系统中的水排空。这样缩短了太阳热水器的使用时间，降低了太阳集热器的全年经济效益。为此在部分地区冬季日照情况好、气温在低于 0℃时间内可采取一些防冻措施来提高全年效益。

2. 电热水器

电热水器应安装在通风干燥处，若安装在卫生间，平日也应尽量保持通风干燥，以免外壳等机件生锈腐蚀。每次使用完毕，应拔掉电源插头，以免产生不必要的电耗。在冬季结冰地区，热水器长时间不用时，应排干存水，以防结冰损坏内胆。为提高电热水器的加热效果，对使用 1 年以上的热水器需进行保养，更换镁棒，延长内胆的使用寿命。

3. 燃气热水器

燃气热水器通常设有水温调节装置，不设分流混合调节水温的，可在开机前调节好水温旋钮；有分流装置的，可将水温调至高值，使用时启用冷水分流混合旋钮调节水温。南方地区，由于夏季自来水温度较高，水温调节旋钮调到最小时，热水温度还太高，这时可关小燃气旋钮，从而降低水温。关闭热水龙头，主燃烧器立即自动熄灭；重新开启热水龙头，主燃烧器立即点燃，但此时水温一般偏高，要注意安全。热水使用完毕，在关闭热水龙头后，要关闭燃气调节阀，有时为避免热水器的水垢生成，亦可先关燃气调节阀，再关热水龙头和供水总阀。

燃气软管必须是耐油橡胶软管；点火或熄火时要仔细检查是否确实点着或熄灭，在使用过程中要经常检查是否正常燃烧；停止使用时，一定要检查热水器开关是否全部关闭；使用完毕时，必须关闭燃气总阀。注意通风换气，确保使用热水器场所空气流通。冬季使用热水器后，应把热水器中余水放尽，以防冻结。

7.2.4 太阳热水器与建筑一体化

太阳热水器与建筑一体化是指太阳热水系统、热水保障系统及热水供应系统与建筑围护结构融合成一体，并通过智能控制装置自动运行，以满足全天候 24h 供应足量的、温度适宜且稳定的热水需求，亦可称为全天候太阳热水系统。该系统以太阳能为主要能源，优先采集，以常规能源（煤、油、气、电）为辅助能源，是安全可靠、使用方便、科学节能和环保减排的供热水系统。

1. 一般要求

太阳热水系统集热器设计布置在建筑屋面、屋面构筑物或其他围护结构上，与建筑原有构造共同构成建筑屋面或围护结构时，集热器、集热器支架及相关连接管线不得损害或破坏建筑屋面和围护结构的功能、外形，并尽量相互融合。太阳热水系统的集热器构成建筑屋面、部分屋面、墙面、部分墙面和其他围护结构时，集热屋面、墙面或其他围护结构应满足建筑承载、建筑构造、建筑功能和建筑防护的要求。太阳热水系统使用的金属管道、配件、储水箱及过水附属设备，应与建筑给水管道材料一致或相容，避免引发电位腐蚀。太阳热水系统使用过程可能产生的排放物，应视情况进行无害化处理，避免对周边环境造成污染。太阳热水系统色彩处理应与建筑物和周围环境协调统一。

2. 太阳热水器分类

(1) 按太阳能集热和储热方式不同分类

根据目前国内太阳热水器与建筑一体化的安装使用情况，按集热和储热方式不同基本上可分为分户集热储热辅热式，集中集热储热辅热式和集中集热分户储热辅热式三种。

现行的家用太阳热水器是典型的分户集热储热辅热式系统应用，其特点是用户使用独立，无管理难度，结构简单，热水保障系统潜在耗能大，热水供应系统造价高。对于多层住宅的低层用户而言，用水品质较差，供水管路存水变凉浪费热能，热水资源无法共享，系统综合造价相对较高。另外，用户自由选择的方式导致建筑外观污染，管路维护难度大，影响甚至破坏建筑的其他设施。

集中集热储热辅热式系统多应用于满足公共建筑热水需求，但目前住宅建筑上也越来越多加以应用。它的太阳热水系统集成化程度高，集中储热方式有利于降低造价并减少热损；热水保障系统集中辅热利于热泵机组节能补热或谷值电加热辅助，系统双效节能优势明显；热水供应系统优化设计，管路简单，合理的干管循环回水保证供水品质，实现各用水点即开即热。考虑同时使用系数及系统的集成因素，太阳集热器的面积可以减小，相应的设备设施也可以减少，模块化的集热器与建筑结合也比较美观。

集中集热分户储热辅热式系统是分体承压式太阳热水系统的集群化，其特点是太阳热水系统的太阳集热器在屋面集中设置资源共享，储热装置及热水保障系统在用户室内分户设置独立管理，集热循环管路增长，热水供应系统简化减短，承压供水，用水方便。

(2) 按太阳集热器在建筑上安装的位置分类

1) 平屋面全天候太阳热水系统（集热器与水箱可设计成整体或分离系统）。

2) 坡屋面全天候太阳热水系统（优选集热器与水箱分离系统）。

3) 阳台栏板或墙面全天候太阳热水系统（优选集热器与水箱分离系统）。

(3) 按太阳热水系统的特点分类

1) 按集热装置型式可分为闷晒集热型、平板集热型和玻璃真空管集热型。

2) 按控制装置设计运行方式可分为自然循环系统、直流式系统和强制循环系统。

3) 按太阳集热装置与储热装置放置关系可分为闷晒式、紧凑式和分离式。

4) 按有无换热器可分为直接系统和间接系统。

3. 设计要点

太阳热水器与建筑一体化设计要点的总原则是：从综合利用能源资源出发，优化能源消耗结构，优化与建筑的完美结合，遵循“匹配适用性”选型原则，优先考虑太阳热水器与建筑一体化的经济性、可靠性和稳定性。

太阳热水系统优化设计选用对系统性能、系统造价影响较大，应综合考虑多方因素后，根据《太阳热水系统设计、安装及工程验收技术规范》(GB/T18713-2002)的相关要求，遵循“匹配适用性”原则选型。从太阳能建筑一体化角度出发，对于单栋型建筑宜选择分离式系统；对于多层建筑宜选择集中式系统，以栋或单元为单位设置；对于高层建筑宜选择集中式太阳预热系统。从用户使用特点角度出发，对于定温即时用水客户，宜选用强制循环或直流式热水系统；对于定时定量用水客户，可选用自然循环热水系统。为保证太阳热水系统集热性能的稳定性，在选型时需考虑水质对集热装置的影响，在设计系统时合理配置储水箱和集热器面积的比例，使系统在一天运行中最高温度不超过 60℃。

4．选用原则

太阳热水系统的设计应根据现场环境条件(安装地点纬度、月均日辐照量、日照时间、环境温度、遮挡情况和安装场地面积及形状等)和热水设计条件(热水用水温度、热水日用水量、热水用水时段、冷水供水方式、冷水水压和冷水温度等)确定。

太阳热水系统的运行方式应根据用户的基本条件、用户的使用需要及集热器与储水箱的相对安装位置等因素综合加以确定，集热器类型应根据太阳能热水系统在一年中的运行时间、运行期内最低环境温度等因素确定，集热采光面积可根据用户的每日用水量和用水温度确定，储水箱容积按系统集热器日产热水总量计算，储热容积应与集热面积相匹配。

第八章
村镇住宅现状调查与实测分析

我国村镇人口占全国总人口的65.0%，2007年投入村镇住宅建筑的资金为3154亿元，占村镇房屋建设投入的56.5%，占全国村镇建设总投入的45.7%。村镇住宅建设的现状是技术规范与标准缺乏，忽视热工性能等，既无法为室内人员提供舒适的居住环境，又无法降低建筑能耗，因此，对于村镇住宅的节能研究显得更为迫切。

通常在住宅建筑中考虑的能耗主要包括：建筑采暖、空调、热水供应、炊事、照明、家用电器等。在村镇住宅中，空调的应用也明显增多。据统计，在住宅生活用能中，采暖、空调用能比重最大，约占65%，生活热水占15%，电视与照明占14%，厨房饮食约占6%。由于通过建筑围护结构散失的能量和供暖制冷系统的能耗占建筑能耗的大部分，因此我国住宅建筑节能的重点应放在围护结构节能和采暖空调系统节能上，除此之外还应考虑住宅规划、住宅通风、住宅采光及太阳能利用等对住宅建筑节能的影响。

近年来已有许多学者对于村镇住宅的能耗情况进行了不同方面的研究，如孙世钧等对于北方农村住宅的节能与环保进行了研究，分析了北方农村自然条件、生活习惯对住宅的特殊要求，提出农村住宅的采暖方式、平面布置、最佳节能体型、外墙的热工特性及保温材料等节能措施；潘跃红等对于村镇住宅建设中的传统与改造进行了探讨，现代村镇住宅建设应当适应现代村镇居住的生活模式，分析了一种比较灵活的住宅建筑设计方案；袁晨炜等对于江淮地区新农村住宅资源节约方案进行了举例与分析，从土地资源、水资源、自然资源等方面研究了新农村建设中资源节约的科学方法和模式方案，包括住宅建设布局、污水沉淀处理、沼气能利用、太阳能加热等；王宗侠等研究了渭北旱原农村住宅规划设计与建设存在的问题及对策，如总体布局分散、功能分区不明确等，通过对渭北旱原实际考察和调研，提出了在住宅规划设计与建设中应编制村庄建设规划，加强农村住宅院落及住宅的规划设计，充分利用光热资源，建设节能生态型住宅等；林金丹探讨了夏热冬暖地区南区的建筑节能工作实施过程，提出了6个方面的住宅建筑节能的误区，包括总体布局、平面设计、建材选用等。

本章通过现场调研与实测分析研究我国村镇住宅的围护结构、设备（家用电器）拥有量、住户舒适度等，为不同地域特色农村住宅的节能与可持续设计模式的研究提供基础资料。

8.1 村镇住宅围护结构现状调查

对于全国范围内的多个省市进行了村镇住宅调查。由于此次调查的目的在于了解住宅的能耗问题，因此调查范围主要限于新农村住宅。采用访谈的方式，与住户面对面地直接了解，问卷内容可信度高，能较好地说明调查住宅的状况。调查共获得571份有效问卷。

8.1.1 村镇住宅能耗调查范围

村镇住宅能耗调查范围涉及27个省（自治区、直辖市），具体城市见表8-1所示，严寒地区数据较少，夏热冬冷地区调研数据最多，调查地区在我国建筑气候区上的分布如图8-1。

村镇住宅调查涉及范围表 表 8-1

省份 / 直辖市	下辖地区
北京市、天津市、上海市、重庆市	——
辽宁省	沈阳市、大连市、鞍山市等
黑龙江省	哈尔滨市、齐齐哈尔市、牡丹江市等
吉林省	长春市、通化市等
内蒙古自治区	呼和浩特市、鄂尔多斯市、阿拉善盟、巴彦淖尔市、乌兰察布市、赤峰市等
甘肃省	金昌市、兰州市等
山东省	济南市、青岛市、威海市、淄博市、临沂市、烟台市、聊城市等
河南省	开封市、新乡市、信阳市、洛阳市、周口市、漯河市、平顶山市等
河北省	保定市、唐山市、石家庄市、衡水市、冀州市等
陕西省	汉中市、西安市、咸阳市、渭南市等
江苏省	苏州市、无锡市、南通市、徐州市、连云港市等
山西省	晋城市、阳泉市等
湖北省	武汉市、枝江市等
四川省	成都市、南充市、德阳市、泸州市等
浙江省	杭州市、湖州市、温州市、丽水市、金华市、宁波市、嘉兴市、舟山市、绍兴市等
江西省	上饶市、景德镇市、九江市等
湖南省	长沙市、衡阳市等
安徽省	合肥市、芜湖市、宣城市、黄山市、滁州市、安庆市、六安市等
贵州省	贵阳市、安顺市、凯里市、毕节地区等
福建省	福州市、漳州市、南平市、泉州市等
海南省	文昌市等
广西壮族自治区	河池市、南宁市、百色市等
广东省	佛山市、惠州市等
云南省	昆明市、曲靖市、保山市等

图 8-1　调查的村镇住宅在建筑气候区划图

8.1.2 调查问卷设计

调查问卷中与建筑围护结构有关的项目主要包括建筑面积、建筑结构、外墙形式、屋顶形式、外窗形式等几大部分，该部分的选项设计，见表 8-2 所示。此外，调查还包括部分实际测绘内容，如建筑室内平面布置图、剖面图，以及外立面效果图等。

村镇住宅问卷调查围护结构主要调查项目表 **表 8-2**

建筑面积	宅基地面积：_______ m^2；长：_______ m，宽：_______ m； 建筑基地面积：_______ m^2； 总建筑面积：_______ m^2
建筑结构	建筑结构：_______ (a 砖木，b 砖混，c 夯土，d 钢筋混凝土，e 竹木结构，f 窑洞，g 其他)
外墙形式	材料：______ (a 黏土砖，b 砌块，c 夯土，d 钢筋混凝土，e 石材，f 土坯砖，g 其他_______)； 外墙厚度：_______ cm； 立面装饰材料：_______ (a 涂料，b 面砖，c 裸砖，d 石材，e 泥土，f 水泥砂浆，g 其他_______)
屋顶形式	屋顶形式：_______ (a 坡顶，b 平顶，c 平坡结合)
外窗形式	门窗制作方式：_______ (a 购买成品，b 手工制作)； 材料：_______ (a 塑钢，b 木，c 铝合金，d 钢，e 其他_______)； 门窗形式：_______ (a 单层玻璃窗，b 中空玻璃窗，c 双层窗，d 其他_______)

8.1.3 不同气候区村镇住宅围护结构特点

1．居住点基本情况

此次调查的统计结果显示：所调查的村镇住宅中，70% 的居住点是经过规划设计而建设的，这一点不同于以往人们对于农村住宅的传统观念——散、乱，形成现代新型农村住宅建设的一大特点；但不同气候区的住宅规划比例略有不同，如图 8-2 所示，夏热冬暖地区的住宅规划比例最高，为 80%；温和地区较低，为 53%。

另一方面对于建设资金的调查结果显示，51% 的住宅是由住户个人建造，其次是政府出资建造，占 23%，这也表明政府在建设新农村这一政策上的支持。一部分村镇的新农村建设是由于政府规划用地建设而带来的整村拆迁，所以在住宅建设资金上，政府给予了更多的补偿与支持，减轻村民经济负担。

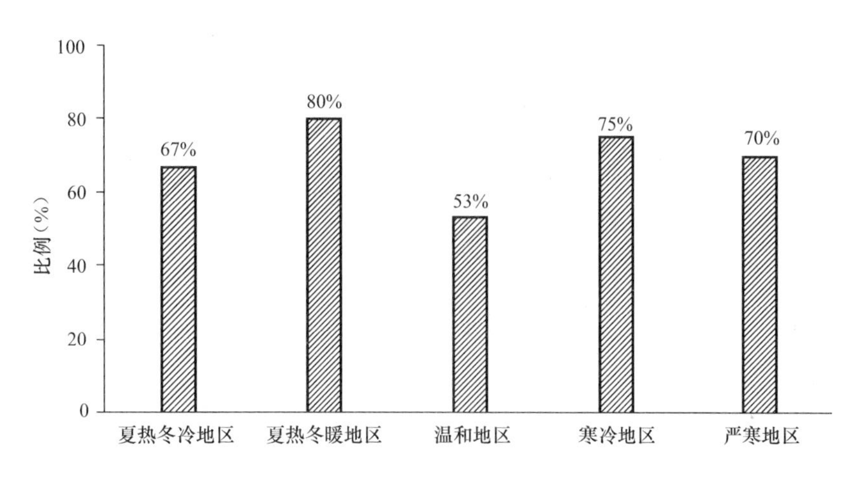

图 8-2　不同气候区村镇住宅规划比例图

对于住宅建筑层数和层高的调查显示，不同气候区的村镇住宅存在较大区别，统计结果，如图 8-3、图 8-4 所示。由图 8-3 可见，北方住宅的建筑层数基本以一层为主，此次调查结果中严寒气候区的村镇住宅中一层占 77% 左右，寒冷地区一层住宅占 57%；而南方地区则多为二层、三层住宅，如温和地区二层住宅占 64%，夏热冬冷地区二层住宅比例占 57%。

造成这一南北住宅层数显著差异的原因一方面是经济因素，相对来说南方经济较为发达；其次是地方传统，在北方很少居民会考虑盖楼房，经济宽裕的家庭一般会把房子修得更宽敞。

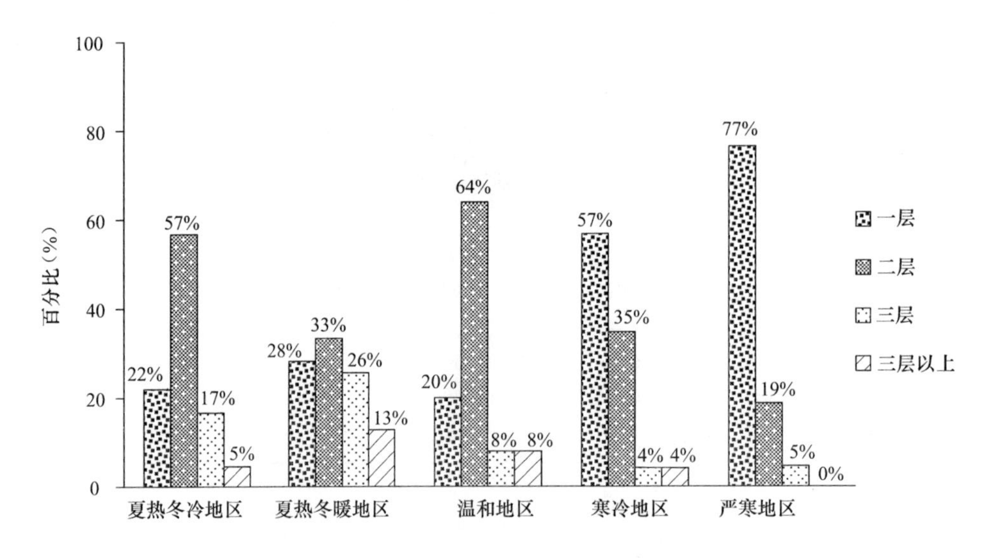

图 8-3　不同气候区村镇住宅层数统计图

另一方面，图 8-4 显示了夏热冬冷地区和严寒地区的单层层高对比，夏热冬冷地区的村镇住宅中，层高多为 3.2~3.5m 之间，而严寒地区的层高多为 2.9~3.2m 之间，我国《住宅设计规范》 3.6.1 节规定“普通住宅的层高不宜高于 2.8m”，显然根据调查结果显示，大部分的村镇住宅的层高均高于设计规范值，如夏热冬冷地区住宅中层高为 2.9m 以上的的比例为 86%，严寒地区这一比例为 68%。这一现状的原因一方面是由于规范中对于层高的限制不是强制性的；另一方面，当层高太低时会使人产生压抑感（如 2m 以下），影响舒适度，但相关研究发现层高在 2.2~2.4m 之间时并无压抑感，压抑感的形成不仅与层高有关，也与室内装修、粉刷等其他因素有关，不能单纯地用抬高层高的方法解决这一问题。显然层高越高，住宅的造价也就更高，需要消耗的能源也更多，国外对于住宅规定的层高值比我国更低，如美国规定为 2.28~2.4m，英国规定为 2.2~2.4m，日本和波兰都规定在 2.2~2.6m，因此，村镇住宅的建设应当按照规范要求，不能随意加高。

对于各气候区的住宅基底面积统计，如图 8-5 所示，大部分村镇住宅建筑基底面积在 100~120m^2 范围内。不同气候区的典型住宅建筑基底面积与总建筑面积以及住宅常住人口数，见表 8-3 所示。按每户平均常住人口数计算，对于单层住宅，人均建筑面积约为 40m^2/ 人，二、三层住宅则高出许多，约为 65m^2/ 人。根据我国《2010 年统计年鉴》显示，30 多年来农村人均住房面积不断增加，如图 8-6 所示，从 1978 年的人均 8.1m^2/ 人，发展到 2009 年的人均住房面积 33.6m^2/ 人，几乎成线性增长，增长率约为 0.8m^2/ 年。这一方面体现了随着经济水平的提高，人们对个人空间的要求越来越高，尤其是二、三层楼房越来越多，人均建筑面积不断增加；另一方面也造成了很多村镇住宅中房间的闲置，除了卧室、起居室、厨房和卫生间等基本空间外，往往会有多余的房间作为发展用房而完全空置。结合调查结果，作者认为单层住宅的建筑面积控制在 120m^2 以下为宜；二层或三层楼房的人均建筑面积控制在 60m^2/ 人以内较为合适。

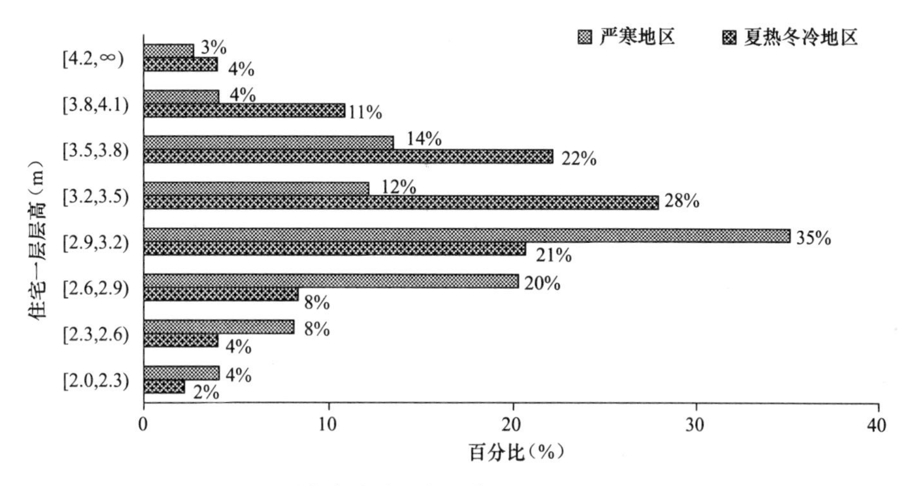

图 8-4　夏热冬冷地区与严寒地区的住宅层高统计图

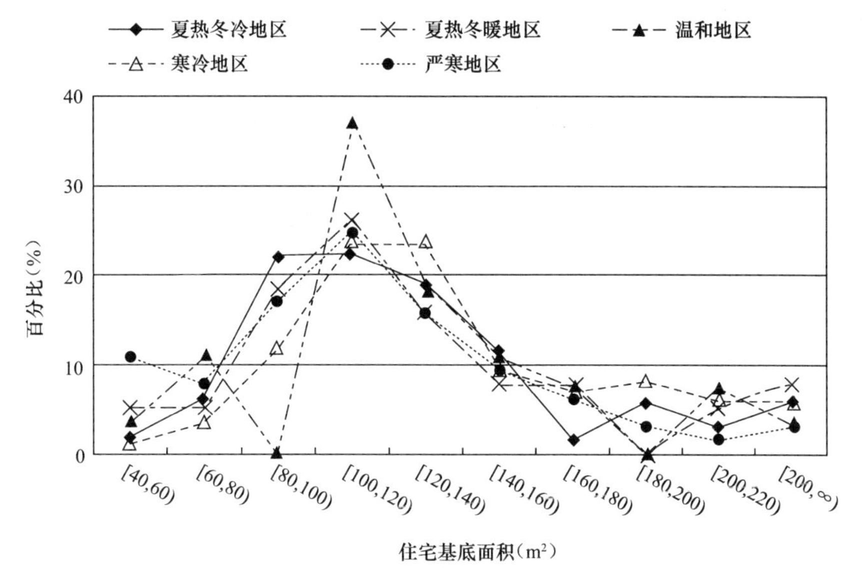

图 8-5　不同气候区住宅基底面积统计图

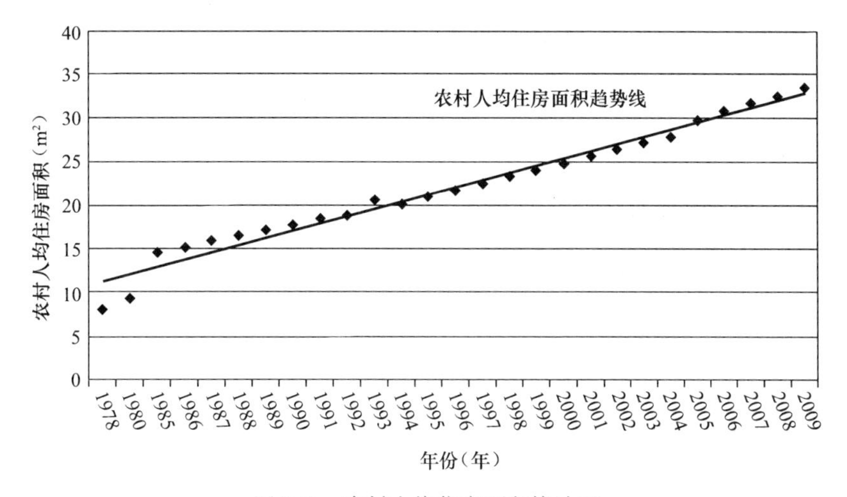

图 8-6　农村人均住房面积统计图

不同气候区典型住宅建筑面积表　　表 8-3

气候区	夏热冬冷	夏热冬暖	温和	寒冷	严寒
典型住宅基底面积（m^2）	135	130	126	140	126
典型总建筑面积（m^2）	237	263	234	156	138
平均每户常住人口数（人）	3.6	4.1	3.8	3.8	3.2
住宅人均建筑面积（m^2/人）	65.8	64.1	61.6	41.1	43.1

2. 住宅围护结构

住宅围护结构主要包含外墙、屋顶、外窗、楼板等，围护结构热工性能的好差将直接影响到室内的热环境，对于空调房间的能耗更是具有重要影响。何淑菁分析了夏热冬暖地区的外墙保温技术，以可持续发展的观点，审视夏热冬暖地区住宅建筑的能耗所存在的问题，对于外墙外保温及保温材料进行了分析，提出发展外墙保温技术及节能材料是实现建筑节能的主要方式。张玲、陈坚荣对夏热冬暖地区建筑外窗节能设计进行了研究，建议控制住宅窗墙比、提高住宅外窗的气密性、改善住宅门窗的保温性能，并提出生活垃圾焚烧的集约化利用。白贵平、冀兆良提出建筑围护结构不单是隔热体，也是具有蓄热功能的被动热源体，分析了不同围护结构对室内空调冷负荷及室内空气热稳定性的影响。

此次对于村镇住宅建筑围护结构的调查，如图 8-7 所示：夏热冬冷地区建筑结构以砖混为主，占 67%，其次是钢筋混凝土结构，占 22%；夏热冬暖地区的住宅建筑结构同样以砖混为主，占 54%，其次是砖木，占 30%；温和地区的砖混结构住宅比例达到 73%；钢筋混凝土结构，占 13%；严寒地区的砖混结构住宅比例为 49%，其次是砖木，占 25%；寒冷地区的住宅围护结构主要有 3 种，分别是砖混结构，占 74%，砖木结构占 12%，钢筋混凝土占 14%。砖混结构是用砖墙作为承重结构，用小部分钢筋混凝土作为梁柱等构件，适合进深小的低层建筑，而承重的砖墙不能改动。由于施工简单、造价低等原因，砖混结构被广泛应用于村镇住宅中。

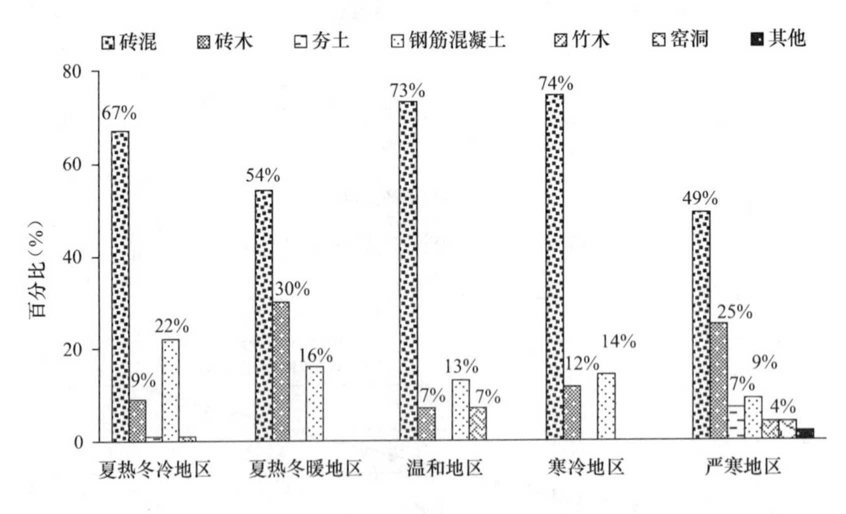

图 8-7　不同地域村镇住宅建筑结构分布图

建筑外墙材料主要有黏土砖、砌块、夯土、钢筋混凝土、石材、土坯砖等，经过调查统计，不同气候区的村镇住宅建筑外墙基本都是以黏土砖为主，其他类型的材料所占比例则与气候区特点显著相关，具体外墙材料统计，如图 8-8 所示。调查统计发现，不同气候区所采用的黏土砖的厚度由北至南依次降低，见表 8-4 所示。砖墙的厚度主要取决于强度、稳定性和保温性能要求，北方地区由于冬季室外气温很低，墙体的保温性能尤为重要，墙体厚度较南方地区要厚很多。

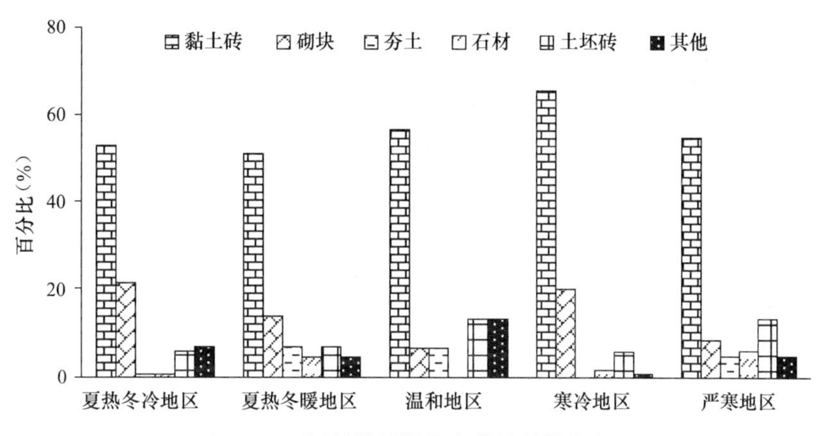

图 8-8　不同地域村镇住宅外墙材料分布图

不同气候区的黏土砖外墙结构及传热系数表　　　　**表 8-4**

气候区	外墙材料结构	传热系数（W/（m^2·k））
严寒地区	双面抹灰 49 砖墙	1.25
寒冷地区	双面抹灰 37 砖墙	1.53
夏热冬冷、夏热冬暖、温和地区	双面抹灰 24 砖墙	2.03

注：标准实心黏土砖尺寸为 240mm×115mm×53mm，表中“49”、“37”、“24”代表砖墙的厚度，单位 cm。

外窗是建筑物的重要组成部分，具有采光、通风、保温、隔热等作用，也是住宅围护结构保温性能最弱的部位。外窗的传热系数受窗框材料和玻璃材料的传热系数制约，因此研究外窗的传热系数要从窗框与玻璃 2 方面考虑。不同气候区的建筑外窗材料调查，如图 8-9 所示。夏热冬冷地区铝合金窗框占 46%，木质和塑钢窗框各占 24%；夏热冬暖地区住宅以铝合金窗和木窗为主，分别为 43% 和 48%；温和地区门窗中铝合金门窗和木质门窗分别占 50% 和 47%；严寒地区各种门窗材料使用按所占比例大小分别为塑钢（36%）、木质（27%）、钢（20%）、铝合金（15%）；寒冷地区 43% 的住宅窗框采用铝合金材料。从材料热工性能角度考虑，钢窗框的导热系数为 58.23W/(m·K)，铝合金窗框的导热系数为 175W/(m·K)，木窗框的导热系数为 2.37W/(m·K)，塑钢窗的导热系数为 1.91 W/(m·K)。

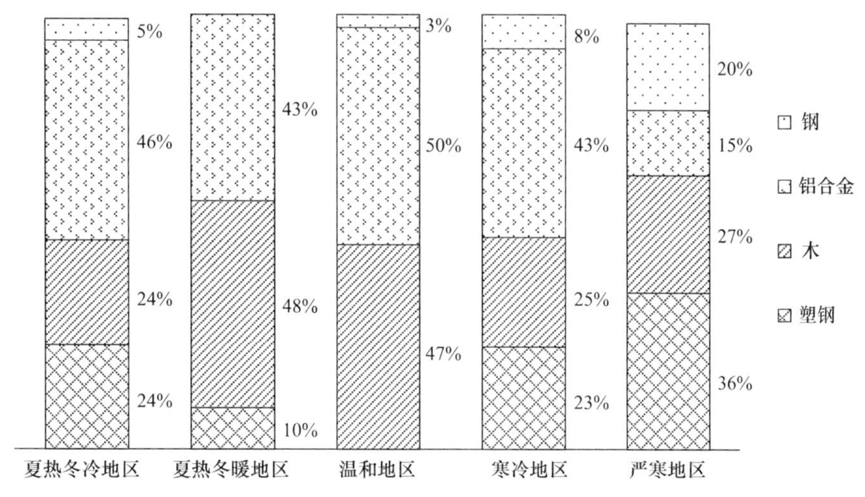

图 8-9　不同气候区窗框材料分布图

窗户玻璃类型的调查显示，我国大部分地区农宅主要以单层玻璃窗为主，如夏热冬冷地区单层玻璃窗占82%，夏热冬暖地区占62%，温和地区占97%，寒冷地区占81.2%；而严寒地区则双层玻璃窗占52%，但仍有30%的住宅用的是单层玻璃窗。单层与双层玻璃窗的热工性能，见表8-5所示，不同类型窗的传热系数，见表8-6所示。

不同类型玻璃的热工性能表 **表8-5**

玻璃层数	厚度（mm）	传热系数（W/(m²·k)）
单层玻璃	3	6.84
	5	6.72
双层中空玻璃	3+6A+3	3.59
	3+6A+3	3.22

不同类型的窗户传热系数表 **表8-6**

玻璃窗品种	传热系数（W/(m²·k)）
普通钢、铝合金单层玻璃窗	6.4
普通钢、铝合金中空玻璃窗	3.9~4.5
木质单层玻璃窗	4.7
木质中空玻璃窗	2.5~2.7
塑钢单层玻璃窗	4.7
塑钢中空玻璃窗	2.6~2.9

对于屋顶形式的调查统计结果，如图8-10所示，夏热冬冷地区、夏热冬暖地区、寒冷地区和严寒地区的村镇住宅中，坡屋顶的比例最大；寒冷地区的村镇住宅中坡屋顶和平屋顶所占比例接近；而温和地区的住宅平屋顶占多数，约为60%。从构造角度上，平屋面一般是用预制板或者现浇屋面，上铺找平层、防水材料、保护层，容易出现裂缝和漏水，且保温隔热效果较差；坡屋面则比平屋面造价高，防水性能好，阁楼也可起到保温隔热作用，从能源的合理利用角度来说，坡屋顶是较为理想的选择。

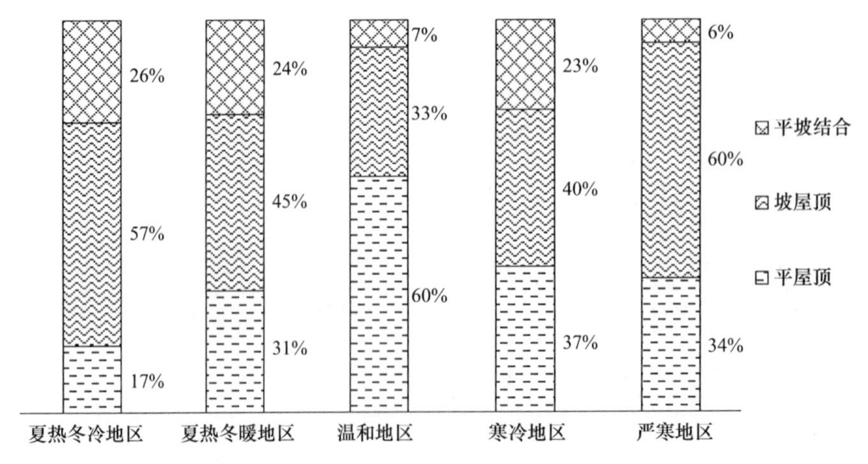

图8-10 不同气候区屋顶形式图

8.2 村镇住宅能耗现状调查

8.2.1 村镇住宅家电拥有量调查

随着农村经济的发展与农民收入的增加，村镇住宅中出现了越来越多的家用电器，如空调、电脑、冰箱、洗衣机、微波炉等，这些电器虽然在城市已非常普遍，但是在经济相对落后的村镇却是近几年逐渐发展起来的。一方面意味着我国村镇居民生活水平的提高，对于生活品质的追求也更高；另一方面新添置的电器也带来了家庭耗电量的增加，加重了农民的经济负担，有些家电买来之后用了没几次但因为太耗电而不再使用。此次调查对于村镇居民家中的 13 种家用电器进行了统计分析，得到不同气候区的各种家电平均拥有量，结果如图 8-11 所示。从该图可见，彩电、电风扇已经成为村镇居民家中的必备品，很多家庭都拥有 2 台或以上；洗衣机、冰箱、电脑等“奢侈品”在村镇中也变得越来越普遍，比如一半以上的家庭都已经拥电脑，而冰箱、洗衣机几乎是每户一台；在非严寒地区，空调器的添置成为村镇住宅的一大趋势，如夏热冬冷地区住户空调器的拥有量平均值为 1.3 台左右，由此带来的空调能耗逐渐为村民所重视，这也是村镇住宅能耗研究的一个迫切因素。

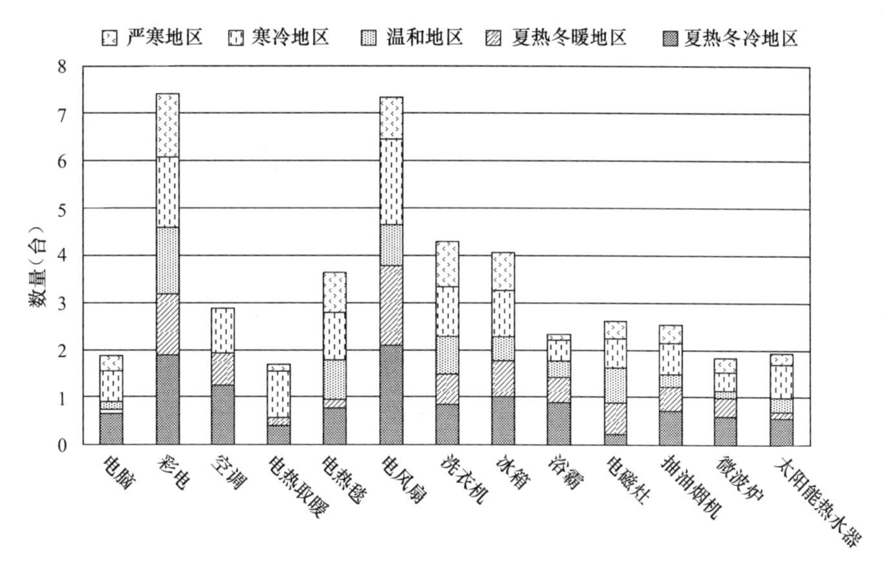

图 8-11　不同气候区家电平均拥有量统计图

8.2.2 夏热冬冷地区村镇住户用能习惯调查

新农村住户相对于农村和城市住户，其用能习惯存在显著的差异，而住户的行为习惯对于住宅能耗有很大的影响。这种差异一方面受经济条件主导，因为低收入农村家庭拥有的电器量很少，尤其是高能耗的电器拥有量更少；另一方面受农村传统习惯影响，比如习惯开门开窗进行通风等。

以夏热冬冷地区为例，通过新农村住户拥有的家电设备调查，得到图 8-12 所示的各种家电的拥有量统计情况。夏热冬冷地区彩电、电风扇、冰箱、洗衣机已经非常普遍，而电热取暖、电热毯、电磁灶、电烤箱等在村镇住宅中的使用比例很小；一半以上的家庭拥有电脑、浴霸、抽油烟机、微波炉、热水器，其中有少数家庭拥有 2 台以上同种电器。

拥有太阳能热水器的住户比例占到调查总数的 57%，其中有少数住户拥有 2 台及以上。冬天使用太阳能热水器的比例占 58.6%，春、秋季不需要电辅助加热的占 82%，即大多数家庭仅使用太阳能热水器即可满足春、夏、秋季的生活用热水需求，而冬季约半数家庭仍可使用太阳能热水器，这与当地的太阳辐射条件相关。另有 32.8% 的住户使用燃气热水器，24.3% 的住户拥有电热水器。由此可见，太阳能热水器在夏热冬冷地区的新农村住宅中已经得到较为充分的使用，这符合当前节能减排的趋势。

特别值得注意的是空调的拥有量，超过 2/3 的家庭拥有空调（为 69%），很多住户甚至拥有 2~3 台，而空调的能耗相对于其他家电来说是比较大的，空调的使用对新农村住户用能结构存在显著影响。家电拥有量调查在一定程度上也反映了住户的经济状况，一些曾经被认为只有城里人才用得起的设备，如今在新农村家庭中也开始普及，如电脑、洗衣机、冰箱、微波炉、热水器等。家电设备拥有量的增多也意味着住户的用能习惯对于家庭能耗的影响将越来越大。

进一步对于拥有空调的住户的空调使用情况进行调查，结果如图 8-13 所示，夏季使用空调频率较高，全年平均使用月数为 2 个月。冬季则有 44% 的用户选择不开启空调，使用空调月数约为 1 个月。一方面是由于夏热冬冷气候区的冬季较严寒地区等必须采暖的气候区更为暖和，通过多穿衣服、多盖被子等方式，可以保持人体处于较舒适的状态；另一方面，住户普遍意识到冬季开空调比夏季开空调更费电，这种节电意识也促使住户选择冬季不开启或少开启空调。

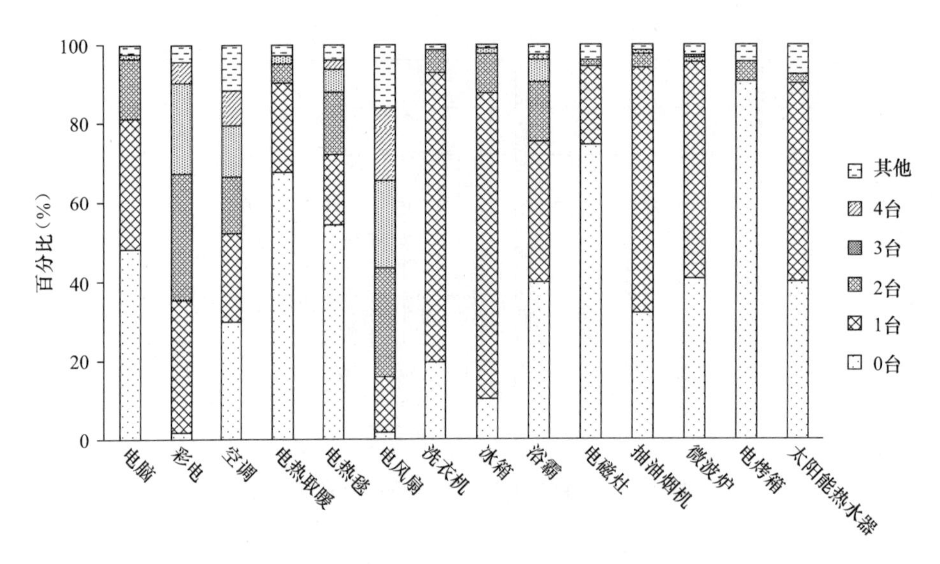

图 8-12　夏热冬冷地区住户家电拥有量统计图

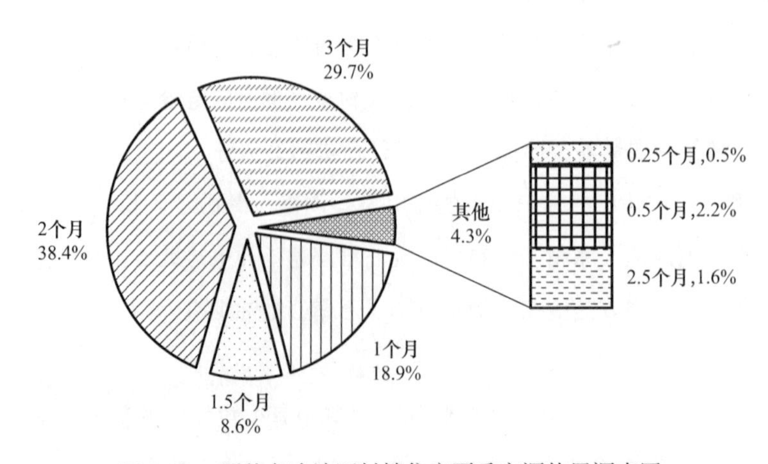

图 8-13　夏热冬冷地区村镇住户夏季空调使用调查图

8.3 农村住宅冬夏季热环境实测与分析

随着村民生活水平的提高，居住环境越来越受到重视。对于城镇居住建筑，作为改善室内热环境的空调、采暖设备已得到一定程度的普及，但对于农村住宅，相当部分还是依靠建筑本身和自然资源来调节室内热环境。过去针对农村住宅的研究主要集中在寒冷地区（如北京）、夏热冬冷地区的湖南与江浙沪一带，而对于四川地区的农村住宅室内热环境的研究相对较少，并且也没有给出农村住宅热舒适区的具体范围。为了解与掌握四川盆地地区农村住宅冬季的室内热舒适状况，为后期农村住宅节能设计研究做好基础准备，作者于 2009 年 1 月下旬 ~2 月中旬（冬季最冷月）和 7 月底（夏季最热月）对四川盆地地区的 7 栋典型农村住宅的室内外的空气温湿度进行了实时监测。通过对实测数据的处理和分析，对四川盆地地区的农村住宅全年室内热环境状况有了一定的了解，对夏热冬冷地区特别是四川盆地地区的未来农村住宅的建筑节能设计与可持续发展研究也可提供一定的参考。

8.3.1 室内热环境测试方法

1. 概况

室内热环境的影响因素主要为室内外的空气温度、相对湿度、太阳辐射强度、风速风向、外围护结构的表面温度、室内发热源等，通过自然通风建筑热舒适评价标准的对比分析得到农村住宅的室内热环境评价。由于只需要获得室外空气干球温度、室内空气操作温度即可进行简单的评价，由此室内热环境的测试参数可进行简化，其测试参数以及对应的测试仪器可见表 8-7、图 8-14、图 8-15。

在测试室外空气干球温度时为避免太阳辐射的影响，仪器置于背阴处。测点数根据被测农宅的层数和房间使用功能而定，其中卧室和客厅作为重点测试对象。考虑到即使相邻的农宅室外微环境也可能会略有差别，所有被测农宅均布置了温湿度记录仪以测量室外空气参数。另外室内不同房间的测试布置点离墙体、地面和发热源应具有一定的距离，同时也应考虑到布置仪器不易被小孩发现而移动布置点的位置。

冬、夏季测试参数及仪器表 **表 8-7**

测试参数	测试仪器	仪器准确度	测试范围	采样	
				方式	间隔（min）
室内外空气温度、室内外空气相对湿度	BES02、HOBO H8-003 温湿度采集记录器	≤ 0.5℃	-30~50℃	自动	15
		≤ 3%RH	0~99%RH	自动	15
墙体内外表面温度	iButton DS1291H	1℃	15~46℃	自动	15

图 8-14　HOBO H8-003 图

图 8-15　iButton DS1291H 图

2．典型农宅的选取

四川盆地属于典型的夏热冬冷地区，受西南暖湿气流和太平洋暖湿气流的交替影响，属于亚热带湿润气候，冬季最冷月室外空气的平均温度为 5~8℃。除盆地内的成都平原外，丘陵地带的农宅大多是依山而建，建筑朝向并没有一定的规律。四川丰富的文化底蕴和特殊的地理条件造就了一种独特的农耕生活方式——林盘，主要分布在成都平原、川东和云南贵州等地的平坝和浅丘陵地区，林盘以树林、水、农田和农家小院为组成要素，是川西平原特有的居住文化的体现。此外 5.12 地震之后为推进灾后重建，企业、城市居民与农户协商联合修建的房屋——联建房，作为震后新建农宅也是本次研究对象。因此根据四川盆地地区常见和具有当地特色的农村住宅，选取了成都平原都江堰和丘陵地区泸州市具有代表性的 7 栋农宅作为室内热环境的研究对象，其中包括 1 栋生土房、1 栋木房、1 栋灾后联建房、2 栋一般农宅和两栋典型林盘，被测农宅的基本情况，见表 8-8 所示。

七栋典型农村住宅的基本情况表 **表 8-8**

建筑类型	地点	面积（m^2）	建筑特点
生土房	泸州市金钩村	96	夯土外墙，1 层小青瓦坡屋面，民间千年流传的建筑
一般农宅 1	泸州市金钩村	180	实心黏土砖混结构，3 层青瓦坡屋顶，当地常见的依山而建的农宅
典型川西林盘	温江新苑村	200	实心黏土砖框架结构，3 层平屋顶，震后现存的川西林盘住宅
震后川西林盘	都江堰花溪村	80	实心黏土砖，1 层坡屋面，2008 年底新建川西林盘示范建筑之一
一般农宅 2	都江堰茶坪村	210	实心黏土砖混结构，2 层平屋顶，具有一定抗震能力的震后现存农宅
震后联建房	都江堰茶坪村	240	实心黏土砖混结构，2 层坡屋面，2008 年底新建联建房示范点之一
木房	都江堰茶坪村	100	木质外墙，1 层青瓦坡屋面，由原木垒制而成，修建于 20 世纪 60 年代

8.3.2 测试结果与分析

1．数据处理

根据四川气象局的统计数据：2009 年 1 月下旬 ~2 月中旬的成都平均气温为 10.6℃，泸州平均气温为 11.7℃，7 月成都平均气温为 25.1℃，泸州平均气温 27.0℃，满足 ASHRAE55 标准中关于自然通风环境的评价条件。作者将采集的平均室外干球温度作为引入评价指标的参数，而室内空气的操作温度取值为室内空气的干球温度，室内空气的操作温度是指综合考虑了空气温度，平均辐射温度和空气流速之后修正的空气温度，其对应的计算式为：

$$t_o=At_\alpha+(1-A)t_r \tag{8-1}$$

式中：

t_o——为空气操作温度，℃；

t_α——为空气温度，℃；

t_r——为平均辐射温度，℃；

A——为根据不同风速确定的系数值。

根据 ASHRAE55-2004 标准中涉及到的自然通风建筑，当建筑满足以下条件时：

（1）室内没有辐射和供暖、制冷辐射板系统。

（2）平均外墙／窗的传热系数满足式（8-2），

$$U_{wall}<\frac{50}{t_{d,i}-t_{d,e}} \Big/ U_{window}<\frac{15.8}{t_{d,i}-t_{d,e}} \tag{8-2}$$

式中：

U_{wall}——外墙传热系数，$W/m^2 \cdot K$；

U_{window}——窗的传热系数，$W/m^2 \cdot K$；

$t_{d,i}$——室内设计温度，℃；

$t_{d,e}$——室外设计温度，℃。

（3）窗户太阳得热系数小于 0.48。

（4）室内没有产生热的设备。

在建筑满足以上 4 个条件时室内空气的操作温度可近似取用室内空气温度替代。对于被测的农村住宅，条件（1）、（3）、（4）均满足，条件（2）因缺乏相关的测试数据和资料则不一定能满足；测试参数原本包含了外墙内、外表面温度，但由于壁面温度测试仪器的测量范围不能满足实际测试要求（部分时间的表面温度低于 15℃），从而无法通过计算得到精确的室内空气操作温度，因此进行数据处理时采用室内干球温度作为近似的操作温度。从部分有效的内表面温度测试结果来看，围护结构的内表面温度在冬季是低于室内空气温度的，因此实际室内操作温度略低于所测的室内空气干球温度，因此文中讨论的冬季室内热环境状况是在有利的情况下进行分析比较的。

2．测试结果与分析

图 8-16~ 图 8-29 分别图示了所测试的 7 栋农宅的冬、夏两季室内热环境状况，图中给出了室外空气温度、室内（包括卧室与客厅）空气温度的测试结果以及作为评价标准的 80% 可接受温度上或者下限值。

（1）生土房与一般农宅 1 的室内热环境

生土房在当地是属于生活水平偏下的农民的居住建筑的典型代表，这种类型的农宅普遍存在自然采光和通风效果差的问题，一般农宅 1 是靠山而建的当地农村最普遍的住宅形式之一。比较图 8-16 与图 8-17 可以看出：在冬季生土房与一般农宅 1 的室内空气平均温度均未满足并且远低于 ASHRAE 55 标准关于自然通风建筑的 80% 可接受温度下限值。另一方面，由于测试地点相近，二者室外温度的变化趋势比较接近，一般农宅 1 的室内平均温度比生土房高 1.2℃。

相对冬季而言，夏季生土房与一般农宅 1 的室内热环境则明显好于冬季，室内空气温度基本上是在 80% 可接受的温度范围内，如图 8-18、图 8~19 所示，从图上可以看出夜间住宅内的房间温度与室外温度相差并不大，而在白天因农村住宅的自然通风以及依山而建的方式可以明显降低室外温度对房间温度的影响，房间内的空气温度大大低于室外的环境温度。对比而言，生土住宅室内温度更容易受到室外环境温度的影响，二者的室内温度变化趋势相似，但不同功能的房间室内温度分布略有差别，这与房间的室内热源、自然通风、室内人员活动等都有一定的关系。

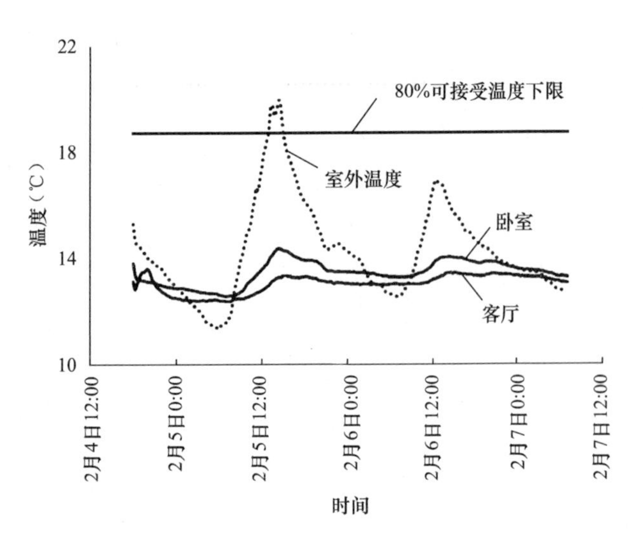

图 8-16　生土房的冬季室内热环境图

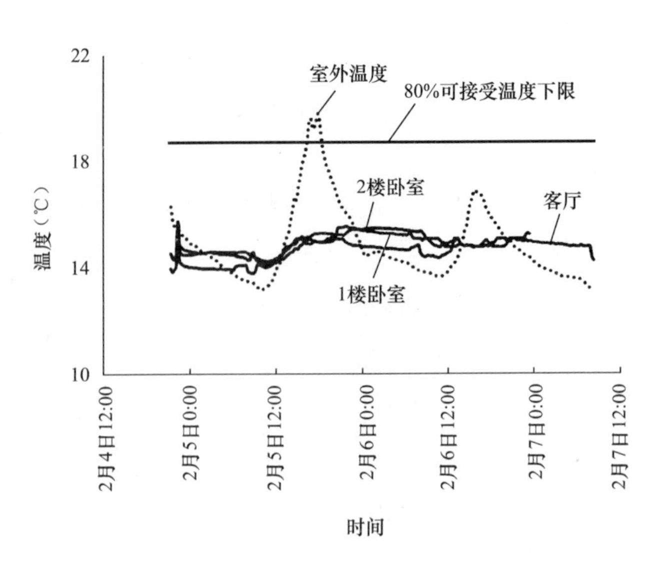

图 8-17　一般农宅 1 的冬季室内热环境图

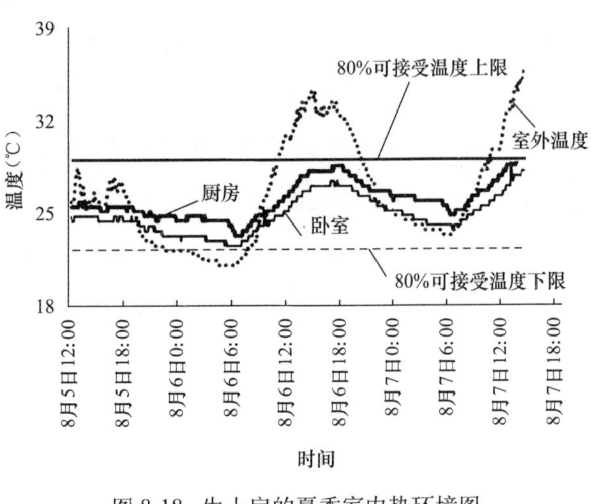

图 8-18　生土房的夏季室内热环境图

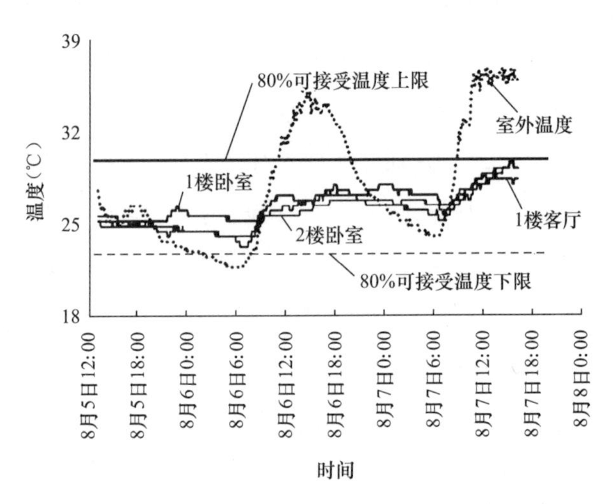

图 8-19　一般农宅 1 的夏季室内热环境图

（2）川西林盘的室内热环境

川西林盘作为四川盆地独有的一种居住形式，通过周围树木与农田来营造一种生态的居住环境，形成建筑与室外微气候的有机融合。从图 8-20、图 8-21 可以看出：冬季川西林盘的室内空气温度变化的波幅比室外空气温度变化的波幅具有一定程度的衰减。典型川西林盘 1 楼房间的温度与震后川西林盘相近，而 2 楼房间由于具有良好的采光条件其室内空气温度明显高于 1 楼房间，在 2 月 14 日 16:00~20:00 的时段，典型川西林盘 2 楼房间的室内空气温度超过了 80% 可接受温度范围的下限值（最大值为 0.6℃），但其他房间的室内空气温度均低于 80% 可接受温度下限值。可见川西林盘的室内热环境在冬季大部分时间也未达到可接受的范围。

从图 8-22、图 8-23 可以看出川西林盘在夏季室内空气温度基本上都在 80% 可接受温度范围内，典型川西林盘的 1 楼卧室温度明显低于其他房间的温度，这是由于该房间人员活动较少且房间内几乎无发热源。同时川西林盘周边的树木能起到一定的绿化遮阳作用，从而在室外温度较高时室内空气温度也能保持在一个较舒适的温度范围内，另外川西林盘在一定程度上也可以降低室外地表面的温度，四周植物的蒸腾作用也可适当降低住宅周边的空气温度，加上农村住宅较好的自然通风潜力，川西林盘住宅的夏季室内热环境较为理想。

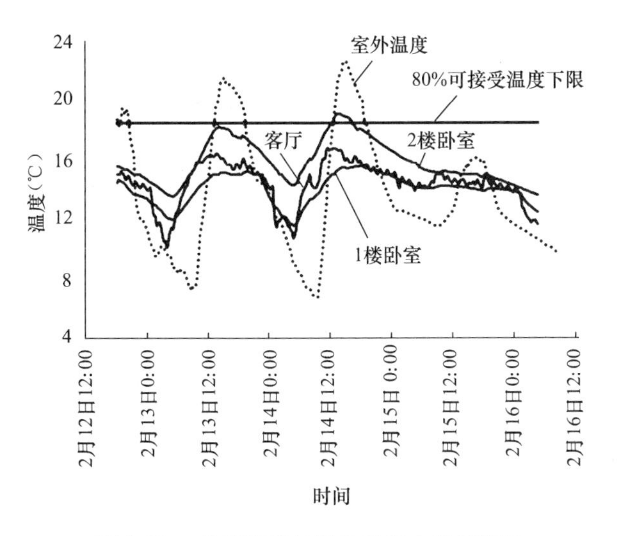

图 8-20　典型川西林盘冬季室内热环境图

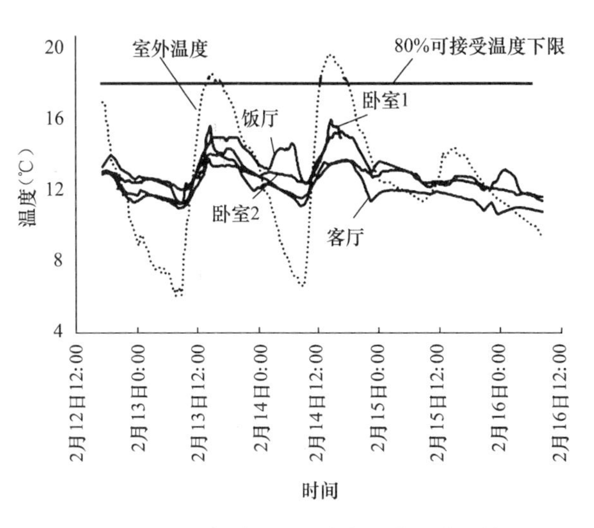

图 8-21　震后新建川西林盘冬季室内热环境图

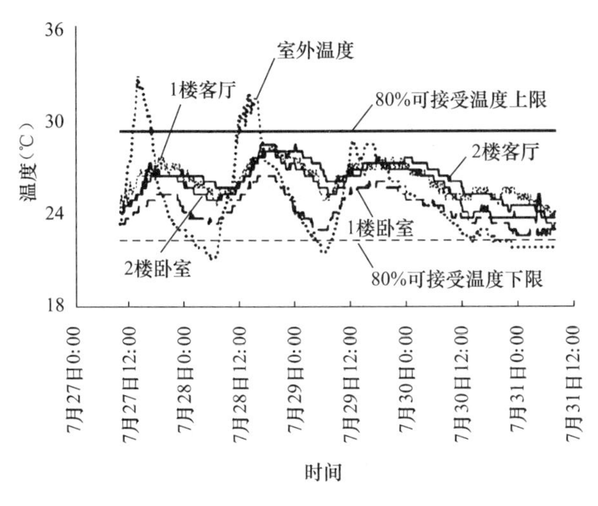

图 8-22　典型川西林盘夏季室内热环境图

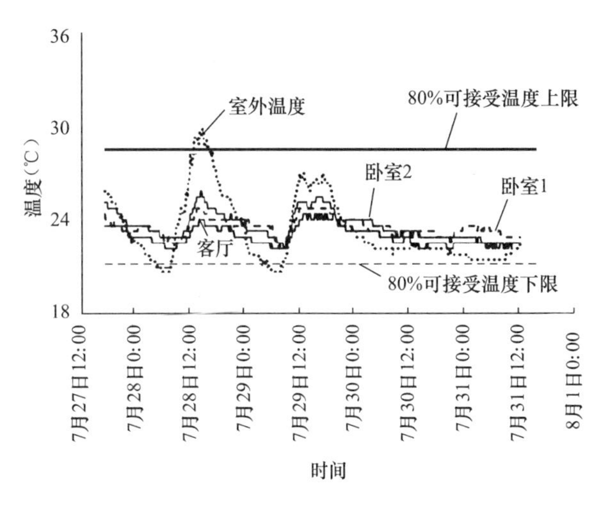

图 8-23　震后新建川西林盘夏季室内热环境图

(3) 震后联建房与一般农宅 2 的室内热环境

震后联建房是 2008 年年底才建好的联建房示范建筑之一，其位置与一般农宅 2 相近。从图 8-24、图 8-25 可以看出：在冬季测试期间二者的平均室内空气温度相差不大，虽然测试的地点相近，但室外温度变化趋势和极值有一定的差别。与典型川西林盘相似，晴天 2 楼房间的室内空气温度明显高于 1 楼，而在阴天或者下雨天 1 楼房间温度与 2 楼温度相差不大；另由于住宅的门窗面积大、开启时间长同时室内也无大功率的发热源，总体上农宅内的室内空气温度都远低于 80% 可接受温度的下限值，联建房与一般农宅 2 的冬季室内热环境较差。

震后联建房与一般农宅 2 在夏季测试期间内大部分时间室内温度满足 80% 可接受温度范围值，从图 8-26 可以看出一般农宅 2 的 2 楼房间更容易受到室外环境温度的影响，这是因为当室外为晴天时，2 楼房间可以获得较多的太阳辐射而使得室内温度较高；震后联建房 1 楼房间在部分时间室内温度是低于 80% 可接受温度下限值，在炎热的夏季较低的室内空气温度是可以接受的，相对而言震后联建房的室内热环境略优于一般农宅 2，如图 8-27 所示。由此可见震后联建房与一般农宅 2 在夏季的室内热环境明显优于冬季，在大部分时间里室内的空气温度在可接受的范围内。

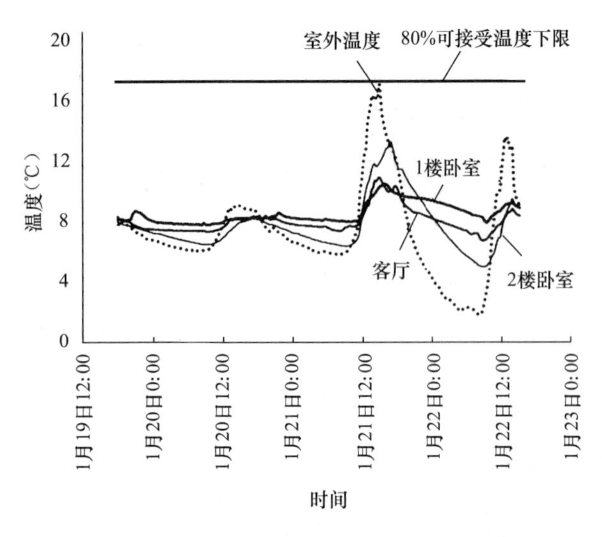

图 8-24　一般农宅 2 冬季室内热环境图

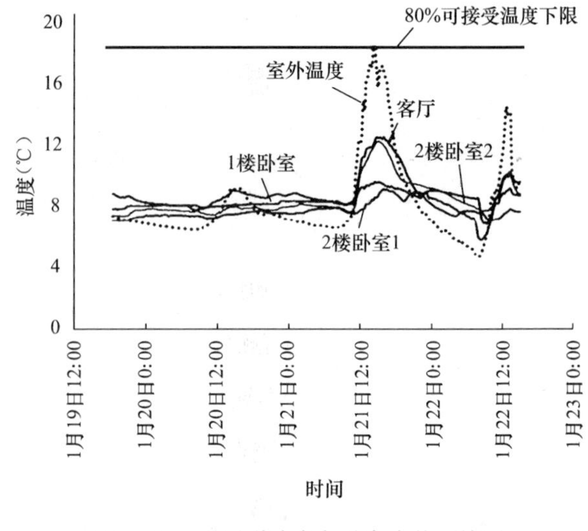

图 8-25　震后联建房冬季室内热环境图

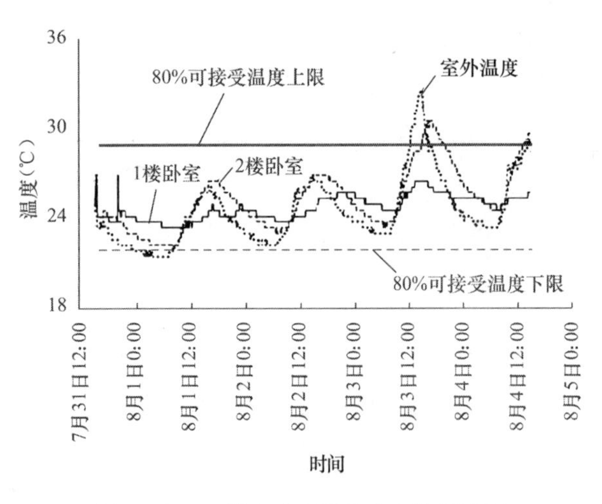

图 8-26　一般农宅 2 夏季室内热环境图

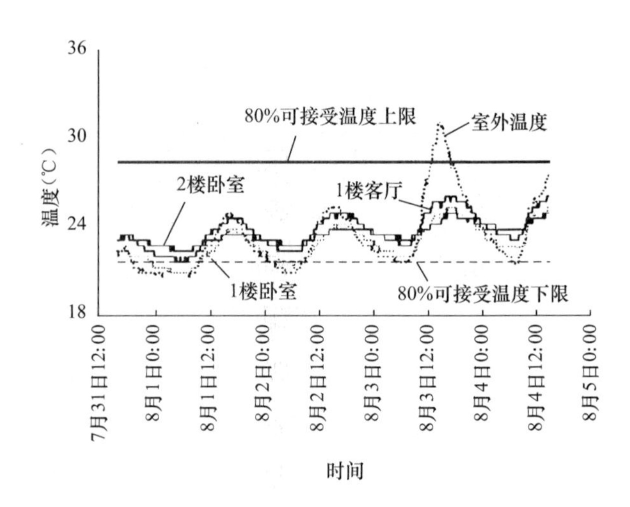

图 8-27　震后联建房夏季室内热环境图

（4）木房住宅的室内热环境

木房建筑是修建于 20 世纪 60 年代的农宅，从图 8-28、图 8-29 可以看出：该农宅的室内空气温度与室外空气温度相差较小，其原因在于木房建筑的外墙采用的是热惰性较小的木板材料，且没有采用任何保温措施。冬季该农宅的室内空气温度都低于 80% 可接受温度下限值；而对于夏季的室内热环境基本上可以满足 80% 的可接受温度范围值，外墙材料与良好的自然通风使得室内外空气温度相差较小，同时依山而建可减少住宅的室内的冷负荷，有利于夏季获得良好的室内热环境。总体来说该木房住宅的冬季室内热环境较差而夏季则基本在可接受的范围内。

从图 8-16~ 图 8-29 的测试结果可以看出：目前四川盆地地区农村住宅冬季的室内热环境普遍比较差，室内空气温度无法达到 ASHRAE 55 标准 80% 可接受的温度下限值，即使在晴天午后室内空气温度达到最大值（约下午 5：00 左右）时，也仅有少数采光条件好的房间的室内温度能达到 80% 可接受温度的下限值。图 8-30 反映了被测农村住宅冬季室内温度与 80% 可接受温度的下限值的差值的大小，从该图可看出，被测农宅的室内空气温度与 80% 可接受温度的下限值的差值受室外微气候、建筑类型等因素的影响较大，川西林盘的室内热环境略好于其他类型的农宅。此外，由于木房建筑的外墙为热惰性较小的木板材料，室内外空气温度相差甚小，夜间室内空气温度与 80% 可接受温度下限值的差值最大达到 14.7℃，在所有被测农宅中其冬季室内热环境是最差的。

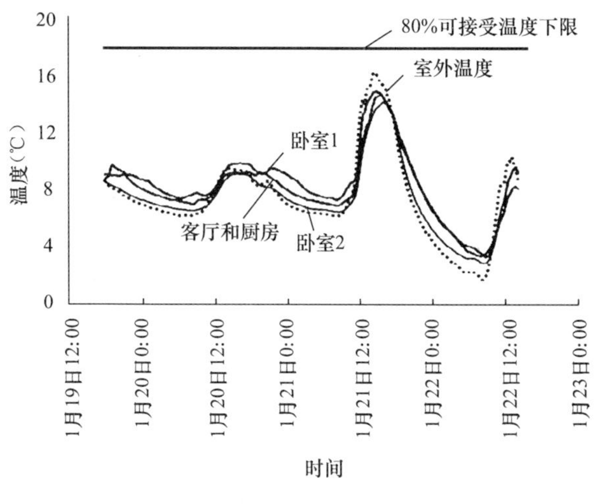

图 8-28　木房的冬季室内热环境图

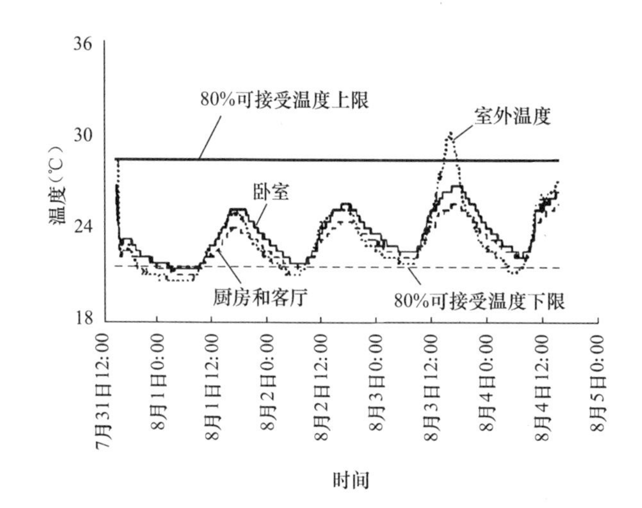

图 8-29　木房的夏季室内热环境图

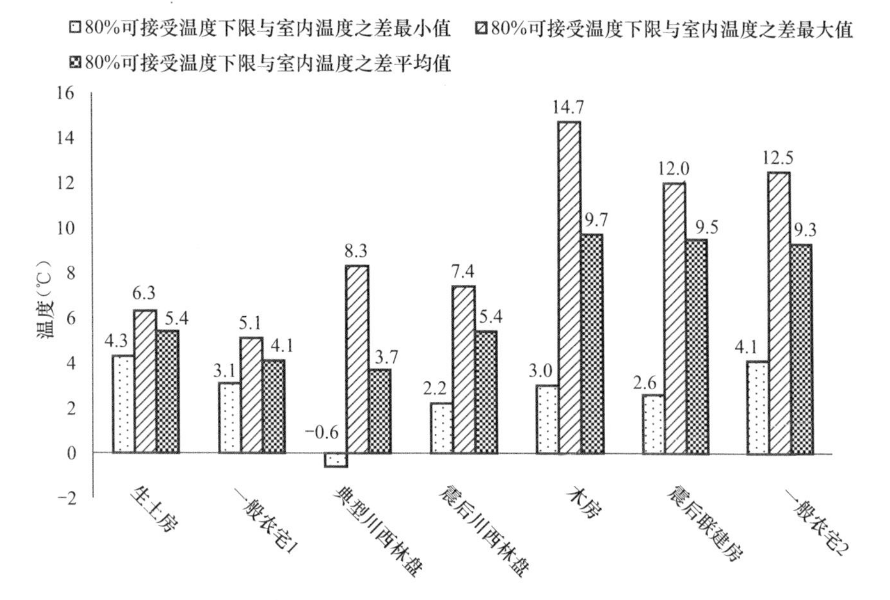

图 8-30　被测农宅的室内温度与 80% 可接受温度下限值的差值大小图

相对冬季而言，四川盆地地区农村住宅的夏季室内热环境则较为理想，基本上都在 ASHRAE 55 标准 80% 可接受温度范围内，农村住宅充分利用当地地形和周边的环境，依山而建及营造较佳的微气候环境都可以减少农村住宅的夏季太阳辐射得热，同时农村住宅具有较好的自然通风潜力，这些外部条件都可为农村住宅的夏季室内热环境提供良好的外部条件；川西林盘的室外绿化遮阳除了可以降低室内的太阳得热以外，植物的光合蒸腾作用也可以适当降低周边空气的温度，因此其室内空气温度能集中在 80% 可接受温度范围的中间部分。综上所述，川西林盘在全年的室内热环境略优于其他类型的住宅，可见良好的室外微环境可为农宅营造一个全年较为舒适的室内热环境。

8.3.3 农宅热环境影响因素的讨论

1．农宅本体构造的影响

农宅本体构造是指建筑的围护结构、建筑朝向、自然通风和天然采光等。对于四川盆地地区的农村住宅建筑，围护结构主要为实心黏土砖与夯土墙，由于建筑施工水平有限并且均未采用任何保温措施，农宅的密闭性与保温性能都比较差；四川盆地地区除成都平原外山地居多，当地建筑根据周围地形和环境来选择朝向，影响住宅的自然采光和冬季太阳辐射得热，这样的布置利于提高夏季室内热环境而不利于冬季房间温度的升高。

2．生活习惯的影响

生活习惯对农宅冬季的室内热环境影响很大。当地居民为了方便进出和自然通风，通常习惯性地长时间打开房间大门，造成房间的通风换气次数明显增加，室内蓄存的热量通过自然通风和围护结构散失到室外，不利于冬季室内空气温度的提高与室内热环境的改善。

3．家庭收入的影响

经济收入是衡量家庭生活质量的一个指标，当室内热环境无法满足要求时，居民可以采用空调采暖设备来改善室内热环境。但由于经济收入的限制，目前四川盆地地区农村住宅采用空调采暖设备的还不多，在本次测试的农宅中仅有 1 栋农宅安装了空调，但因为耗电量大而很少使用。

第九章
典型农村住宅能耗模拟案例

建筑物的能耗影响因素包含了多个方面：（1）建筑外部条件，如室外气候、所处的地域（如不同的建筑热工气候区）。（2）建筑自身条件，如建筑朝向、围护结构热工性能、内部设备、人员使用情况等。因此，要综合地研究整个建筑的能耗情况是较为复杂和繁琐的，由此产生了建筑能耗模拟分析软件，作为研究建筑能耗特性和评价建筑设计的有力工具，尤其是在20世纪70年代的石油危机之后，建筑能耗越来越受到重视。世界范围内逐渐开发了各种建筑能耗模拟软件，如美国的BLAST、DOE-2、EnergyPlus，欧洲的ESP-r，日本的HASP以及我国的DeST等。其中EnergyPlus软件是在美国能源部（Department of Energy，DOE）的支持下，由劳伦斯·伯克利国家实验室（Lawrence Berkeley National Laboratory，LBNL）、伊利诺斯大学（University of 111inois）、美国军队建筑工程实验室（U. S. Army Construction Engineering Research Laboratory）、俄克拉荷马州立大学（Oklahoma State University）及其他单位共同开发的。EnergyPlus是完全免费的软件，最新版本是7.1.0，可以在http://www.eere.energy.gov/buildings/energyplus上下载。EnergyPlus相比其他软件，可模拟的范围更广，如自然通风、墙体传湿、辐射顶板、热舒适等，可以进行建筑能耗的逐时模拟，并且可以定义小于1h的时间步长，如10~15min。

EnergyPlus作为模拟引擎具有强大的计算功能，但仍然需要一个可视化的用户界面来使得非专业用户也能更容易地操作。现在全球有十多个用户图形界面可用于EnergyPlus软件，DesignBuilder就是第一个针对EnergyPlus模拟引擎开发的用户图形界面模拟软件。2006年6月，DesignBuilder V1.2.0（内置EnergyPlus1.3.0计算引擎）通过了ANSI/ASHRAE Standard 140–2004的能耗测试，测试内容为模拟一系列带有不同特征的建筑物，包括围护结构（轻质和重质）、不同设置的窗户（朝向、是否带外遮阳）以及制冷采暖情况。将DesignBuilder与EnergyPlus单独运行计算出的结果进行对比，显示出各项计算结果都较为吻合，即DesignBuilder很好地解决了EnergyPlus的图形界面问题，且不影响计算结果，使EnergyPlus更为人性化和易于操作。通过DesignBuilder进行建筑几何建模非常简便，并且可以通过CAD等软件导入模型再进行划分区域等操作；该软件内置ASHRAE全球最新逐时气象资料，并且可以联网下载更新；建筑结构材料包括了EnergyPlus的整个材质数据库。因此，作者选用DesignBuilder软件进行建筑几何建模、参数设置以及全年能耗模拟分析。相关输入参数的取值以第八章的调查结果为基础进行确定。

9.1 上海农村住宅供暖空调设备年能耗模拟

随着经济的发展与农民生活水平的提高，农民使用供暖、空调设备也越来越多，《2009中国农村家电消费调查报告》显示全国农村空调百户拥有率达到了22.1%，而作者的调查结果显示，在上海农村拥有空调的住户百分比更是达到了79.6%。因此有必要对农村住宅的供暖空调能耗进行研究。

图 9-1　基本模型效果图

9.1.1　基本建筑模型

基于第八章的调查统计结果，建立上海农村住宅的基本模型：该建筑坐北朝南，为 1 栋两层点式住宅，建筑基底面积为 100m^2；建筑东西向长为 12.5m，南北向宽为 8m，1 层楼高为 3.3m，2 层楼高 3m；建筑屋顶为坡顶，坡角取为 30°。如图 9-1 是使用 DesignBuilder 软件建立的模型。

基本建筑模型室内平面布局如图 9-2、图 9-3 所示。窗户高度均为 1.5 m，窗户下沿距离地面（楼面）为 1.0 m。

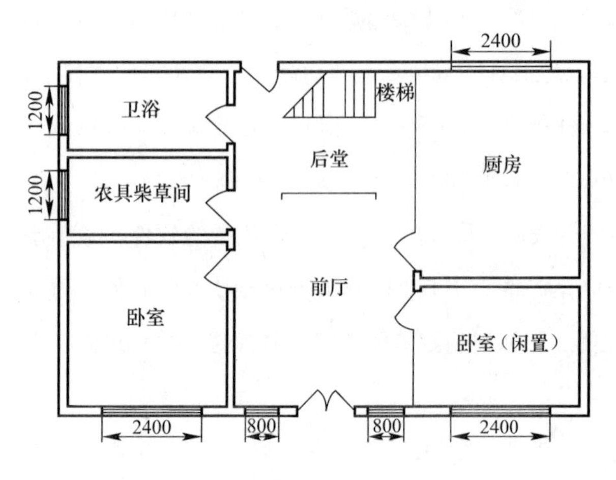

图 9-2　1 层平面图

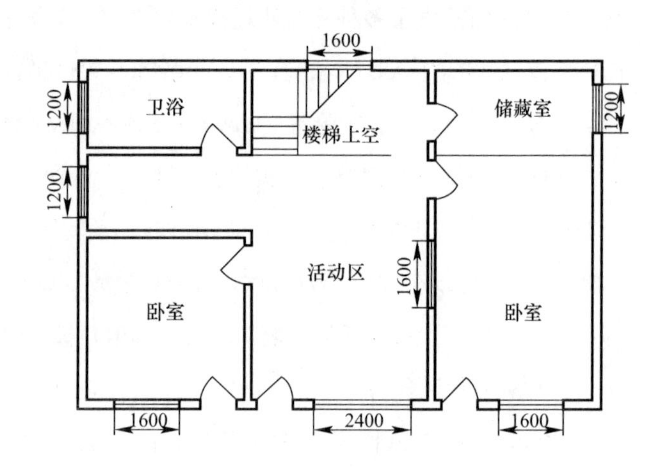

图 9-3　2 层平面图

9.1.2　基本建筑模型围护结构参数

基本建筑模型围护结构概况，见表 9-1 所示。

基本模型围护结构概况表　　表 9-1

	外墙	内墙	屋面	屋顶天花板	地面	楼板
1	10mm 石灰砂浆	10mm 石灰砂浆	25mm 黏土瓦	13mm 石膏板	100mm 现浇混凝土	14mm 地砖
2	240mm 黏土砖	180mm 黏土砖	20mm 空气层	100mm 空气层	300mm 砾石	150mm 钢筋混凝土
3	10mm 石灰砂浆	10mm 石灰砂浆	5mm 屋面毛毡	10mm 胶合板	—	—
传热系数 (W/(m^2·K))	1.72	2.06	2.93	2.28	0.88	2.03

模型所采用的门为松木质地，传热系数 K=2.381 W/(m^2·K)；窗户形式为单层玻璃木框窗（3 mm 厚普通玻璃，K=5.94 W/(m^2·K)），有内遮阳（采用浅色布帘）。

9.1.3　建筑内热源参数

基本建筑模型内热源主要包括人员、照明和家电等，遍及各个功能区，但是农村住宅需要供暖空调的区域仅为卧室（不包含闲置卧室），所以对供暖、空调能耗有明显影响的内热源只包括卧室内的人员、照明和家电。这些内热源的发热量及运行时间，见表 9-2 所示。

供暖空调区域的内热源表 **表 9-2**

内热源		卧室
人员	密度	2 人
	在室率	00:00~7:00 为 1 07:00~13:00 为 0 13:00~14:00 为 0.5 14:00~19:00 为 0 19:00~22:00 为 0.5 22:00~24:00 为 1
照明	密度	2.5 W/m^2
	使用率	00:00~19:00 为 0 19:00~22:00 为 0.5 22:00~24:00 为 0
家电	密度	5.0 W/m^2
	使用率	00:00~19:00 为 0 19:00~22:00 为 0.5 22:00~24:00 为 0

注："1"、"0.5" 和 "0" 分别表示在室率 / 使用率为 100%、50% 和 0%。

9.1.4 供暖空调设备参数

依据《夏热冬冷地区居住建筑节能设计标准》（JGJ134–2010）选取供暖空调设备的控制温度、能效比和换气次数：室内控制温度分别为 26 ℃（夏季）和 18 ℃（冬季），设备能效比分别为 1.9 和 2.3，供暖空调时的换气次数为 1.0 次 /h。基本建筑模型中供暖空调设备的主要运行控制参数，如表 9-3 所示。

供暖空调设备参数表（卧室） **表 9-3**

	夏季	冬季
控制温度（℃）	26	18
使用时间	00:00~7:00 为 1 7:00~13:00 为 0 13:00~14:00 为 1 14:00~19:00 为 0 19:00~24:00 为 1	00:00~13:00 为 0 13:00~14:00 为 1 14:00~19:00 为 0 19:00~22:00 为 1 22:00~24:00 为 0
能效比	2.3	1.9
换气次数（次 /h）	1.0	

注："1" 表示设备开启，"0" 表示设备关闭。

另外，当夏季室外温度低于室内控制温度时，关闭空调设备，采用开窗自然通风（不仅针对卧室，还包括厨房和厅堂），自然通风换气次数取为 3.0 次 /h（此数值为 DesignBuilder 软件的推荐值），为保证不至于过冷通风，将自然通风控制温度设定为 20℃。

9.1.5 基本模型供暖空调设备能耗模拟结果与分析

采用上海虹桥 SWERA（Solar and Wind Energy Resource Assessment）逐时气象参数对基本模型进行能耗模拟。经 DesignBuilder 软件模拟得出，基本建筑模型年供暖设备用电量为 1041kWh，空调设备用电量为 818kWh。将以上数值除以建筑面积（200m^2），得到基本建筑模型单位建筑面积供暖空调设备年耗电量分别为 5.2kWh/（m^2·a）和 4.1kWh/（m^2·a），总供暖空调设备耗电量为 9.3kWh/（m^2·a）。

基本模型供暖空调负荷日变化趋势，如图 9-4 所示，可以看出，上海农村住宅夏天需要空调的时间主要为 7~8 月，最大冷负荷出现在 8 月 2 日，为 56.4kWh；冬天需要供暖的时间为 11 月 15 日 ~ 次年 4 月 15 日，最大热负荷日为 1 月 31 日，为 36.7kWh。

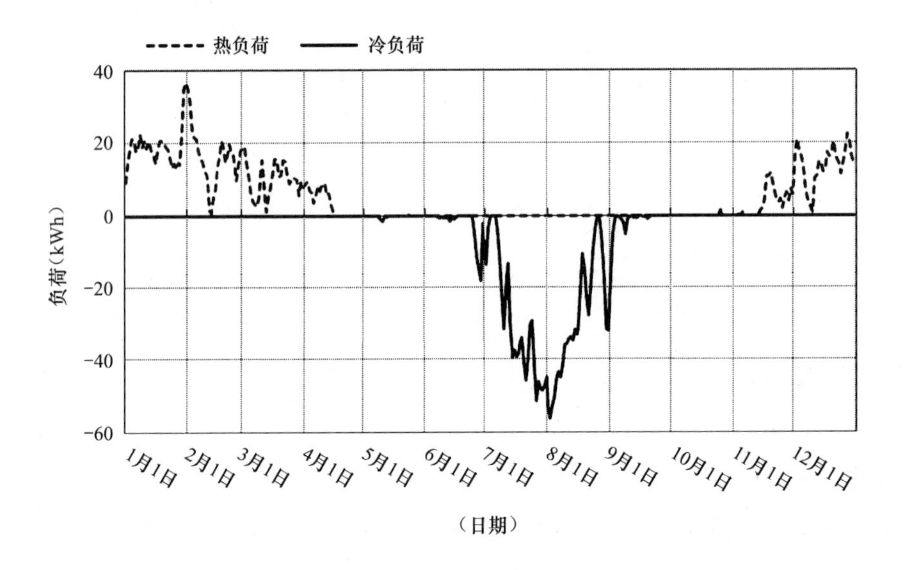

图 9-4　供暖空调负荷日变化曲线

表 9-4 为上海地区农村住宅单位建筑面积供暖、空调设备年能耗水平与城镇住宅的比较，可以看出，农村住宅目前的单位建筑面积供暖空调设备年能耗比城镇住宅要小许多，为城镇住宅的 1/3。这主要是由于农村住宅需要供暖空调的区域面积占总建筑面积的百分比远小于城镇住宅。农村住宅需要供暖空调的区域一般局限于卧室，其在总建筑面积中所占的比重较小，以基本模型为例，这一比重仅为 28%；而城镇住宅需要供暖空调的区域包括卧室、起居室，甚至餐厅，占总建筑面积中的比重较大，一些文献的计算模型中需要供暖空调的区域几乎占到总建筑面积的 100%。另外，如果只考虑供暖空调区域的单位面积年耗电量，农村住宅的耗电量水平为 9.3÷28%=33.2kWh/（m^2·a），大于城镇住宅的 28.7kWh/（m^2·a），这说明农村住宅围护结构热工性能比城镇建筑要差。

上海农村住宅与城镇住宅供暖、空调设备耗电量水平对比分析表（kWh/（m^2·a））　　表 9-4

区域	数据来源	供暖耗电量	空调耗电量	总耗电量
上海农村	模拟	5.2	4.1	9.3
上海城镇	模拟	15.9	12.8	28.7

虽然模拟结果显示上海农村住宅单位建筑面积年能耗水平很低，但这并不意味着农村住宅可以不进行节能改造。从 108 户上海农村住宅中抽取建筑面积分布在 150~300m^2 且拥有空调的住户（有效数据 66 份）进行单位建筑面积年用电量统计，得到单位建筑面积年耗电量平均值为 9.0 kWh/（m^2·a），具体见表 9-5 所示。

农村住宅单位建筑面积年用电量水平表 **表 9-5**

范围（kWh/（m^2·a））	0~5	5~10	10~15	15~20	≥ 20
百分比 /%	33.3	33.3	19.7	9.1	4.5

根据相关调查研究结果，按空调能耗约占住宅总能耗的 1/4 计算，上海农村住宅目前的供暖空调设备能耗水平大约为 2.25kWh/（m^2·a），远小于模拟得出的 9.3kWh/（m^2·a），主要原因可能是农村居民为了节省电费开支，实际供暖空调的时间要远低于模拟的设定值，显然这是以牺牲热舒适要求为代价的。随着经济的发展与农民生活水平的提高，农村居民对热舒适度的要求也必然会相应提高，如果维持农村住宅围护结构现有的热工性能不变，那么农村住宅能耗将会急速上升，因此农村建筑节能的重要性不容忽略。

9.2 安徽铜陵古圣村住宅能耗模拟及节能优化

2006 年 2 月农业部发布了《关于实施"九大行动"的意见》的文件，社会主义新农村建设示范行动是其第一个行动。通过示范作用，树立先进榜样，使今后新农村住宅建设能够在一定程度上得到借鉴与指导，同时结合各自村落资源特色，这比简单的指令式方法更为有效。因此，通过研究新农村示范点住宅的结构模型，分析其热工性能，从建筑能耗的角度，总结归纳出一些值得其他新农村住宅建设借鉴的方式方法。

基于实地调查的基础，选取典型建筑气候区的新农村示范点——安徽铜陵古圣村住宅进行模拟研究。该住宅位于夏热冬冷地区 III B 区，属于安徽省铜陵市郊区桥南办事处，位于铜陵大桥南岸，面积约 11km^2，人口 2317 人，辖 19 个居民小组。铜陵大桥和铜陵海螺企业在其范围内，铜都大道、京台高速公路穿境而过，如图 9-5 所示。

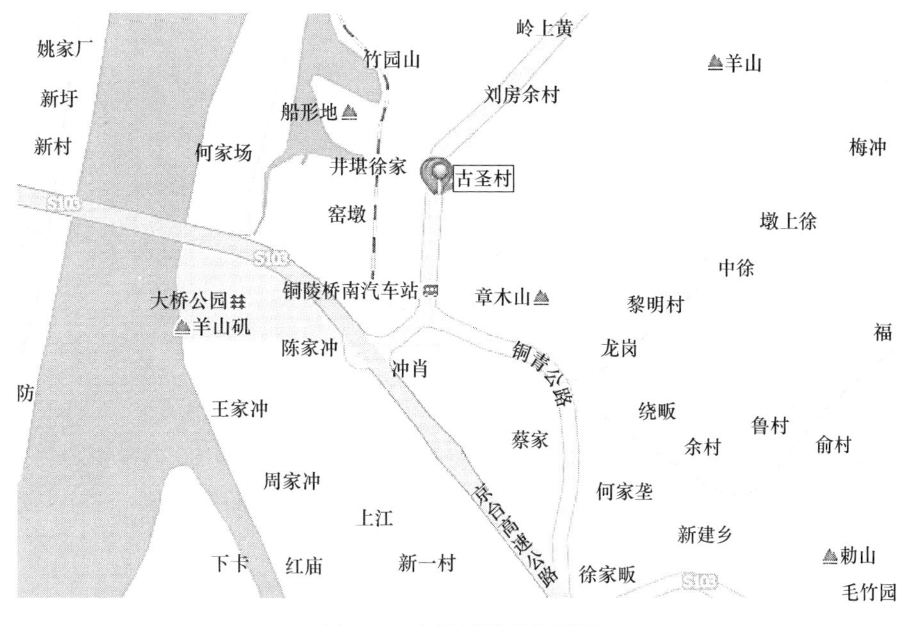

图 9-5　古圣村地理位置图

古圣社区的新农村建设是个较为成功的案例，服务于国家重点工程——铜陵市长江大桥的建设，属于全村整体迁移而择地新建的新农村住宅小区，所以直接化解了新农村建设中最棘手的资金来源问题。小区经过当地城乡设计单位统一规划设计，一期于 2003 年基本落成，之后陆续完成其他片区的建设。小区基本分为 3 种居住模式：2 层独栋别墅，2 层联排别墅，多层板式住宅，如图 9-6 所示，全村住宅均为现浇钢筋混凝土结构。

图 9-6　古圣村不同住宅类型图

(*a*) 独栋别墅；(*b*) 联排别墅；(*c*) 多层住宅

9.2.1　住宅平面

基于古圣村的实地调查结果，选取图 9-6 中的 2 层独栋别墅作为模拟研究对象，按照实际测量结果，绘制 CAD 平面图，如图 9-7 所示。住宅 1 层建筑面积 83m^2，层高 3.5m；2 层建筑面积 56m^2，层高 3m。1 层包含起居室、卧室、厨房、卫生间及车库（兼储藏室）；2 层包含 2 间卧室和 1 间卫生间，其中中间的卧室为主卧，安装有 1 台空调器。

9.2.2　住宅实际能耗模拟设置

空调系统采用家用分体式空调器，结合调查统计，设置二楼主卧为空调房间，面积 16m^2，空调运行设置为：夏季 7 月 ~8 月开启，空调设定温度 26℃；冬季 1 月份开启，空调设定温度 18℃，过渡季节采用自然通风。大堂、餐厅、次卧等房间均为非空调区域。根据图 9-7 建筑平面布局以及表 9-6 建筑围护结构材料和表 9-7 家电设备使用情况，运用 Design Builder 模拟软件进行建模及能耗计算。

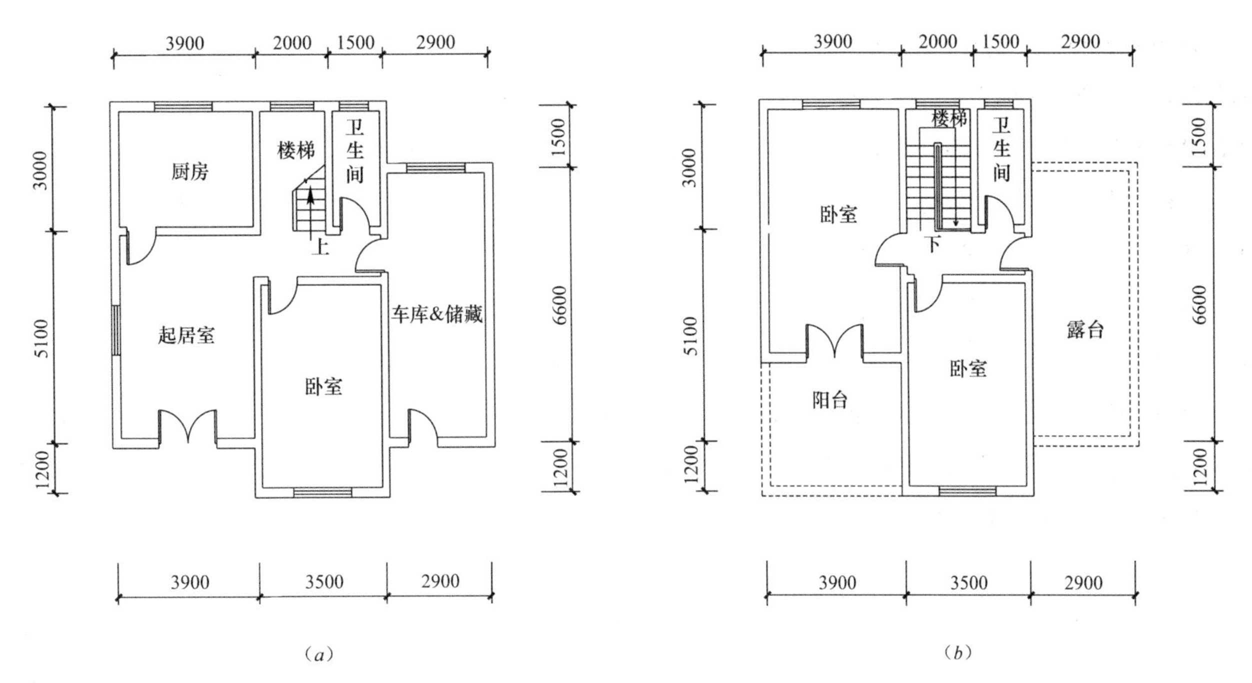

图 9-7 古圣村住宅建筑平面图

(*a*) 一层平面图；(*b*) 二层平面图

住宅围护结构参数表 **表 9-6**

围护结构	材料	传热系数（W/（$m^2 \cdot k$））
外墙	混凝土砌块 + 外墙瓷砖，双面抹灰	1.6
内墙	混凝土砌块 + 水泥砂浆	1.8
屋顶	水泥砂浆 + 现浇水泥板 + 瓦片	2.0
楼板	水泥砂浆 + 钢筋混凝土	3.1
外窗	单层玻璃窗，铝合金窗框	6.4

主要房间设备（除空调）、照明设置表 **表 9-7**

房间	次卧	主卧	厨房	起居室	卫生间	储藏室
照明指标（W/m^2）	1.6	2.5	1.5	2.0	3.3	1.6
设备功率指标（W/m^2）	0	9.4	17.0	6.0	32	0

9.2.3 实际能耗模拟结果分析

经由 DesignBuilder 计算，模拟所得住宅全年用电量为 961.6kWh，即 6.9kWh/m^2，用电量结构分布，如图 9-8 所示。在该住宅电耗结构中，空调（冬季供热与夏季制冷之和）能耗最大，为 434.0kWh（244.3+189.7=434.0），占该住宅全年总电耗 45.1%（25.4%+19.7% > 45.1%），且供暖耗电量高于制冷；其次是家电设备和照明用电，两者所占比例相近，分别为 26.6% 和 28.2%。

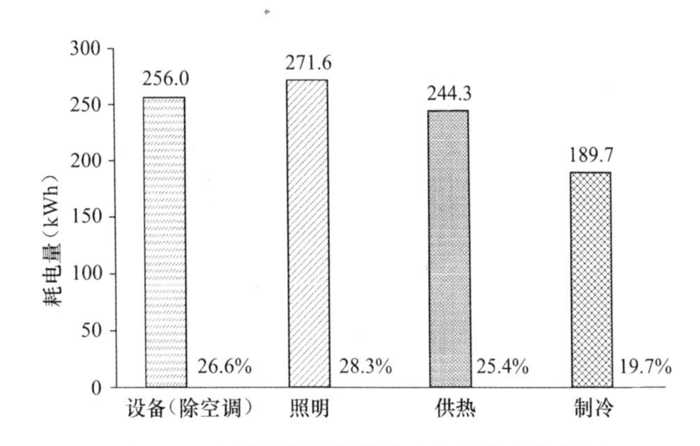

图 9-8 古圣村新农村住宅全年用电量分布图

进一步分析空调房间的负荷构成，古圣村新农村住宅模型的全年总负荷为931.5kWh，其中冷负荷为473.6kWh，冷负荷指标为29.6kWh/m²；总热负荷为457.9kWh，热负荷指标为28.6kWh/m²。空调逐日负荷统计，如图9-9所示，最大逐日热负荷为1月18日的20.35kWh，最大逐日冷负荷为8月5日的15.09kWh。

选取夏季8月5日的逐时冷负荷进行分析，包含围护结构（外墙、屋顶、外窗、内墙、楼板）、设备散热、太阳辐射等，如图9-10所示。由图可见，在空调房间的负荷构成中，设备散热相对于围护结构形成的负荷来说所占比例较小；在空调开启时间段（20:00~次日8:00），冷负荷较大的依次是外墙、地板、隔墙、屋顶负荷；照明总耗电量虽然较高（如图9-8，占住宅全年总用电量的28.2%），但其形成的负荷并不大，这主要与全年照明时间长，而空调时间段主要为睡眠时间，而一般此时不开灯，几乎没有照明负荷；由于空调时间为夜间及凌晨，所以外窗和太阳辐射在夜间所形成的直接负荷在此图中表现得并不明显，而白天（6:00~18:00）太阳辐射很大，使室内温度升高。

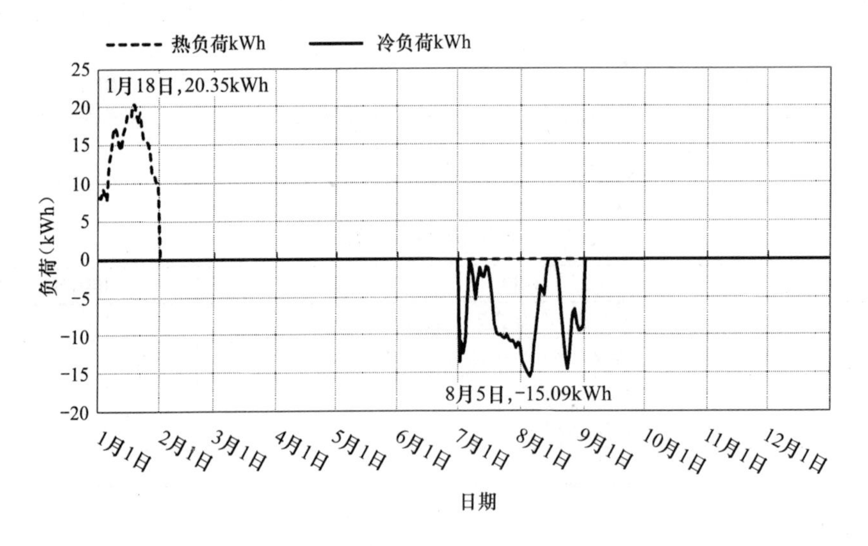

图9-9　空调房间逐日负荷分布图

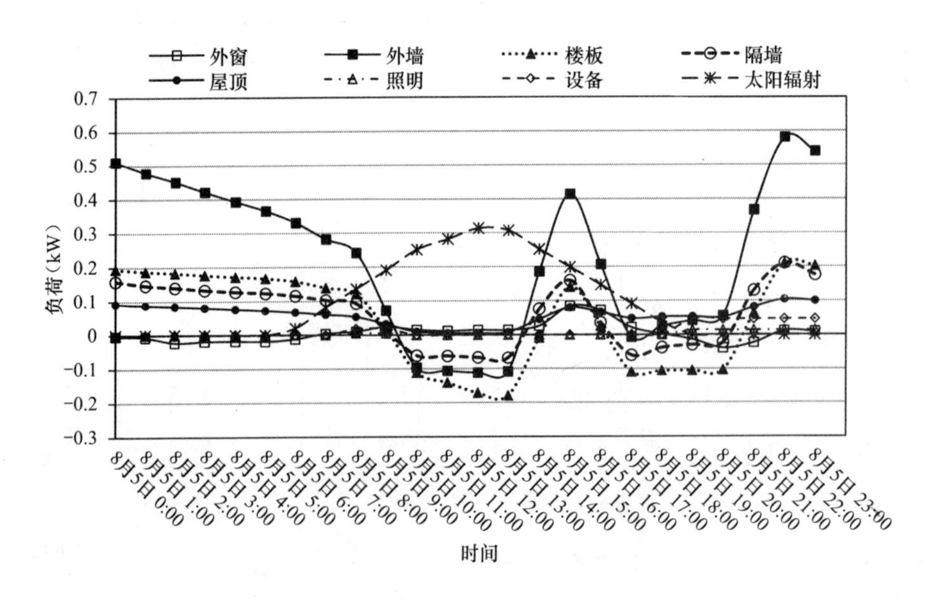

图9-10　8月5日空调房间逐时负荷分布图

9.2.4 外窗热工性能对能耗影响分析

为进一步研究分析外窗热工性能对空调负荷的影响，对模拟参数进行设置调整，增加夏季空调时间13:00~14:00，空调房间逐时负荷曲线，如图 9-11 所示。

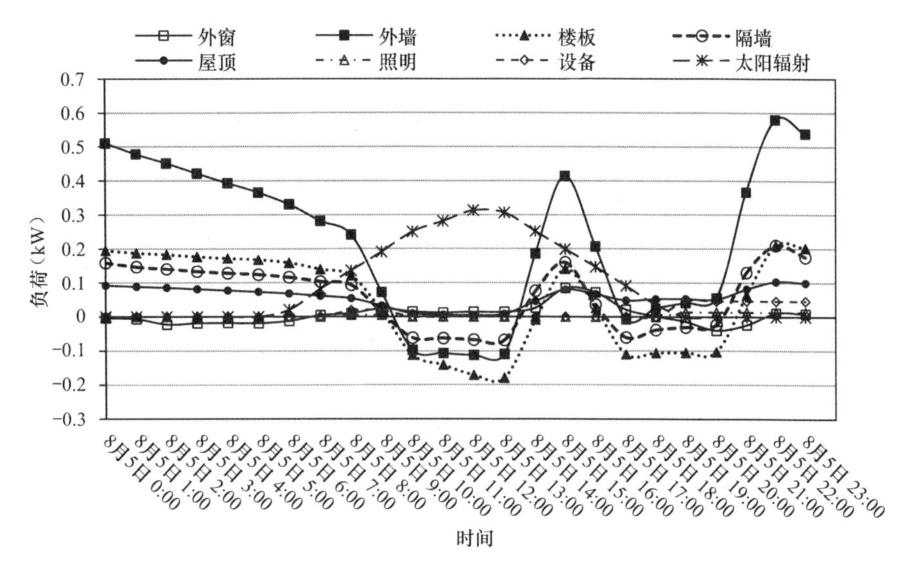

图 9-11　8 月 5 日空调房间逐时负荷分布图（夏季增加 2h）

对比图 9-10、图 9-11 可见，当增加了夏季白天的空调时间之后，围护结构的负荷曲线发生了明显的变化，在白天的空调时间段内，冷负荷最大的仍然是外墙，其次是太阳辐射。由此可见，虽然在夜晚及凌晨的空调时间段内，外窗形成的负荷不明显，但当白天开启空调后，外窗负荷（包括外窗传热和太阳辐射）却占了较大的比例，因此，外窗热工性能的好坏对于空调能耗存在较大影响。

遮阳系数（*SC* 值）和传热系数（*K* 值）是表征外窗的隔热性能与保温性能的重要指标，因此，改变外窗的这 2 项参数，见表 9-8 所示，并模拟分析由此带来的空调房间外窗逐时负荷的差异，如图 9-12 所示。

不同外窗类型参数表　　　　**表 9-8**

外窗类型	外窗玻璃材料	传热系数（W/（m^2·k））	*SC* 值
A	普通单层玻璃	6.4	0.93
B	单层绿色玻璃	6.4	0.65
C	单层 Low-e 玻璃	4.2	0.82
D	热反射玻璃	4.8	0.19

由图 9-12 可见，窗玻璃的选择直接影响到了外窗的特性：对比类型 A 与类型 B 的负荷曲线可知，在相同的传热系数下，*SC* 值的降低使得外窗负荷大大减小；随着外窗玻璃传热系数和遮阳系数的下降，外窗形成的冷负荷值逐渐减小，当采用 *K* 与 *SC* 值都较低的热反射玻璃时，如类型 D，外窗的冷负荷已经非常小。因此，在夏热冬冷地区需同时控制 *K* 值和 *SC* 值，以达到降低整体能耗的效果。在选择外窗玻璃的时候，可使用热反射玻璃以达到隔热作用，而为加强外窗的保温性能，需提高外窗热阻，降低传热系数。同时，选择适当的遮阳

方式，如外百叶遮阳等，对于降低窗户冷负荷也会有较好效果。

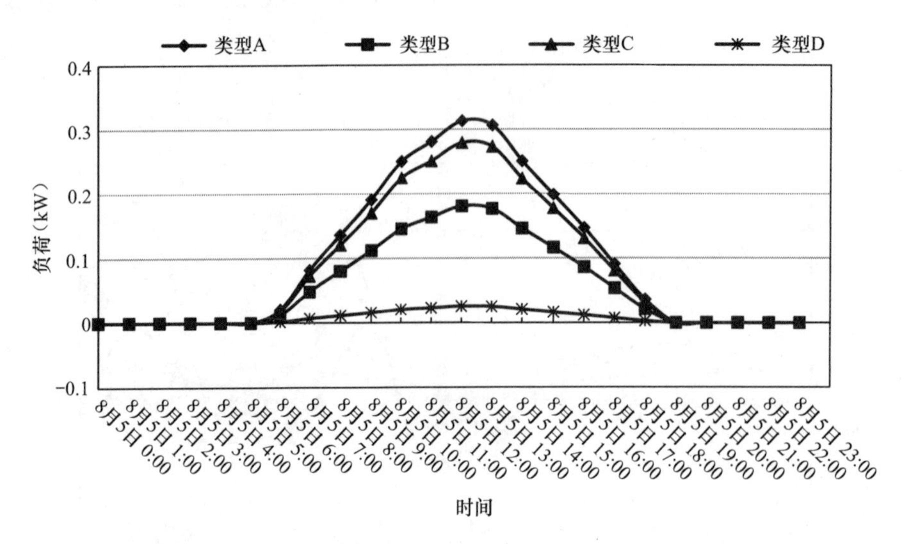

图 9-12　8 月 5 日空调房间外窗逐时负荷分布图（不同窗玻璃类型）

9.3　农村住宅自然通风潜力评估

自然通风作为一种利用自然资源而不依靠空调系统来保持舒适的室内热环境与空气质量的方式，对于建筑的节能研究与可持续发展一直是人们关注的重点。

自然通风潜力（Natural Ventilation Potential）是指建筑仅依靠自然通风就可确保室内热环境要求与可接受的室内空气质量的潜力。影响农村住宅自然通风潜力的因素主要包括建筑周围微气候、室内热环境期望值、建筑围护结构特性、农村住宅周边地貌等，噪声和大气污染等因素对农村住宅的影响相对较小基本可以忽略。国内外对自然通风潜力的研究方法可分为：多标准评估体系、气候适应性评估方法和有效压差分析法 3 种，主要从影响自然通风潜力的因素、建筑热平衡和自然通风驱动力 3 个角度来分析研究，研究对象多为城市的公共建筑与住宅建筑，而对于农村地区住宅自然通风的研究相对较少。本节采用建筑热平衡方程，通过修正典型气象年参数并根据自然通风的基本原理计算出实时通风量，提出了适用于农村住宅自然通风潜力的计算方法，同时选取 10 个地区的农宅进行对比分析，以期为农村住宅的可持续发展提供参考。

9.3.1　自然通风潜力分析方法

1．研究现状

建筑的自然通风潜力的影响因素主要包括建筑的周边环境（如：室外气象参数、环境噪音、室外空气质量、周边地貌、建筑群分布等）、建筑本体结构（围护结构热工性能、通风口面积及大小、建筑朝向、室内热源、室内污染源等）以及对室内舒适性的期望值（室内热环境、室内空气质量等），不同类型建筑的自然通风潜力影响因素也略有差别，其对应的分析方法也有所不同。国内外一般通过实验法（模型实验法、示踪气体测量法与热浮力实验模型法）和理论研究法（经验法、多区域网络模型法、区域模型法与 CFD 法）对自然通风潜力进行研究。对于自然通风潜力分析方法的研究国外处于起步阶段，而国内的研究相对而言也不多，自然通风潜力的设计也缺乏相关的法规与标准，对应的分析各个地区的自然通风潜力也缺少准确的基础数据和资料，使得很多建筑物的设计和使用相背离，很多建筑在设计时也并未利用当地比较丰富的自然通风潜力。由此有必要分析研究不同气候条件下的自然通风潜力，为相关的设计人员提供参考。

目前国内外对自然通风潜力的研究方法可分为：多标准评估体系、气候适应性评估方法和有效压差分析法3种，以下对这几种分析方法进行简单的介绍。

2．分析方法

（1）多标准评估体系

多标准评估体系是指针对自然通风潜力的分析提出多个评估标准，自然通风除了需要保证有足够的自然通风量还需要考虑空气污染、环境噪音等其他因素，评估体系包括室外气象参数（宏观风速风向分布、宏观温度分布、太阳辐射、室外空气湿度）和城市标准（微观风速风向分布、微观温度分布、建筑规划、建筑高度、城市地貌指标、室外噪声与污染），并需要采用GIS地理信息系统工具。通过输入建筑的地理位置信息并选定各影响因素的权重系数来确定该建筑的自然通风潜力。

该方法能帮助设计者判断某地区是否能修建具有良好通风的建筑或者改建后的建筑通风能否有所改善，对于新建建筑对当地通风性能的影响需要再重新分析；由于评估标准对于权重系数的选取、地理信息的获取都存在一定的难度，其实践应用性有待讨论。

（2）气候适应性评估方法

气候适应性评估的自然通风潜力分析方法是指利用建筑热平衡原理，并对建筑性能作一定的简化之后得到自然通风潜力分析的模型，其具体的分析方法可以分为美国商业建筑的自然通风分析方法、自然通风度日数法以及可进行自然通风设计分析的气候设计方法。

美国商业建筑的自然通风潜力方法根据热平衡原理，室内总得热量等于总失热量，忽略建筑的蓄热性，假设其绝热性能良好，室内主要通过通风传递热量，从而获得稳态模型。通过建筑内部的得热量与通风换热率（满足室内舒适要求的最小通风量与空气比热的乘积）之比得到自然通风下的室内外温差值，在设定建筑内部得热量为一定的数值之后，根据建筑对室内舒适区的要求确定通风时的室内空气温度范围，由此计算出对应的可进行自然通风的室外空气温度范围值，再根据当地的室外气象参数来判断自然通风的小时数与全年时间之比，其比值越大表明该地区的同类型建筑自然通风潜力就越大，可通过自然通风就能达到室内热舒适要求的全年可利用时间就越多。

自然通风度日数法也是根据建筑热平衡原理，不同于美国商业建筑的自然通风潜力方法的是，该方法是根据建筑供热或制冷的室内设定温度得到需要供冷或制冷对应时的室外气象参数平衡点（主要为空气温度值），高于制冷平衡点温度或者低于供热平衡点温度则需要采用辅助措施达到室内的舒适度要求，而当室外的气象参数在两个平衡点之间时，建筑就可进行自然通风。自然通风度日数的计算方法为适合自然通风区间的温度数与对应的可通风的天数的乘积之和。根据当地的气象数据就可计算获得建筑对应的自然通风度日数，因该方法在进行模拟分析时忽略了周边地形、外界风速风向等因素，可对建筑进行粗略的自然通风潜力分析。

建筑气候设计方法是一种从人体热舒适角度出发分析当地气候特征，并给出具体的建筑设计原则和技术措施的系统分析方法，该方法基于低能耗建筑的设计原则，以当地典型气候参数为设计依据，针对不同的温度振幅及水蒸气压力组成的环境条件，把利用自然通风或夜间通风、降低室温、蒸发散热以及太阳能利用或者采暖空调等方法调节的适用范围，同时表示在一个图表上构成建筑－气候设计分析图。通过确定自然通风等方式对应的舒适区范围并表示在对应的图或者表上，并根据室外的气象参数可以获得能通过自然通风达到室内热舒适的全年小时数比例。目前常用的建筑气候设计方法有：Olgyay 生物气候图法、Givoni 建筑－气候图法、Arens 新生物气候图法、Mahoney 列表法、Watson 建筑－气候图法、J. Evans 热舒适三角图法；对应的有以 Givoni-Milne 和 Watson 建筑气候图法为依据的 Climate Consultant 4 软件进行简单的建筑气候设计分析。

以上几种对自然通风潜力气候适宜性的分析方法，通过比较可以发现美国商业建筑的自然通风潜力方法与自然通风度日数法的基本原理均是从舒适性要求出发得到房间温度范围，基于房间热平衡分析，得到自然通风室外气象条件要求，进而对通风潜力进行评估；而建筑气候设计方法则可以针对当地气候提出适宜的建筑设计方案，但针对自然通风的建筑给出的室外气候分析指标和建筑设计具体措施之间的关系、确定室内热舒适的范围还有待讨论。

（3）有效压差分析法

有效压差分析法是根据自然通风的基本理论，采用简单的两参数回归模型来计算有效压差，表示为室内外温差和风速的函数。通过典型气象数据计算出有效压差并比较建筑所需的最小压差，当有效压差大于所需最小压差即可进行自然通风，因而得到建筑的自然通风潜力，该方法在计算有效压差时将其值为热压与风压的叠加之和，这与实际情况下热压与风压共同作用的结果有一定的偏差，可对之进行修正之后再进行自然通风潜力的分析讨论。

以上几种自然通风潜力的分析方法主要从影响自然通风潜力的因素、建筑热平衡和自然通风驱动力 3 个角度来分析研究，在进行建筑的自然通风潜力分析时可针对不同的建筑类型来进行比较选择较佳的分析方法。需要指出的是对于自然通风潜力的分析需注意以下几点：

1）建筑气候作为自然通风潜力最重要的影响因素，分析时必须具备建筑所在地典型气象年数据或者以往 30 年的有效气象数据（室外空气干球温度、相对湿度、风速风向分布、太阳辐射量等）。

2）对位于不同位置的建筑需要对气象参数进行适当的修正。

3）人对室内热环境的要求将直接影响适用自然通风的室外空气温度范围，因此需确定合理的不同类型建筑的室内热舒适范围值。

4）当室外环境温度过高或者过低时不宜进行自然通风，需确定对应的环境温度点。

9.3.2 农村住宅的自然通风潜力评估方法

鉴于农村住宅一般都是位于山野乡间，周边噪声和大气污染等因素对农村住宅的影响较小可忽略。因此可认为影响农村住宅自然通风潜力的因素主要包括建筑周围微气候、室内热环境期望值、建筑围护结构特性、农村住宅周边地貌等；农村住宅的构建形式相对较简单且室内外的气候状况相差不大，由此作者以建筑热平衡方程为基本原理，通过修正典型气象年参数并根据自然通风的基本原理计算出实时通风量，对农村住宅自然通风潜力的分析方法进行分析和讨论。

1．农村住宅模型

根据第八章关于农村住宅的调查结果，现有的农村住宅常见形式为 2 层独栋住宅（约为 50%），因此简化农宅模型为：四周空旷的 2 层平屋顶住宅，建筑朝向为坐北朝南，南北方向各有两个对称大通风口，如图 9-13 所示，其开口面积 $A_1=A_2=A_3=A_4=10m^2$，2 层开口间距 $H_1=2.5m$；建筑尺寸（长 × 宽 × 高）18m × 9m × 7m，建筑内居住人数为 7 人。

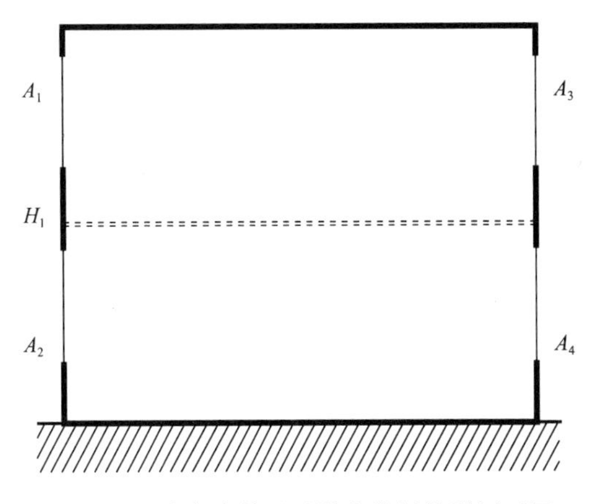

图 9-13　农宅自然通风潜力分析模型剖面图

2．建筑热平衡与实时自然通风量

（1）建筑热平衡方程

根据建筑热平衡方程，建筑得热量减去散热量等于建筑蓄热量，忽略楼层间热传递并假定建筑内部空气温度相同，可得到下式：

$$(q_s+q_{cov}+q_f+q_{hvac})A-KA_f(T_i-T_o)-\rho cq(T_i-T_o)=\rho cV\frac{dT_i}{d\tau} \tag{9-1}$$

式中：

q_s、q_{cov}、q_f、q_{hvac}——分别为太阳辐射得热量、室内热源对流换热量、炊事等辐射换热量和空调设备送入房间热（冷）量，W/m^2；

A——底层建筑面积，m^2；

A_f——围护结构的面积，m^2；

K——围护结构传热系数，$W/m^2·°C$；

T_i-T_o——室内外的空气温度差，°C；

T_i——室内空气温度，°C；

T_o——室外空气温度，°C；

$\rho cq(T_i-T_o)$——房间在风压和热压共同作用下的通风散热量，W；

ρ——空气密度，kg/m^3；

c——空气的定压比热容，J/kg·°C；

q——风压与热压共同作用下的实时通风量，m^3/s；

$\rho cV\frac{dT_i}{d\tau}$——建筑的蓄热量，W；

V——室内体积，m^3。

对于农村住宅，不考虑空调的热（冷）量并且假设建筑蓄热量很小而忽略不计，则$\rho cV\frac{dT_i}{d\tau}=0$，$q_{hvac}=0$，令 $q_i=q_s+q_{cov}+q_f$，对公式（9-1）整理有：

$$T_o=T_i-\frac{q_iA}{KA_f+\rho cq} \tag{9-2}$$

（2）风压、热压共同作用下的自然通风量计算

关于风压和热压共同作用下的通风量与二者单独作用下通风量之间的关系，目前并没有形成统一的认识，作者采用 Walker 与 Wilson 的计算方法：$q=\sqrt{q_w^2+q_s^2}$ 作为风压与热压共同作用下的通风量，其中 q_w、q_s 分别为风压、热压单独作用下的通风量。

农宅模型的通风口为对称的大开口通风，对于风压单独作用下的通风量可用下式计算：

$$q_w=C_dA_w\upsilon(\Delta C_p)^{1/2}=C_dA_w\upsilon|C_{ps}-C_{pn}|^{1/2} \tag{9-3}$$

式中：

A_w—— 风压作用下的有效通风面积，m^2，$1/A_w^2=1/(A_1+A_2)^2+1/(A_3+A_4)^2$；

C_d—— 流量系数；

υ—— 建筑所在地的风速，m/s；

C_{ps}、C_{pn}、ΔC_p —— 分别为模型南、北向开口处的风压系数以及二者之差。

对于热压（浮力）单独作用下的通风量可采用下式计算：

$$q_b=C_dA_b\sqrt{2gH_1\frac{|\Delta T|}{(T_o+T_i)/2}} \tag{9-4}$$

式中：

A_b——热压作用下的有效通风面积，m^2，$1/A_b^2=1/(A_1+A_3)^2+1/(A_2+A_4)^2$；

H_1——上下开口的间距，m。

根据式（9-3）、（9-4）可计算风压、热压共同作用下的实时通风量为：

$$q=C_d\sqrt{A_w{}^2v^2\Delta C_p+4gH_1A_b^2\Delta T/(T_o+T_i)} \tag{9-5}$$

（3）农村住宅的风速转化与风压系数 C_p 的取值

对于农村住宅自然通风潜力的计算，需要用到各地典型气象年中的逐时风速、风向与空气温度数据，另外需要将气象站的风速 υ' 转化为住宅所在地的风速 υ，同时根据风向数据确定风压系数。采用中国标准气象数据（Energy Plus 的 CSWD 数据），并由计算公式：

$$\upsilon=\upsilon'\alpha(H/10)^{\gamma}/[\alpha'(H'/10)^{\gamma'}] \tag{9-6}$$

式中：

α、γ——农宅周边的地形系数；

α'、γ'——气象站的地形系数；

H——建筑高度，m。

风速转化的地形系数表 **表 9-9**

地形	海或湖（至少 5km 宽）	郊区（分隔开的遮挡物）	农村（低层建筑或树）	城市、工业区或者森林	市中心
α	0.10	0.15	0.20	0.25	0.35
γ	1.30	1.00	0.85	0.67	0.47

对于不同的建筑，风向系数 C_p 的取值有很大的差别，文中讨论的模型的风向系数的取值，见表 9-10 所示，θ 为风向与北面墙的顺时针夹角。

低层建筑 C_p 的取值 **表 9-10**

地形	墙	θ							
		0°	45°	90°	135°	180°	225°	270°	315°
空旷	N	0.5	0.25	-0.5	-0.8	-0.7	-0.8	-0.5	0.25
	S	-0.7	-0.8	-0.5	0.25	0.5	0.25	-0.5	-0.8
	E	-0.9	0.2	0.6	0.2	-0.9	-0.6	-0.35	-0.6
	W	-0.9	-0.6	-0.35	-0.6	-0.9	0.2	0.6	0.2
阻挡物为建筑的 0.5H	N	0.25	0.06	-0.35	-0.6	-0.5	-0.6	-0.35	0.06
	S	-0.5	-0.6	-0.35	0.06	0.25	0.06	-0.35	-0.6
阻挡物为建筑的 1H	N	0.06	-0.12	-0.2	-0.38	-0.3	-0.38	-0.2	0.12
	S	-0.3	-0.38	-0.2	-0.12	0.06	-0.12	-0.2	-0.38

3．自然通风最小通风量的计算

为满足住宅内人和稀释室内污染物对新风的要求而确定最小通风量，目前国内对于农村住宅并无最小通风量的相关标准与规范，根据 ASHRAE 62.2P 标准，住宅的最小通风量可按下式计算：

$$q_r=0.0075\times N+0.0001\times A_f \quad (9\text{-}7)$$

式中：

N——室内人数；

A_f——室内面积，m^2。

4．室内可接受温度的确定

对于采用自然通风的建筑，室内人员对室内空气温度的可接受范围与空调环境下有明显不同。ASHRAE55 标准对自然通风条件下的热舒适评价采用适应性模型：

（1）80% 可接受率的室内空气操作温度范围

$$T=14.3\sim21.3+0.31\times \text{室外月平均温度} \quad (9\text{-}8)$$

（2）90% 可接受率的室内空气操作温度范围

$$T=15.3\sim20.3+0.31\times \text{室外月平均温度} \quad (9\text{-}9)$$

该模型的基础源自涉及了 36 个国家和地区不同气候条件、不同种族和不同生活习惯的人群对热舒适主观感觉的调查的研究计划 ASHRAE RP-884，具有一定的适用性，作者采用 ASHRAE55 标准关于自然通风条件下 80% 可接受温度区间值作为农村住宅室内空气温度的期望值，当室外月平均温度低于 10℃时按室外月平均温度为 10℃来计算（因适应性模型的适用室外月平均温度下限值为 10℃）。根据典型年的气象参数中每个月的室外空气干球温度可以计算出对应的室内可接受温度区间值。

5．自然通风小时数的计算

当室外空气温度过低或者过高时若采用自然通风会严重影响室内人员的热舒适，假定室外空气温度低于

10℃或者高于30℃时自然通风不再适用，实际上对于南方地区冬季农户在白天都会开窗通风，北方地区则由于室内外温差较大，自然通风会增加住宅热负荷因而一般不开窗。因此当在风压和热压共同作用下的通风量大于最小通风量时，为可利用的自然通风潜力小时数；当满足通风量要求的同时，室外环境温度在自然通风室外空气温度的计算区间内时，则认为此时的自然通风潜力为有效自然通风潜力，其计算公式为：

$$D_{hour}=\sum_{i=1}^{n} h$$

$$h=\begin{cases} 1,\ T_{omin} \leqslant T_o \leqslant T_{omax},\ q > q_n,\ 10℃ < T_o < 30℃ \\ 0,\ 其他 \end{cases} \tag{9-10}$$

式中：

T_{omin}——根据式（9-2）计算出的对应的室外空气温度的最小值；

T_{omax}——根据式（9-2）计算出的对应的室外空气温度的最大值。

9.3.3 农村住宅自然通风潜力分析

选取全国5个建筑气候区中的广州、北京、成都等十个地区进行计算分析，利用各地的典型气象年室外气象参数分别统计出月平均温度、风速与风向的全年变化分布情况。其中计算涉及到的参数取值为：q_i=20W/m^2，C_d=0.61，ρ=1.2kg/m^3，K=2W/(m^2·℃)，H_1=2.7m，c=1.0J/(kg·℃)，α=0.15，γ=1.0，α'=0.2，γ'= 0.85，A_f=162m^2，N=7人。

图9-14给出了10个地区农村住宅的可利用自然通风潜力小时数与达到80%可接受率室内温度范围内的自然通风潜力小时数（即有效自然通风潜力），从图可见各个地区全年可利用的自然通风潜力相差较大，其中海口地区的农宅可利用自然通风小时数高达7760h，占全年总时间的88.6%；而全年有效自然通风潜力最高的地区为昆明，其有效自然通风潜力小时数达到4420h，超过了全年一半的时间；有效自然通风潜力小时数最小为哈尔滨地区，占全年总时间的21.4%；总体上南方地区农村住宅的自然通风潜力明显高于北方地区，气候越温和的地区有效自然通风潜力越大。

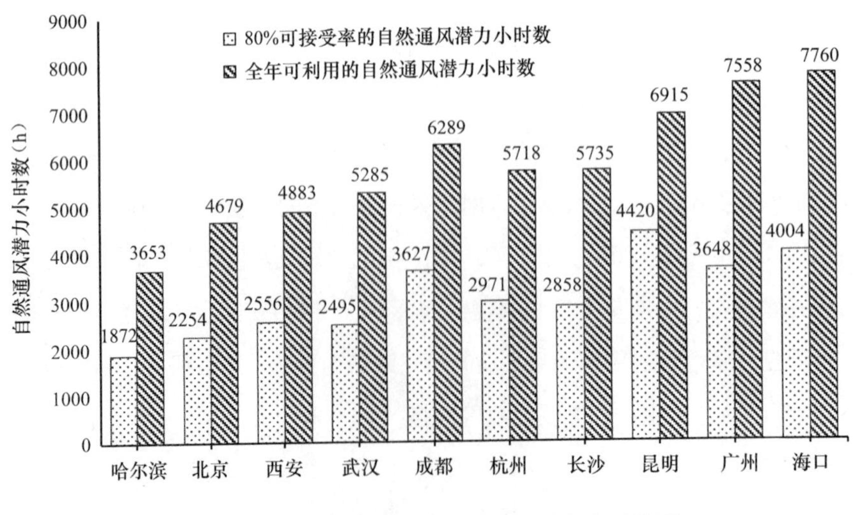

图9-14　不同地区农宅的自然通风潜力小时数图

图 9-15~ 图 9-19 为 5 个典型气候区的月自然通风潜力小时数与对应的室外空气温度范围分布图，可以发现对于严寒和寒冷气候区，如哈尔滨、北京等冬季室外空气温度比较低的地区，在冬季是不宜采用自然通风的，全年自然通风时间主要集中在过渡季节和夏季；对于夏热冬冷地区的成都，在过渡季节和夏季的部分时间通过自然通风可以达到可接受的室内热环境，冬季则可以根据室外气候状况进行适度的自然通风；而对于广州和昆明等比较暖和的地区，全年超过一半的时间可以利用自然通风，广州地区在 4 月、11 月的自然通风潜力小时数值最大，昆明地区的全年自然通风时间主要集中在夏季，对应可进行自然通风的室外空气温度变化趋势相对其他地区较为平稳。

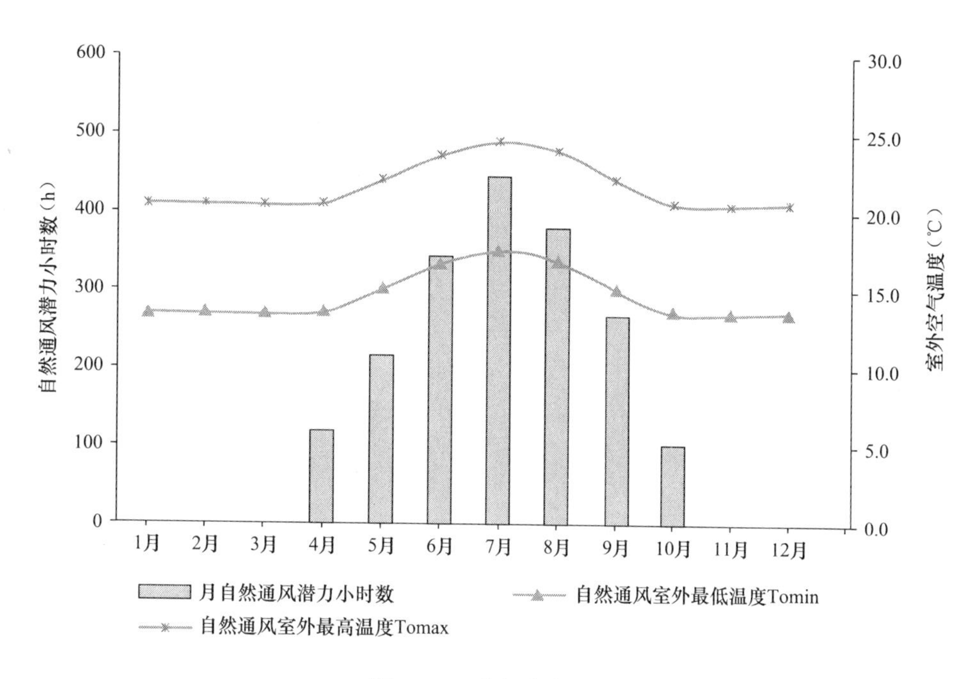

图 9-15　哈尔滨地区图

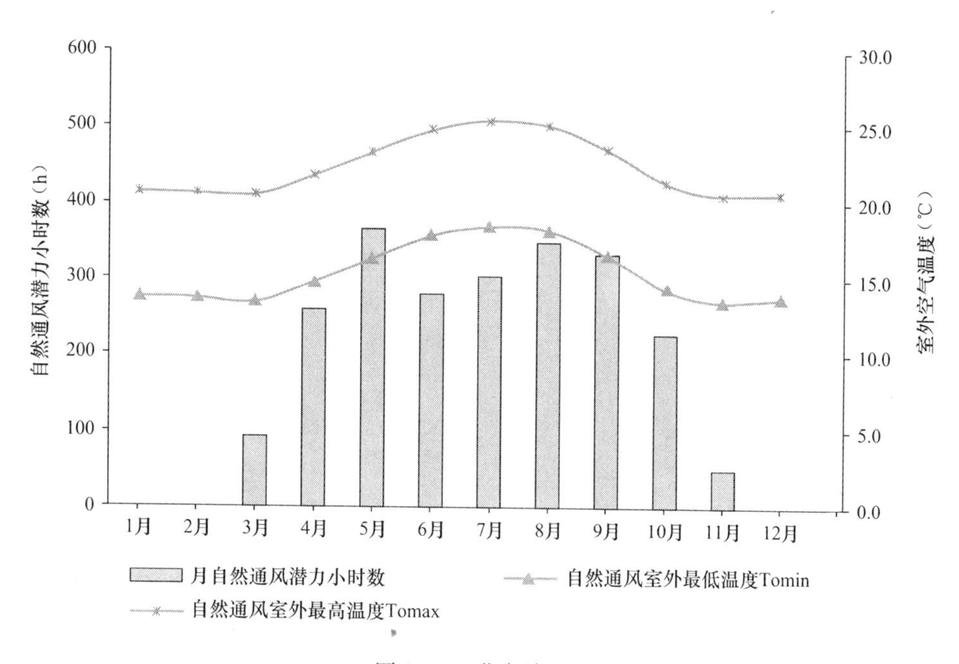

图 9-16　北京地区图

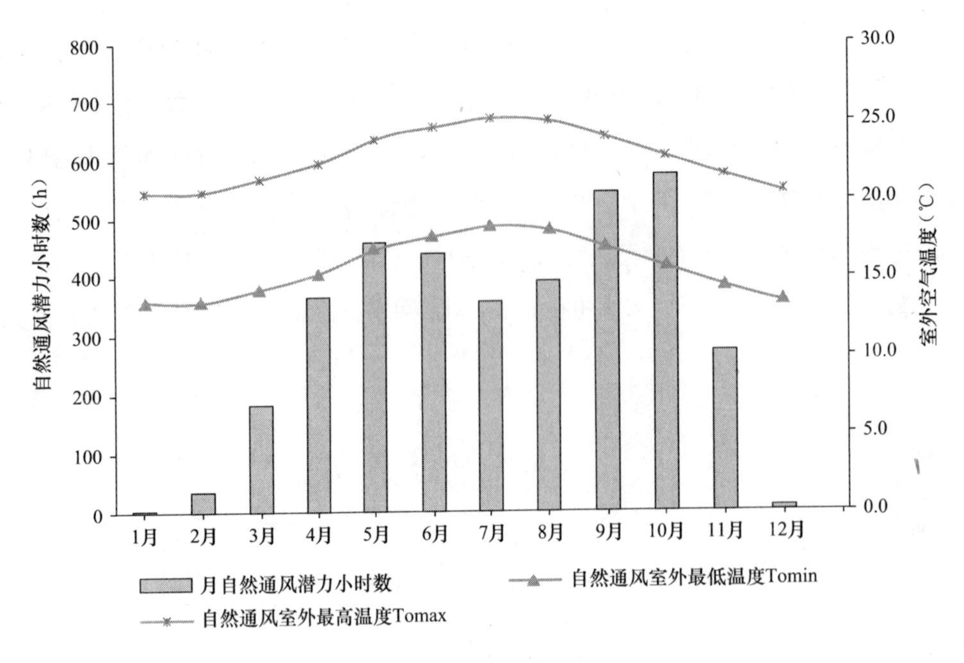

图 9-17　成都地区图

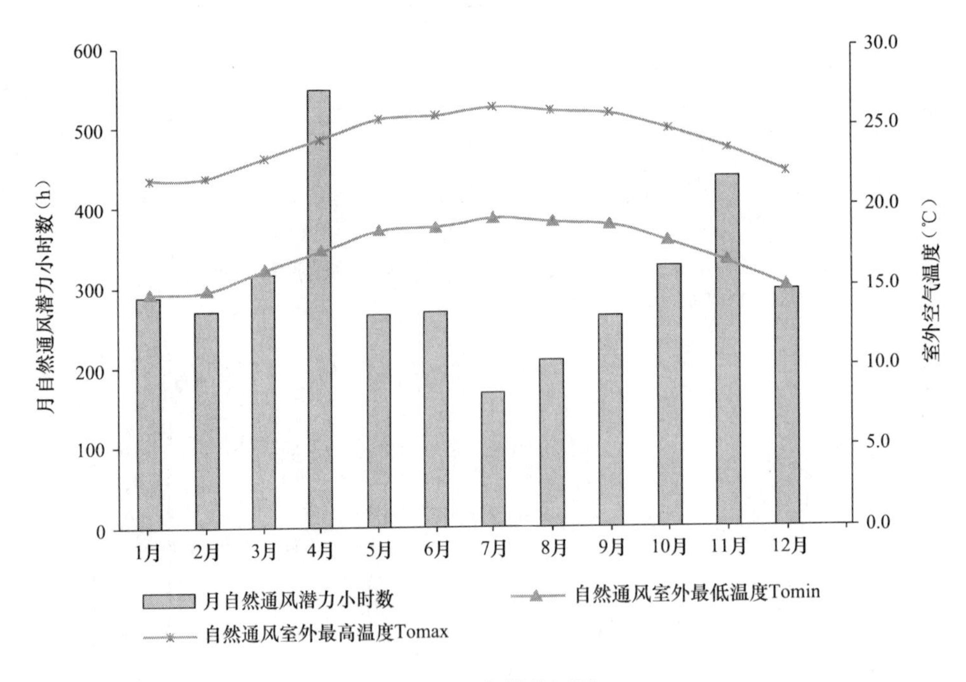

图 9-18　广州地区图

9.3.4 影响因素分析

1. 室内可接受温度范围的影响

不同的室内可接受空气温度要求对农宅自然通风潜力产生很大的影响。从图 9-20 可以看出当室内可接受温度从 80% 可接受率变为 90% 可接受率时，各个地区的自然通风潜力小时数明显减少，其中变化最大的为海口地区；而当室内空气温度按照空调房间的舒适区间来设定时，各地的自然通风潜力小时数减小了一半以上，可见居住者对室内空气温度的可接受范围是自然通风潜力的重要影响因素。

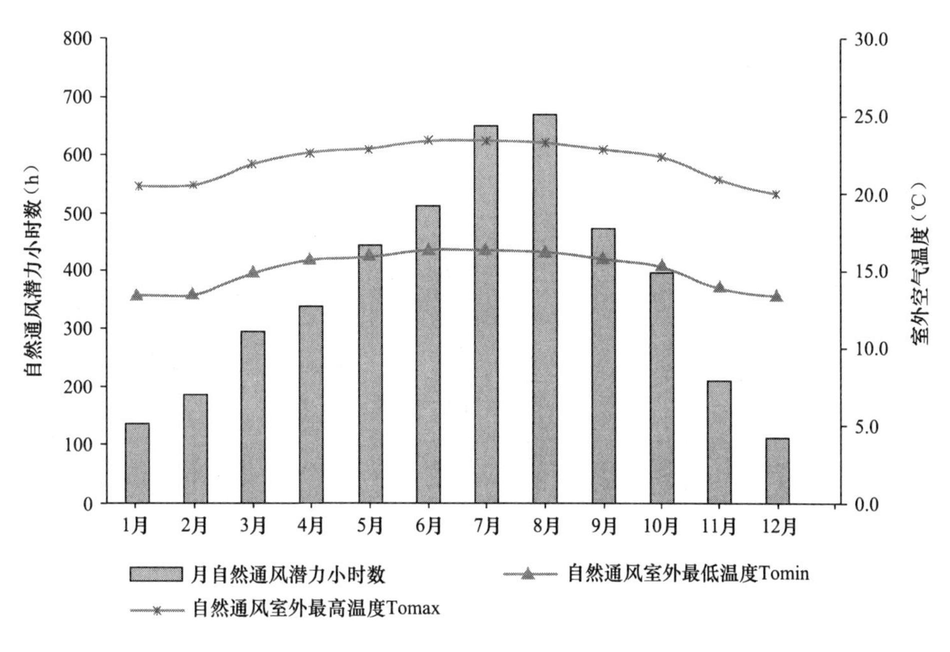

图 9-19　昆明地区图

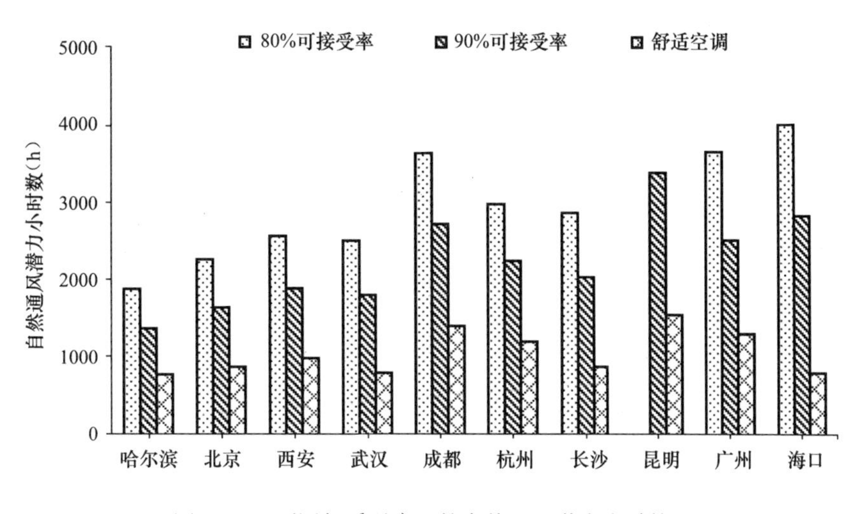

图 9-20　不同舒适温度下的自然通风潜力小时数图

2．不同朝向和建筑周围环境的影响

图 9-21 与图 9-22 分别为建筑朝向和周围阻挡物对自然通风潜力的影响。从图 9-21 可以看出建筑朝向对自然通风潜力的影响很小，这意味着当农宅得热量变化不大的情况下可以根据周围的具体地形而选择建筑朝向；另一方面，一般农宅周围会种植一定的树木或者有邻近的住宅等遮挡，通过修正风向系数 c_p 来反映建筑周边遮挡物对自然通风潜力的影响，图 9-22 说明周围的遮挡物对自然通风潜力几乎没有影响。其原因在于周围遮挡物仅影响风向系数进而改变风压作用下的通风量但对热压作用下的通风量并无影响，而风压作用下的通风量与热压作用下的通风量值相比较小，因而建筑周边遮挡物对农村住宅自然通风潜力小时数影响也相对较小。

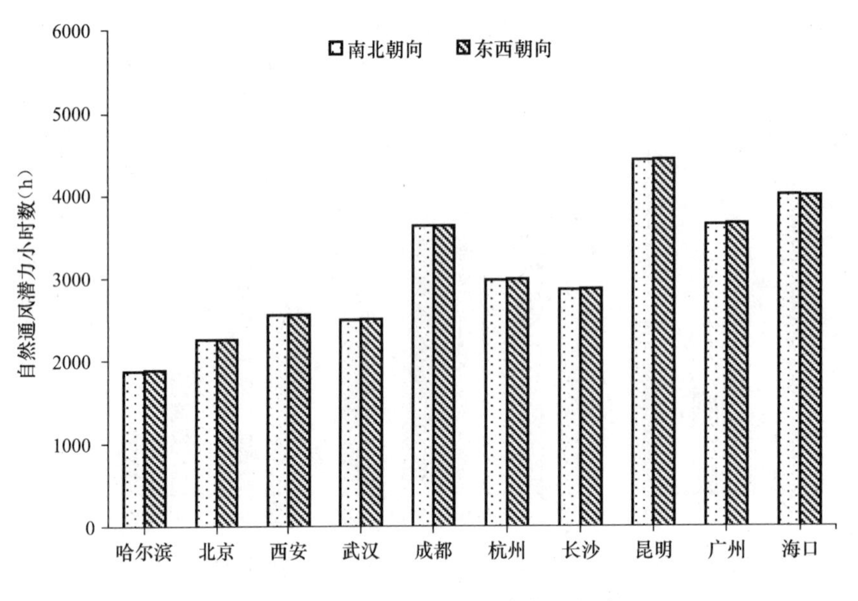

图 9-21　不同朝向的自然通风潜力小时图

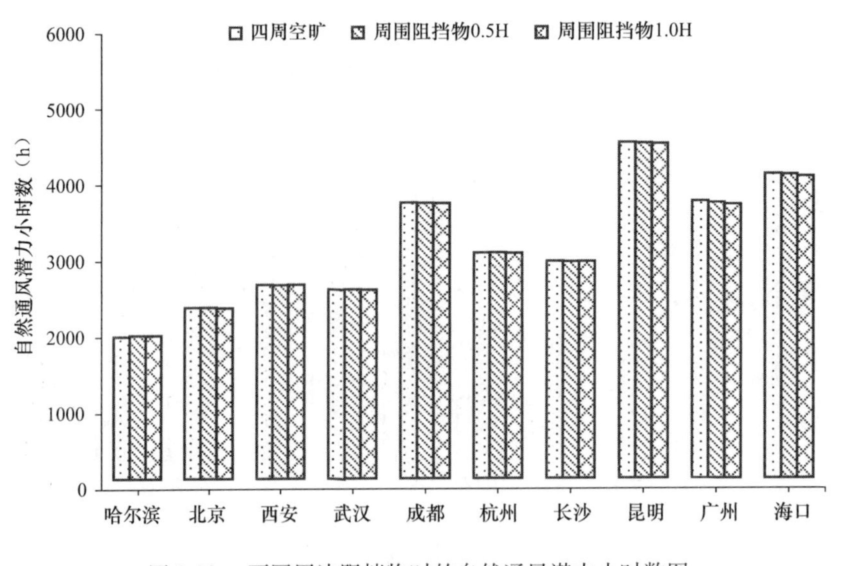

图 9-22　不同周边阻挡物时的自然通风潜力小时数图

3．不同得热量的影响

对于不同的地区，建筑得热量对自然通风潜力的影响变化规律是不同的（见图 9-23）。广州和海口地区随着建筑得热量的增加而迅速减小；而昆明地区的农宅在得热量为 30W/m^2 时达到最大，且变化幅度比较大；其他 7 个地区除武汉的自然通风潜力为逐渐减小外，其余地区均为先增加后减小，且变化幅度相对较小。这与当地的建筑气候紧密相关，当农村住宅仅依靠自然通风来满足室内可接受的热环境时，由室外内温差形成的热压通风是带走房间得热量的主要方式，因此当室内可接受空气温度确定时，室外空气温度的分布就成为影响农宅自然通风潜力的主要因素。

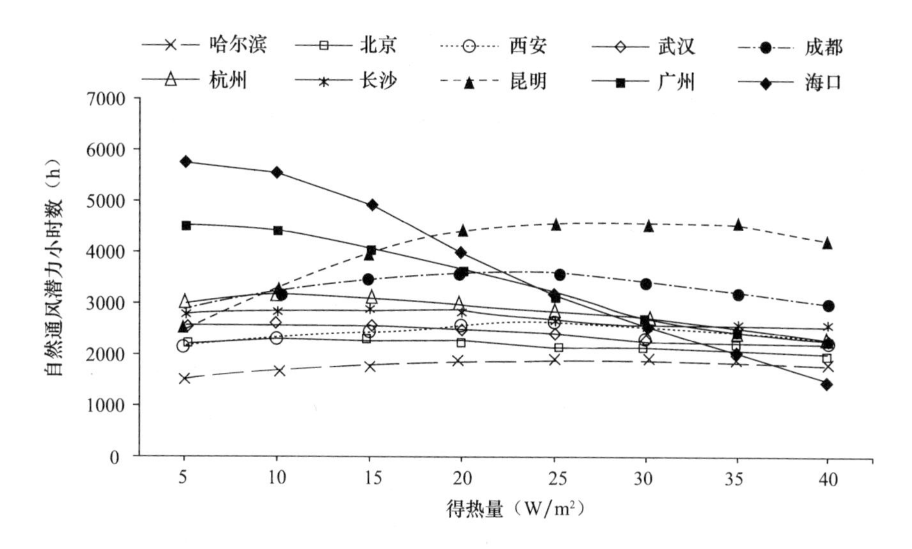

图 9-23　不同得热量下的自然通风潜力小时数图

第十章
使用Real Bin法进行村镇住宅能耗预算

建筑物能耗分析方法很多，根据数学模型不同，可将计算方法分为2大类：一类是建立在稳定传热理论基础上的静态能耗计算法，另一类是建立在不稳定传热理论基础上的动态能耗模拟法。静态法的优点是简单，对于通常的工程设计来说，一般只需知道整个建筑物或单位建筑面积在一个采暖期内的耗热量，并不需要详细掌握热耗随时间变化的具体情况，因此在实际工程运用，特别是能耗估算中被广泛采用。然而静态法的最大缺陷是由于其考虑的因素比较简单，往往会造成计算结果与实际情况有较大偏差。

动态模拟法的优点是对各种影响因素考虑较细，得出的结果也比较准确。其缺点是使用计算机软件建模比较复杂，只有经过一定专门训练的人员才能较好应用该方法。另外动态模拟法参数设定比较繁琐，需要具备较深的专业基础知识与专业知识，操作过程容易出错，如果参数设置稍有不慎，就可能造成模拟结果非常不准确。

为了简单、快速预估农村住宅的能耗，为建筑师在方案设计阶段提供依据，作者开发了Real Bin法进行村镇住宅的能耗预算。

10.1 Real Bin法的建立

10.1.1 Real Bin法的基本思想

在总结前人宝贵研究成果以及经验的基础上提出了“真实的Bin方法（Real Bin法）”，以应用于我国村镇住宅能耗预算。Real Bin法建立在修正的Bin法（Modified Bin）基础上，是对Modified Bin的一个修订和补充。

Real Bin在如下4个方面与Modified Bin采用相同的处理手段：

（1）负荷计算前进行必要的负荷区域划分。

（2）传导负荷中由温差引起的稳定传热负荷与Bin干球温度呈线性关系。

（3）内部负荷的计算。

（4）渗透风、新风负荷中显热负荷的计算。

但是Real Bin与Modified Bin又存在如下一些关键的区别：

（1）认为透过玻璃窗的日射负荷与Bin干球温度相对独立，不存在线性关系。

（2）认为通过不透明围护结构由日射引起不稳定传热与Bin干球温度相对独立，不存在线性关系。

（3）认为渗透风、新风潜热负荷计算中的含湿量并不是直接由Bin干球温度决定，二者之间也是相对独立的。

10.1.2 Real Bin法对干球温度、含湿量，及太阳辐射的处理

在处理Modified Bin法3个缺陷的问题上，Real Bin法引用CTYW（Chinese Typical Year Weather，中国

典型气象年）气象数据（如：上海 CTYW 2005 年 1 月 2 日关键气象数据，见表 10-1 所示），计算获得中国主要城市逐时 Bin 干球温度、Bin 含湿量，以及太阳辐射在各朝向（主要是水平向和竖直面的 8 个朝向）的逐时投射强度。

上海 CTYW 2005 年 1 月 2 日关键气象数据表 表 10-1

地点	纬度	经度	时区			
上海 / 上海	31.4	121.5	8			
Date	HH:MM	DryBulb	DewPoint	Global Horizontal Radiation	Direct Normal Radiation	Diffuse Horizontal Radiation
日期	时：分	干球温度	露点温度	地内水平辐射	直射辐射	散射辐射
(YYYY-M-D)	(HH:MM)	℃	℃	Wh/m^2	Wh/m^2	Wh/m^2
2005-1-2	1:00	5.5	2.7	0	0	0
2005-1-2	2:00	5.4	2.8	0	0	0
2005-1-2	3:00	5.5	2.9	0	0	0
2005-1-2	4:00	5.3	3	0	0	0
2005-1-2	5:00	4.8	2.7	0	0	0
2005-1-2	6:00	4.4	2.1	0	0	0
2005-1-2	7:00	4.4	1.8	0	0	0
2005-1-2	8:00	4.8	1.7	0	0	0
2005-1-2	9:00	5.5	1.6	183	129	147
2005-1-2	10:00	6.1	0.7	397	622	133
2005-1-2	11:00	6.8	-0.8	445	480	193
2005-1-2	12:00	7.5	-2.7	482	486	202
2005-1-2	13:00	7.9	-4.6	462	464	196
2005-1-2	14:00	8	-5.5	319	228	201
2005-1-2	15:00	7.9	-5.2	207	155	143
2005-1-2	16:00	7.5	-4.1	106	136	69
2005-1-2	17:00	7.1	-2.6	0	0	0
2005-1-2	18:00	6.6	-1.4	0	0	0
2005-1-2	19:00	5.8	-1	0	0	0
2005-1-2	20:00	4.9	-1	0	0	0
2005-1-2	21:00	3.8	-1	0	0	0
2005-1-2	22:00	3.1	-0.8	0	0	0
2005-1-2	23:00	2.9	-0.3	0	0	0
2005-1-2	24:00	2.1	-0.3	0	0	0

Real Bin 法处理后的上海 CTYW 2005 年 1 月 2 日的 Bin 气象数据，见表 10-2 所示。

采用 Real Bin 法处理后的上海 CTYW 2005 年 1 月 2 日的 Bin 气象数据表 表 10-2

日期 (YYYY-M-D)	时：分 (HH-MM)	Bin 干球温度 (℃)	Bin 含湿量 (g/kg(a))	水平面辐射 (Wh/m²)	S 面太阳辐射 (Wh/m²)	SE 面太阳辐射 (Wh/m²)	E 面太阳辐射 (Wh/m²)	NE 面太阳辐射 (Wh/m²)	N 面太阳辐射 (Wh/m²)	NW 面太阳辐射 (Wh/m²)	W 面太阳辐射 (Wh/m²)	SW 面太阳辐射 (Wh/m²)
2005-1-2	1:00	6	4.5	0	0	0	0	0	0	0	0	0
2005-1-2	2:00	6	4.5	0	0	0	0	0	0	0	0	0
2005-1-2	3:00	6	4.5	0	0	0	0	0	0	0	0	0
2005-1-2	4:00	6	4.5	0	0	0	0	0	0	0	0	0
2005-1-2	5:00	4	4.5	0	0	0	0	0	0	0	0	0
2005-1-2	6:00	4	4.5	0	0	0	0	0	0	0	0	0
2005-1-2	7:00	4	4.5	0	0	0	0	0	0	0	0	0
2005-1-2	8:00	4	4.5	0	0	0	0	0	0	0	0	0
2005-1-2	9:00	6	4.5	183	232	301	224	81	81	81	81	85
2005-1-2	10:00	6	4.5	397	607	681	389	73	73	73	73	219
2005-1-2	11:00	6	3.0	445	595	547	238	106	106	106	106	343
2005-1-2	12:00	8	3.0	482	619	457	111	111	111	111	117	467
2005-1-2	13:00	8	3.0	462	583	329	108	108	108	108	248	547
2005-1-2	14:00	8	3.0	319	381	174	111	111	111	111	273	428
2005-1-2	15:00	8	3.0	207	244	80	79	79	79	79	241	322
2005-1-2	16:00	8	3.0	106	139	38	38	38	38	66	185	219
2005-1-2	17:00	8	3.0	0	0	0	0	0	0	0	0	0
2005-1-2	18:00	6	3.0	0	0	0	0	0	0	0	0	0
2005-1-2	19:00	6	3.0	0	0	0	0	0	0	0	0	0
2005-1-2	20:00	4	3.0	0	0	0	0	0	0	0	0	0
2005-1-2	21:00	4	3.0	0	0	0	0	0	0	0	0	0
2005-1-2	22:00	4	3.0	0	0	0	0	0	0	0	0	0
2005-1-2	23:00	2	3.0	0	0	0	0	0	0	0	0	0
2005-1-2	0:00	2	3.0	0	0	0	0	0	0	0	0	0

1. 干球温度的处理

在用 Real Bin 法处理 Bin 干球温度时，最低温度取 -8℃，并采用 ±1℃的温度间隔。

2. 含湿量的处理

在处理 Bin 含湿量时，最低含湿量取 1.5 g/kg（a），并采用 ±0.75g/kg（a）的含湿量间隔。由于气象参数中未直接给出室外空气的含湿量值，而仅提供了逐时干球温度和露点温度，因此先要计算出室外空气的逐时含湿量。

李善宝等人拟合计算了标准大气压下饱和空气（RH=100 %）含湿量（d_s，g/kg（a））与干球温度（t，℃）的关系，在 -15~40℃之间计算误差小于 2.1 %，见式（10-1）。

$$d_s=3.703+0.286t+9.164\times10^{-3}t^2+1.446\times10^{-4}t^3+1.741\times10^{-6}t^4+5.195\times10^{-8}t^5 \qquad (10\text{-}1)$$

如图 10-1 所示，在标准大气压下有两个空气状态点 A 和 B，A、B 具有相同的露点温度（即两点位于等含湿量线上），A 未饱和，B 处于饱和状态（RH=100%）。显然 A 状态点的含湿量等于 B 状态点，而 B 状态点的含湿量可以利用公式（10-1）求出。所以，A 点的含湿量也可以通过其露点温度由公式（10-2）计算获得。

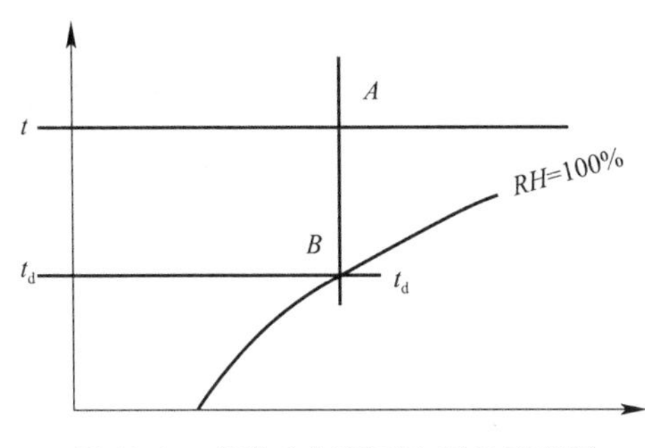

图 10-1　标准大气压下含湿量示意图

因此，借助于公式（10-1），可以推导出标准大气压下非饱和空气含湿量（d，g/kg(a)）与露点温度（t_d，℃）的关系式，见式（10-2）。

$$d=3.703+0.286t_d+9.164\times10^{-3}t_d^2+1.446\times10^{-4}t_d^3+1.741\times10^{-6}t_d^4+5.195\times10^{-8}t_d^5 \qquad (10\text{-}2)$$

这便解决了 Real Bin 法对逐时 Bin 干球温度与 Bin 含湿量的处理问题。

3．太阳辐射的处理

太阳辐射在任意面上的投射强度包括 3 部分：直射、散射和地面反射。由于地面反射部分所占的比例较小且因环境变化较大，忽略该部分的计算，只考虑直射辐射和散射辐射在竖直面和水平面的投射强度。

ASHRAE Handbook Fundamentals 2009 给出了太阳直射辐射（Direct Radiation）在竖直面的投射强度的计算公式，见式（10-3）、（10-4）、（10-5）、（10-6）所示：

$$E_{t,b}=E_b\cos\theta \qquad (10\text{-}3)$$

式中：

$E_{t,b}$——太阳直射辐射在竖直面的投射强度，Wh/m²；

E_b——太阳直射辐射强度，Wh/m²；

θ——太阳直射辐射在竖直面的入射角，°。

$$\cos\theta=\cos\beta\cos\gamma \qquad (10\text{-}4)$$

式中：

β——太阳高度角，白天为正，夜间为负数（计算时应舍去），°；

γ——竖直面的“面－日方位角”，当 $\gamma>90°$ 或 $\gamma<-90°$ 时竖直面无日射为阴影面（计算时应舍去），°；

$$\gamma=\phi-\psi \qquad (10\text{-}5)$$

式中：

ϕ——太阳方位角，太阳偏西为正，偏东时为负数，°；

ψ——竖直面朝向与正南方向所成角，可称为“竖直面方位角”，竖直面朝向偏西时为正，偏东时为负数，°。

综合式（10-3）、（10-4）、（10-5）可以得到如下式（10-6）：

$$E_{t,b}=E_b\cos\beta\cos(\phi-\psi) \qquad (10\text{-}6)$$

注：对于公式（10-6），国内有写成 $I_{DV}=I_N\cos\beta\cos(A+\alpha)$，原因是其在对太平方角 A 定义时，取偏东为负，偏西为正数。

综上，只要求解出逐时β、ϕ，以及某一竖直面方位角ψ，太阳直射辐射在该竖直面的投射强度就迎刃而解。

（1）太阳高度角β

对于太阳高度角β，国内相关文献给出了较为详细的求解过程，但是为了标识符号上的统一，仍采用ASHRAE Handbook Fundamentals 2009上的计算公式，见式（10-7）~式（10-10）。

$$\sin\beta=\cos L \mathrm{ocs}\delta\cos H+\sin L\sin\delta \tag{10-7}$$

故：

$$\beta=\sin^{-1}(\cos L \mathrm{ocs}\delta\cos H+\sin L\sin\delta) \tag{10-8}$$

式中：

β——太阳高度角，白天为正，夜间为负数（计算时应舍去），°；

L——当地的地理纬度，北半球为正，南半球为负，°；

δ——赤纬，$\delta=23.45\sin\left(360°\dfrac{n+284}{365}\right)$，1月1日的日序数$n$=1，其后顺延；

H——太阳时角，°。

$$H=15(AST-12) \tag{10-9}$$

$$=15\times[LST+\frac{ET}{60}+\frac{\mathrm{LON-LSM}}{15}-12]$$

式中：

AST——当地太阳时，$AST=LST+\dfrac{ET}{60}+\dfrac{LON-LSM}{15}-12$，h；

LST——该时区的标准时，在我国即北京时间，h；

LON——当地子午线经度，°；

LSM——该时区中央子午线经度，在我国为+120°，°；

ET——当地时差（与该时区标准时的实际时间差），min。

$$ET=2.2918[0.0075+0.1868\cos(\Gamma)-3.2077\sin(\Gamma) \tag{10-10}$$

$$-1.4615\cos(2\Gamma)-4.089\sin(2\Gamma)]$$

式中：

Γ表示为：$\Gamma=360°\dfrac{n-1}{365}$。

利用以上整套公式就可以求解出逐时太阳高度角β。

（2）太阳方位角ϕ

根据ASHRAE Handbook Fundamentals 2009中太阳方位角的一对限定公式，见式（10-11）、式（10-12）。

$$\sin\phi=\sin H\cos\delta/\cos\beta \tag{10-11}$$

$$\cos\phi=(\cos H\cos\delta\sin \mathrm{L}-\sin\delta\cos L)/\cos\beta \tag{10-12}$$

作者推导出了用于求解太阳方位角ϕ确切解的方程，见式（10-13）。

$$
\phi=\begin{cases} \sin^{-1}\left(\dfrac{\sin H\cos\delta}{\cos\beta}\right), & \dfrac{\cos H\cos\delta\sin L-\sin\delta\cos L}{\cos\beta}\geqslant 0 \\ -180°-\sin^{-1}\left(\dfrac{\sin H\cos\delta}{\cos\beta}\right), & \dfrac{\cos H\cos\delta\sin L-\sin\delta\cos L}{\cos\beta}<0 \text{ 且 } \dfrac{\sin H\cos\delta}{\cos\beta}\leqslant 0 \\ 180°-\sin^{-1}\left(\dfrac{\sin H\cos\delta}{\cos\beta}\right), & \dfrac{\cos H\cos\delta\sin L-\sin\delta\cos L}{\cos\beta}<0 \text{ 且 } \dfrac{\sin H\cos\delta}{\cos\beta}>0 \end{cases} \tag{10-13}
$$

因此，逐时太阳方位角也可求解出。

（3）竖直面方位角 ψ

对于太阳辐射在竖直面的投射强度，本文只计算常用的 8 个朝向，各朝向方位角大小与朝向的关系，见表 10-3 所示。

竖直面方位角 ψ 与朝向关系表　　**表 10-3**

南（S）	东南（SE）	东（E）	东北（NE）	北（N）	西北（NW）	西（W）	西南（SW）
0°	-45°	-90°	-135°	180°	135°	90°	45°

综上，可以求解出逐时太阳直射辐射在竖直面的投射强度。对于散射辐射（Diffuse Radiation）在竖直面的投射强度，ASHRAE Handbook Fundamentals 2009 也给出了求解方程式，见式（10-14）。

$$E_{t,d}=E_{d}Y \tag{10-14}$$

其中，$Y=\max(0.45, 0.55+0.437\cos\theta+0.313\cos^{2}\theta)$。

这样，逐时太阳辐射（直射与散射，本文忽略地面反射部分的影响）在 8 个竖直面的投射强度（直射投射与散射投射的算术和）均可求解，而逐时太阳辐射在水平面上的投射强度（水平面辐射）已经在 CTYW 气象参数中给出，即：地内水平辐射。

10.1.3 Real Bin 法对 Bin 数据的统计

Real Bin 法在进行 Bin 数据统计前，做了如下限定：

（1）当夏季室内设计干球温度为 26℃时，认为只要室外 Bin 干球温度≥ 26 ℃，日射得热，传导得热，渗透风、新风得热以及内部得热即全部转化为室内冷负荷（即使室外实际干球温度为 25℃）；而对于室外 Bin 干球温度≤ 24 ℃的情况，认为即使室内有得热量，依靠自然通风就可以完全抵消这部分得热量，此时日射得热，渗透风、新风潜热以及内部得热不转换为室内冷负荷。

因此，夏季只统计室外 Bin 干球温度≥ 26 ℃对应的太阳辐射和含湿量 Bin。

（2）当冬季室内设计干球温度为 20℃时，认为室外 Bin 干球温度≤ 18℃，日射得热以及内部得热不足以抵消通过围护结构以及渗透风、新风的失热——仅适用于内部负荷不大的建筑，比如村镇住宅；而对于室外 Bin 干球温度≥ 20℃的情况，认为即使室外温度稍低于室内设计温度（比如室外为 19℃），通过围护结构以及渗透风、新风的失热可以完全被日射得热和内部得热抵消，此时建筑不存在热负荷。

因此，冬季只统计室外 Bin 干球温度≤ 18℃对应的太阳辐射（在冬季，认为室内无加湿设备，故不统计含湿量 Bin）。

基于以上两个限定，作者分别对室外干球温度 Bin、含湿量 Bin，以及太阳辐射进行统计如下：

1．干球温度 Bin 的统计

Real Bin 法对干球温度 Bin 的统计路线与 Modified Bin 相同，这是所有 Bin 法的根本与基础思想，离开了这个思想就不能再称之为 Bin 法。作者在干球温度的统计上，最低温度取 -8℃（针对夏热冬冷、夏热冬暖以及温和地区，严寒和寒冷地区暂不考虑），以 ±1℃为温度间隔，最大温度取 40℃，这样共形成 25 个温度段。然后统计每个月各小时的 -8~40℃ Bin 干球温度的频数。

2．含湿量 Bin 的统计

Bin 法的基础是干球温度 Bin，所以对含湿量 Bin 的统计必须围绕干球温度 Bin 进行，确保含湿量 Bin 与干球温度 Bin 能够关联起来，保证能耗预算的准确性。在处理含湿量 Bin 前，首先取最低含湿量为 1.5g/kg（a），以 ±0.75 g/kg（a）为含湿量间隔，最大含湿量取 37.5g/kg（a），这样共形成 25 个含湿量段。

Real Bin 与 Modified Bin 法一样，也忽略了对冬季渗透风、新风潜热负荷的计算，因此在统计含湿量 Bin 时，Real Bin 法只统计每个月各小时夏季室外 Bin 干球温度≥ 26℃对应的 1.5~ 37.5 g/kg（a）Bin 含湿量的频数。

3．太阳辐射的统计

夏季统计每个月各小时 Bin 干球温度≥ 26℃对应的太阳辐射在竖直面和水平面的投射强度之和。

冬季统计每个月各小时 Bin 干球温度≤ 18℃对应的太阳辐射在竖直面和水平面的投射强度之和。

10.1.4 Real Bin 法能耗预算

上节介绍了 Bin 气象数据的统计，以下介绍使用 Real Bin 法进行能耗预算。在此需首先说明，使用 Real Bin 法预算出的能耗并不代表建筑的实际能耗，这是因为建筑实际运行情况不可能与理论计算条件完全相同。

使用 Real Bin 法进行建筑能耗预算的一般步骤如下：

1．划分负荷计算区域

在负荷计算前应对建筑进行负荷计算区域分区，一般以建筑隔断为界限划分区域，然后对每个区域单独计算负荷，最后再将所有区域的冷、热负荷分别累加。

2．日射负荷

日射负荷计算，见式（10-15）。

$$E_{sol}=\frac{\sum_{i=1}^{n}A_{g,i}\times C_{a,i}\times C_{s,i}\times C_{i,i}\times E_{s,i}}{A_f} \tag{10-15}$$

式中：

E_{sol}——冬、夏季太阳辐射透过窗玻璃的日射负荷，分别记作 $E_{sol,h}$、$E_{sol,c}$，Wh/m²；

n——建筑窗户的朝向数；

$A_{g,i}$——i 朝向窗户的面积，m²；

$C_{a,i}$——i 朝向窗户的有效面积系数；

$C_{s,i}$——i 朝向窗玻璃的遮阳系数；

$C_{i,i}$——i 朝向窗户内遮阳设施的遮阳系数，冬季不遮阳取 $C_{i,i}=1$；

$E_{s,i}$——i 朝向的太阳辐射投射强度，Wh/m^2；

A_f——建筑面积，m^2。

3．传导负荷

Real Bin 法的传导负荷也由 3 部分组成：（1）通过屋面、外墙、外玻璃窗由温差引起的稳定传热部分；（2）通过内墙、内玻璃窗由温差引起的稳定传热部分；（3）通过屋面、外墙由投射在外表面上的日射引起的不稳定传热部分。这两部分可分别用式（10-16）和（10-19）来计算。

（1）通过外围护结构由温差引起的稳定传热部分

计算见式（10-16）。

$$E_{T,O}=\frac{[\sum_{i=1}^{n}(A_i\times K_i)(T_{o,j}-T_i)]\times m_j}{A_f} \tag{10-16}$$

式中：

$E_{T,o}$——冬、夏季通过外围护结构由温差引起的传导负荷，分别记作 $E_{T,o,h}$、$E_{T,o,c}$，Wh/m^2；

n——建筑物的传导表面数；

A_i——第 i 个表面（屋面、外墙、外窗户、地面等）的面积，m^2；

K_i——第 i 个表面的传热系数，$W/(m^2\cdot K)$；

$T_{o,j}$——室外 Bin 干球温度，℃；

m_j——室外 Bin 干球温度 $T_{o,j}$ 出现的频数，h；

T_i——室内设计干球温度，℃。

（2）通过内围护结构由温差引起的稳定传热部分

计算见式（10-17）。

$$E_{T,i}=\frac{[\sum_{i=1}^{n}(A_i\times K_i)(\overline{T_m}-T_i)]\times m}{A_f} \tag{10-17}$$

式中：

$E_{T,i}$——冬、夏季通过内围护由温差引起的传导负荷，分别记作 $E_{T,i,h}$、$E_{T,i,c}$，Wh/m^2；

n——建筑物内围护结构（内墙、内窗户、楼板等）的传导表面数；

A_i——第 i 个表面（内墙、内窗户、楼板等）的面积，m^2；

K_i——第 i 个表面的传热系数，$W/(m^2\cdot K)$；

$\overline{T_m}$——室内非供热、空调区域的冬、夏季平均温度，分别记为 $\overline{T_{m,h}}$、$\overline{T_{m,c}}$，℃；

m——冬、夏季需要供热、空调的小时数，分别为 m_h、m_c，h。

（3）由日射引起的不稳定传热部分

计算见式（10-18）。

$$E_{TS}=\frac{\sum_{i=1}^{n}(A_i\times K_i\times\Delta T_{z,s,i})}{A_f} \tag{10-18}$$

式中：

E_{TS}——冬、夏季由日射形成的传导负荷，分别记作 $E_{TS,h}$、$E_{TS,c}$，Wh/m^2；

A_i——第 i 个表面（屋面、外墙面等）的面积，m^2；

K_i——第 i 个表面的传热系数，W/（m^2·K）；

$\Delta T_{z,s,i}$——第 i 个朝向由太阳辐射形成的综合温度，℃。

$\Delta T_{z,s,i}$ 的计算见式（10-19）。

$$\Delta T_{z,s,i}=\frac{E_{s,i}\times\alpha_i}{h_{out}} \tag{10-19}$$

式中：

α_i——第 i 个表面（屋面、外墙面等）太阳辐射吸收系数，常见表面的太阳辐射吸收系数，见表 10-4 所示；

h_{out}——第 i 个表面的外表面对流换热系数，为计算方便统一取 h_{out}=21，W/（m^2·K）。

太阳辐射吸收系数 α 表

表 10-4

外表面材料	表面状况	色泽	α 值
红瓦屋面	旧	红褐色	0.70
灰瓦屋面	旧	浅灰色	0.52
石棉水泥瓦屋面		浅灰色	0.75
油毡屋面	旧，不光滑	黑色	0.85
水泥屋面及墙面		青灰色	0.70
红砖墙面		红褐色	0.75
硅酸盐砖墙面	不光滑	灰白色	0.50
石灰粉刷墙面	新，光滑	白色	0.48
水刷石墙面	旧，粗糙	灰白色	0.70
浅色饰面砖及浅色涂料		浅黄、浅绿色	0.50
草坪		绿色	0.80

把式（10-18）代入式（10-17）可以得到式（10-20）：

$$E_{TS}=\frac{\sum_{i=1}^{n}(A_i\times K_i\times\alpha_i\times E_{s,i})}{h_{out}\times A_F} \tag{10-20}$$

4．内部负荷

计算见式（10-21）。

$$E_{int}=\frac{AU\times Q_{i,max}\times m\times HF}{A_f} \tag{10-21}$$

式中：

E_{int}——冬、夏季内部负荷，分别表示为 $E_{int,h}$、$E_{int,c}$，Wh/m^2；

AU——平均使用系数（Average Usage），空调期各小时内部负荷之和占最大内部负荷的比例；

$Q_{i,\max}$——设备和照明的最大负荷或房间内最大人数时的人体散热；

m——冬、夏季需要供热、空调的小时数，分别为 m_h、m_c，h；

HF——单位换算系数。

5. 渗透风、新风负荷

（1）显热负荷

计算见式（10-22）。

$$E_{V,S}=\frac{0.34\times V\times(T_{o,j}-T_i)\times m_j}{A_f} \tag{10-22}$$

式中：

$E_{V,S}$——冬、夏季渗透风、新风显热负荷，分别记为 $E_{V,S,h}$、$E_{V,S,c}$，Wh/m^2；

0.34——单位换算系数，$1.01\times1.2\times10^3/3600=0.34$，W·h/（$m^3$·K）；

V——渗透风、新风量，m^3/h。

（2）潜热负荷

计算见式（10-23）。

$$E_{V,L}=\frac{0.83\times V\times(d_{o,j}-d_i)\times m_j}{A_f} \tag{10-23}$$

式中：

$E_{V,L}$——夏季渗透风、新风潜热负荷，Wh/m^2；

0.83——单位换算系数，$2501\times1.2/3600=0.83$，W·h/（m^3·g/kg（a））；

$d_{o,j}$——对应于各 Bin 干球温度的室外空气 Bin 含湿量，g/kg（a）；

d_i——室内空气设计含湿量，g/kg（a）；

m_j——室外 Bin 含湿量 $d_{o,j}$ 出现的频数，h。

在渗透风、新风负荷计算过程中，忽略冬季潜热负荷。

6. 累加各项负荷

（1）热负荷 E_h

计算见式（10-24）。

$$E_h=E_{sol,h}+E_{T,o,h}+E_{T,i,h}+E_{TS,h}+E_{int,h}+E_{V,S,h} \tag{10-24}$$

（2）冷负荷 E_c

计算见式（10-25）。

$$E_c+E_{sol,c}+E_{T,o,c}+E_{T,i,c}+E_{TS,c}+E_{int,c}+E_{V,S,c}+E_{V,L} \tag{10-25}$$

10.2 Real Bin 法能耗计算程序的生成

基于 Excel+VBA 生成了 Real Bin 法能耗计算的可视化程序，使用户能够更加简便快速的利用 Real Bin 法计算建筑能耗。可视化程序界面截图，如图 10-2~ 图 10-12。

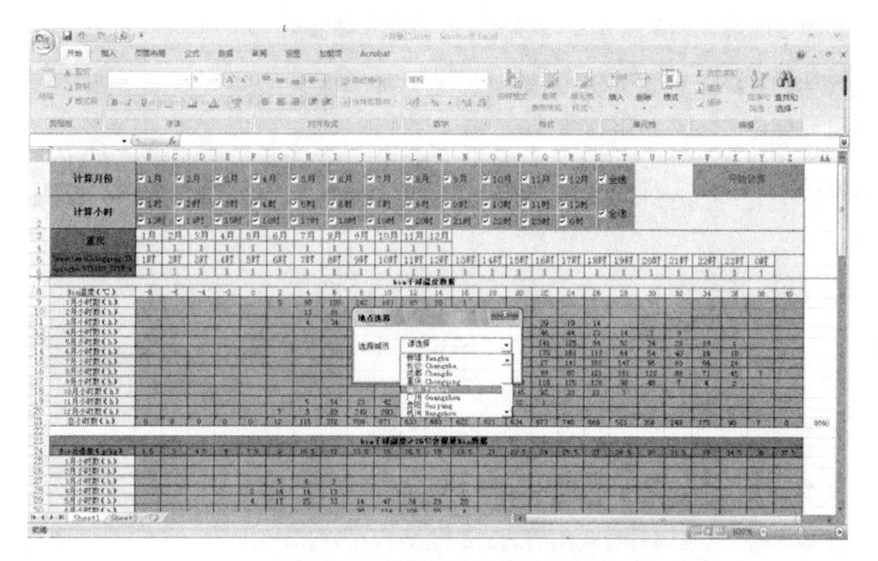

图 10-2　选择能耗计算地区图

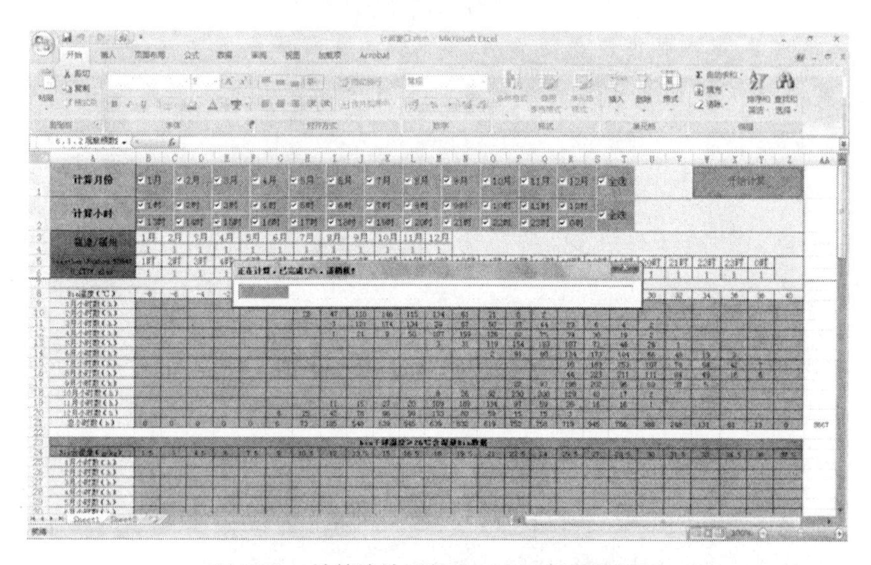

图 10-3　计算该地区的 Real Bin 气象数据图

图 10-4　建筑外窗参数的输入图

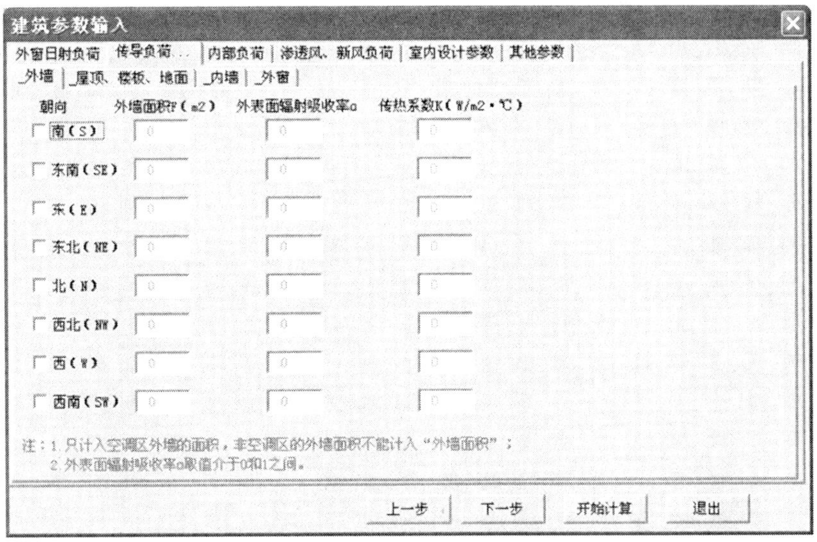

建筑参数输入

外窗日射负荷 | 传导负荷… | 内部负荷 | 渗透风、新风负荷 | 室内设计参数 | 其他参数

_外墙 | _屋顶、楼板、地面 | _内墙 | _外窗

朝向　外墙面积F（m2）　外表面辐射吸收率α　传热系数K（W/m2·℃）

南（S）

东南（SE）

东（E）

东北（NE）

北（N）

西北（NW）

西（W）

西南（SW）

注：1. 只计入空调区外墙的面积，非空调区的外墙面积不能计入“外墙面积”；
2. 外表面辐射吸收率α取值介于0和1之间。

上一步　下一步　开始计算　退出

图 10-5　建筑外墙参数的输入图

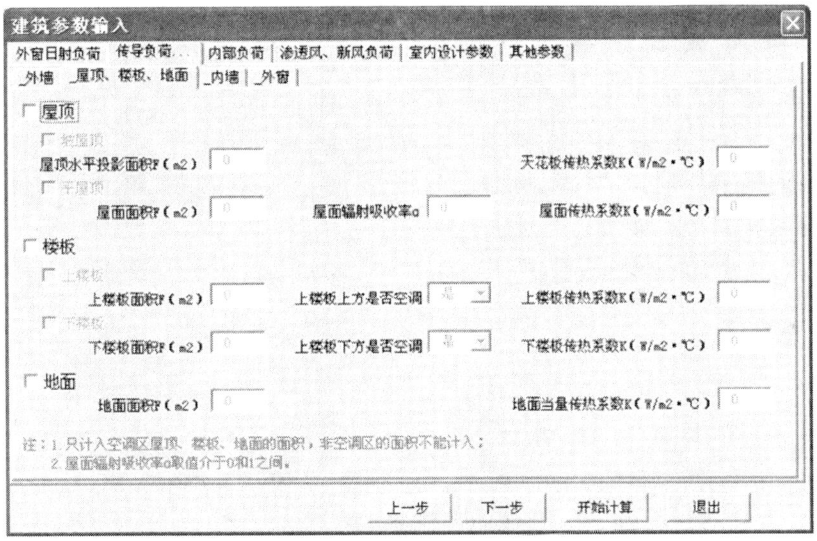

建筑参数输入

外窗日射负荷 | 传导负荷… | 内部负荷 | 渗透风、新风负荷 | 室内设计参数 | 其他参数

_外墙 | _屋顶、楼板、地面 | _内墙 | _外窗

屋顶

坡屋顶

屋顶水平投影面积F（m2）　天花板传热系数K（W/m2·℃）

平屋顶

屋面面积F（m2）　屋面辐射吸收率α　屋面传热系数K（W/m2·℃）

楼板

上楼板

上楼板面积F（m2）　上楼板上方是否空调　上楼板传热系数K（W/m2·℃）

下楼板

下楼板面积F（m2）　上楼板下方是否空调　下楼板传热系数K（W/m2·℃）

地面

地面面积F（m2）　地面当量传热系数K（W/m2·℃）

注：1. 只计入空调区屋顶、楼板、地面的面积，非空调区的面积不能计入；
2. 屋面辐射吸收率α取值介于0和1之间。

上一步　下一步　开始计算　退出

图 10-6　建筑屋顶、楼板、地面参数的输入图

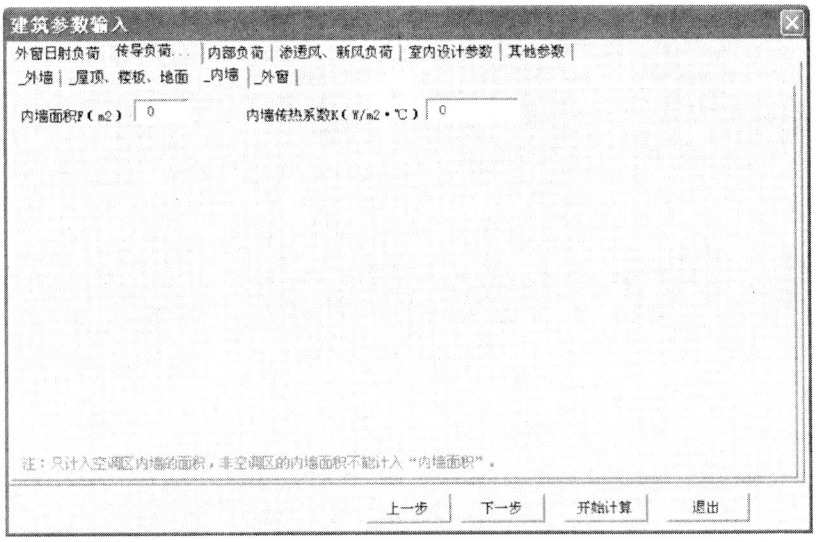

建筑参数输入

外窗日射负荷 | 传导负荷… | 内部负荷 | 渗透风、新风负荷 | 室内设计参数 | 其他参数

_外墙 | _屋顶、楼板、地面 | _内墙 | _外窗

内墙面积F（m2）0　内墙传热系数K（W/m2·℃）0

注：只计入空调区内墙的面积，非空调区的内墙面积不能计入“内墙面积”。

上一步　下一步　开始计算　退出

图 10-7　建筑内墙参数的输入图

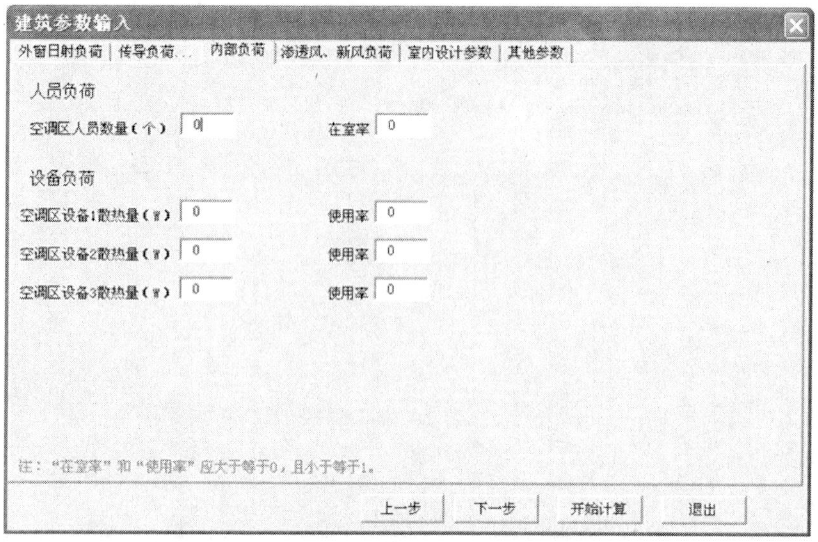

建筑参数输入
外窗日射负荷 | 传导负荷... | 内部负荷 | 渗透风、新风负荷 | 室内设计参数 | 其他参数 |
人员负荷
空调区人员数量（个） 0
在室率 0
设备负荷
空调区设备1散热量（W） 0
使用率 0
空调区设备2散热量（W） 0
使用率 0
空调区设备3散热量（W） 0
使用率 0
注：“在室率”和“使用率”应大于等于0，且小于等于1。
上一步 下一步 开始计算 退出

图 10-8　建筑内部负荷参数的输入图

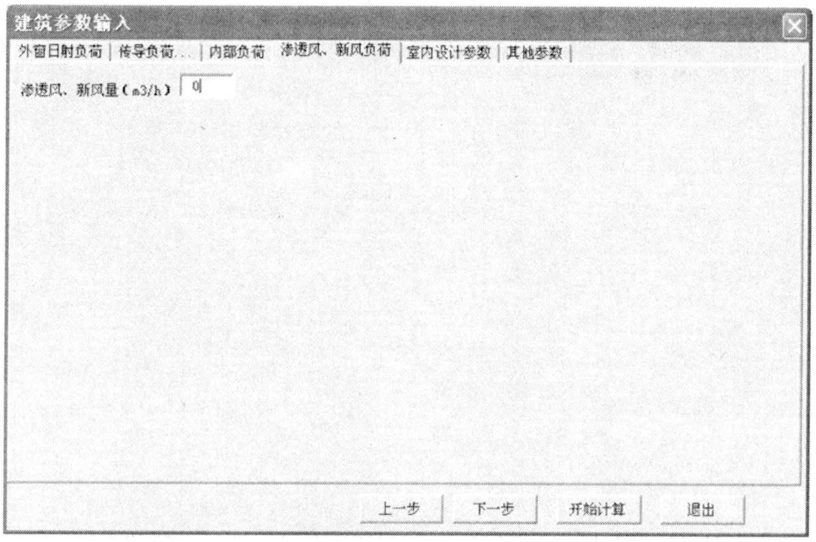

建筑参数输入
外窗日射负荷 | 传导负荷... | 内部负荷 | 渗透风、新风负荷 | 室内设计参数 | 其他参数 |
渗透风、新风量（m3/h） 0
上一步 下一步 开始计算 退出

图 10-9　建筑渗透风、新风量的输入图

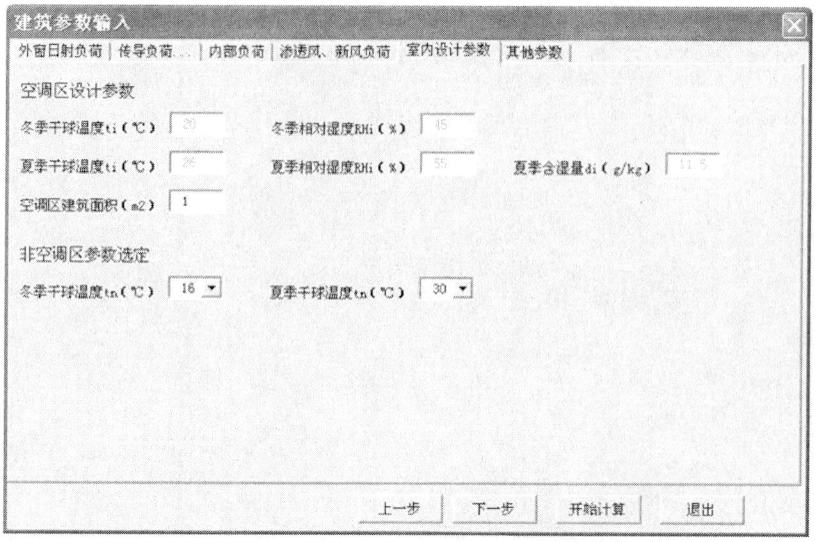

建筑参数输入
外窗日射负荷 | 传导负荷... | 内部负荷 | 渗透风、新风负荷 | 室内设计参数 | 其他参数 |
空调区设计参数
冬季干球温度ti（℃） 20
冬季相对湿度RHi（%） 45
夏季干球温度ti（℃） 26
夏季相对湿度RHi（%） 55
夏季含湿量di（g/kg） 11.5
空调区建筑面积（m2） 1
非空调区参数选定
冬季干球温度tn（℃） 16
夏季干球温度tn（℃） 30
上一步 下一步 开始计算 退出

图 10-10　建筑空调 / 非空调区设计参数的输入图

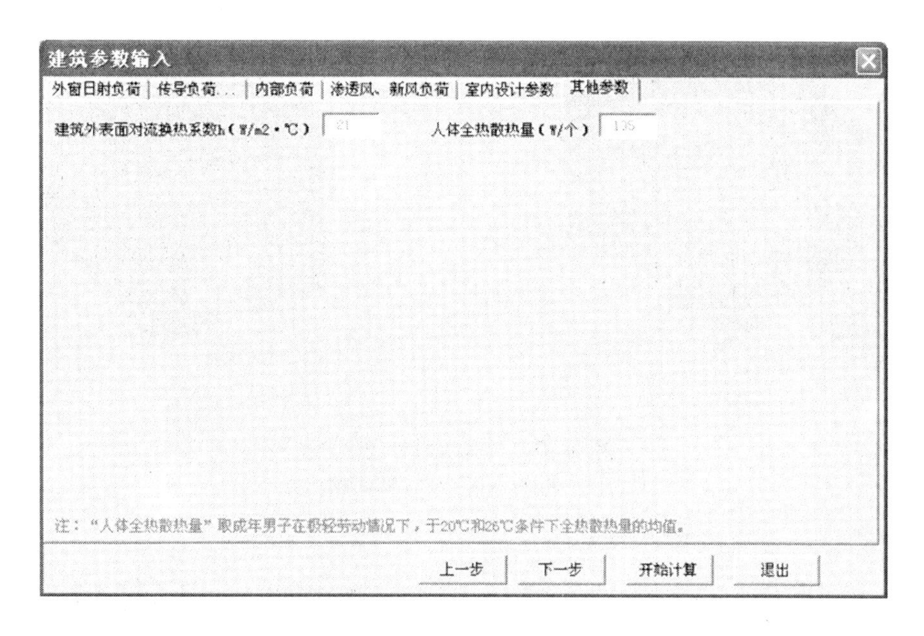

图 10-11　其他参数信息图

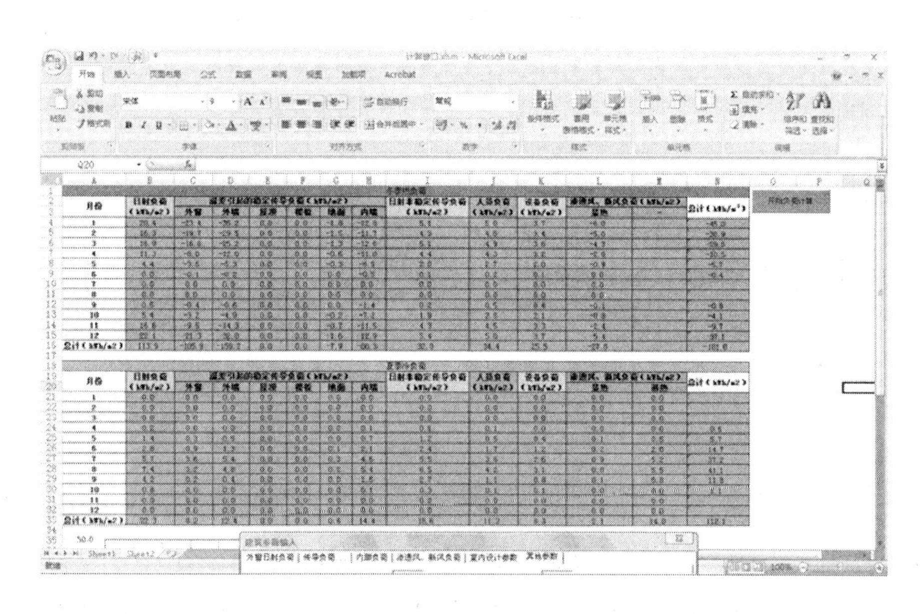

图 10-12　负荷计算结果图

10.3 Real Bin 法用于村镇住宅能耗预算可靠性分析

为了研究采用 Real Bin 法计算能耗预算的可靠性，作者将 Real Bin 法计算结果与 DesignBuilder 能耗模拟结果进行对比，以分析 Real Bin 法是否可用于村镇住宅的能耗预算。

10.3.1　对象建筑信息

选取上海某 2 层村镇住宅，分别使用 Real Bin 能耗计算程序以及 DesignBuilder 动态能耗模拟软件求得该对象建筑的供暖、空调负荷。该建筑的外观，如图 10-13 所示。

该 2 层农村住宅的室内平面布置图，如图 10-14 所示：

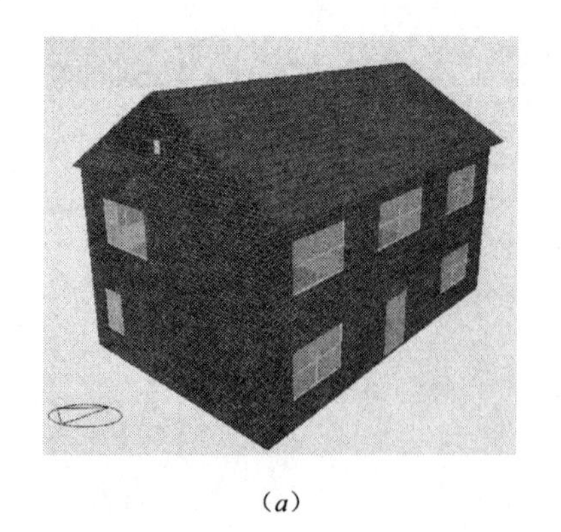
(a)

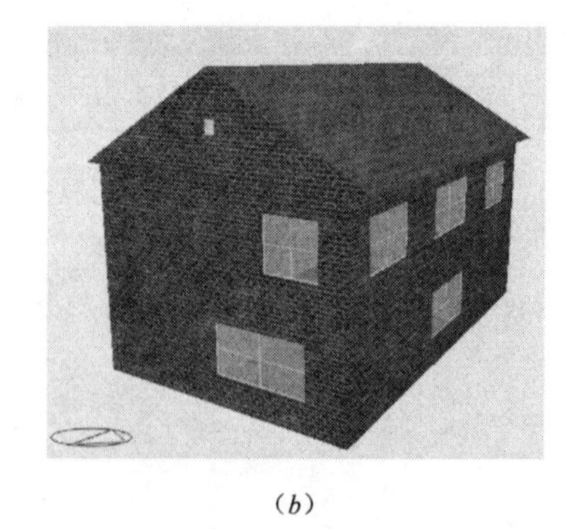
(b)

图 10-13　对象建筑外观效果图

(a) 西南向视图；(b) 东北向视图

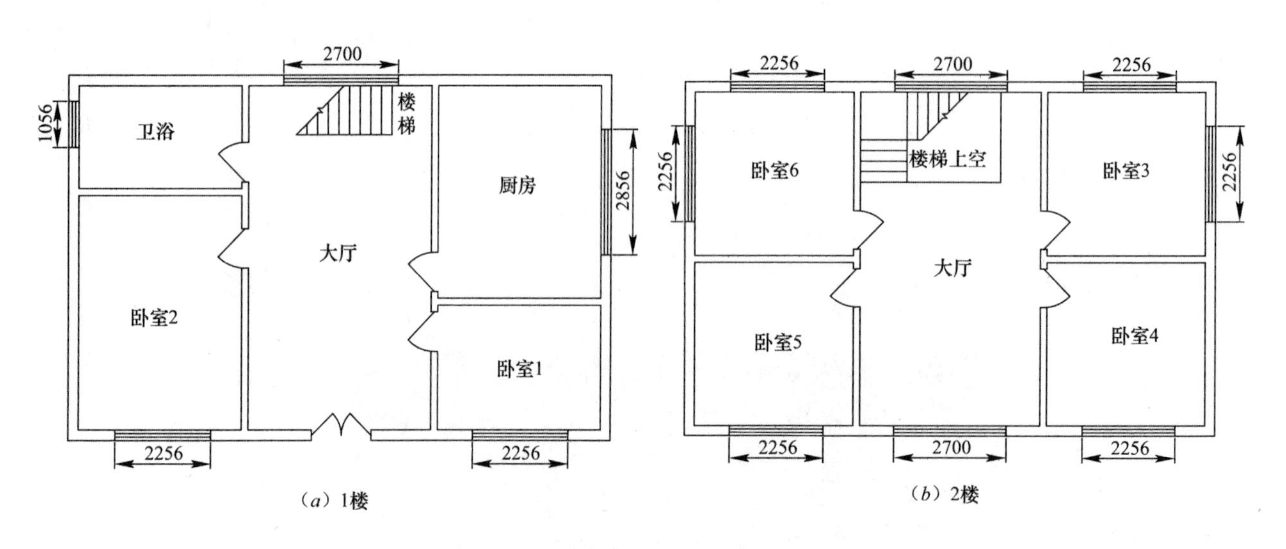

图 10-14　对象建筑室内平面布局图

该农宅共有 6 间卧室，1 楼 2 间，2 楼 4 间，供热、空调系统仅局限于此 6 间卧室，其他空间不考虑。供热季卧室干球温度全天 24h 控制在 20℃，空调季卧室干球温度全天 24h 控制在 26℃（RH=55%）。卧室人员密度取 0.1 人 /m^2，在室时间为 0:00~08:00，12:00~13:00，以及 21:00~24:00。卧室设备散热量取 20W/m^2，运行时间为 12:00~13:00，以及 21:00~24:00，同时使用系数取 0.5。该农村住宅围护结构自然渗透取 0.5 次 /h。

该农村住宅的主要围护结构参数，见表 10-5、表 10-6 所示。

卧室各围护结构面积表（单位：m^2）　　　　**表 10-5**

房间名称	卧室 1	卧室 2	卧室 3	卧室 4	卧室 5	卧室 6
南窗面积	3.4	3.4	—	3.4	3.4	—
东窗面积	—	—	3.4	—	—	—
北窗面积	—	—	3.4	—	—	3.4
西窗面积	—	—	—	—	—	3.4
南墙面积	7.9	7.9	—	7.9	7.9	—

续表

房间名称	卧室 1	卧室 2	卧室 3	卧室 4	卧室 5	卧室 6
东墙面积	—	—	7.9	11.3	—	—
北墙面积	—	—	7.9	—	—	7.9
西墙面积	—	15.8	—	—	11.3	7.9
顶层天花板面积	—	—	14.1	14.1	14.1	14.1
地面面积	10.4	19.8	—	—	—	—
上楼板（上区非空调）面积	—	—	—	—	—	—
下楼板（上区非空调）面积	—	—	14.1	3.8	—	8.5
内墙面积	19.4	27.1	11.3	11.3	11.3	11.3

卧室各围护结构热工参数表 **表 10-6**

围护结构	外墙	外窗	顶层天花板	内墙	楼板	地面
传热系数（W/（m^2·K）)	1.93	6.12	0.63	2.3	2.89	0.15
辐射吸收系数	0.6	—	—	—	—	—
有效面积系数	—	0.85	—	—	—	—
综合遮阳系数	—	0.89	—	—	—	—
内遮阳系数	—	0.45	—	—	—	—

10.3.2 Real Bin 法和 DesignBuilder 计算 / 模拟结果比较

分别使用 Real Bin 法计算程序和 DesignBuilder 能耗模拟软件（在使用 DesignBuilder 模拟时，选择 Operative Temperature 控制，以更好地反映实际情况。）对上述上海地区 2 层农村住宅进行了冷、热负荷计算 / 模拟。计算用气象参数均取 CTYW 上海 2005 年的逐时统计数据。得到该 2 层农宅 6 间卧室各个月的冷、热负荷，见表 10-7、表 10-8 所示。

卧室 1、2、3 负荷计算 / 模拟结果表（单位：kWh/m^2） **表 10-7**

月份	卧室 1		卧室 2		卧室 3	
	Real Bin	Designbuilder	Real Bin	Designbuilder	Real Bin	Designbuilder
1	-45.0	-37.2	-33.8	-30.7	-61.5	-53.8
2	-38.9	-32.9	-28.7	-26.4	-50.3	-43.8
3	-29.6	-22.1	-22.1	-17.6	-38.1	-29.2
4	-10.5	-3.2	-8.1	-2.9	-11.7	-5.3
5	5.7	5.4	4.4	2.9	5.8	9.3
6	14.7	15.3	12.0	11.5	15.9	22.1
7	37.2	40.4	29.2	30.4	40.4	50.2
8	41.1	46.6	31.7	33.6	42.9	53.5
9	11.8	17.2	8.9	11.3	10.2	16.6
10	1.1	7.4	0.8	3.0	0.5	3.6
11	-9.7	-4.7	-8.4	-3.7	-22.9	-10.5
12	-37.1	-29.6	-28.6	-25.6	-55.8	-47.0

卧室 4、5、6 负荷计算 / 模拟结果表（单位：kWh/m²）　　表 10-8

月份	卧室 4		卧室 5		卧室 6	
	Real Bin	Designbuilder	Real Bin	Designbuilder	Real Bin	Designbuilder
1	-35.7	-36.6	-33.7	-35.9	-59.3	-54.0
2	-30.6	-32.1	-28.7	-31.4	-48.1	-44.3
3	-22.8	-22.0	-20.9	-21.7	-36.8	-30.6
4	-7.0	-4.3	-5.9	-4.8	-13.0	-7.0
5	4.8	5.9	4.8	4.2	6.1	5.8
6	12.7	15.7	12.8	13.9	16.5	18.7
7	32.2	38.0	31.2	34.1	38.8	42.6
8	35.4	42.7	34.0	37.7	40.4	43.9
9	9.8	15.3	9.9	13.3	10.8	12.6
10	0.8	6.5	1.0	4.8	0.9	2.1
11	-6.9	-6.7	-5.3	-6.8	-21.8	-11.7
12	-29.4	-30.5	-27.5	-30.6	-54.2	-48.8

为了更好地观察分析 Real Bin 法计算结果与 DesignBuilder 软件模拟结果的关系，将各个卧室使用 2 种方法得到的冷、热负荷绘制成图，如图 10-15~ 图 10-20。

如图 10-15~ 图 10-20 所示，使用 Real Bin 法计算得到的冷、热负荷与 DesignBuilder 模拟结果吻合得较好；虽然在对过渡季节供暖、空调负荷计算上，二者仍有一定的差距，但是由于过渡季节的负荷占全年负荷的比例较小，对总体的影响不大。总的来说，Real Bin 法计算结果具有较高的准确度。

另外，为了定量分析 Real Bin 法和 Designbuilder 在预测村镇住宅年耗电量上的差距，依据《夏热冬冷地区居住建筑节能设计标准》（JGJ134–2010）选取采暖、空调设备能效比，分别为 1.9 和 2.3，计算了对象建筑各卧室的年耗电量水平，以及 Real Bin 法与 Designbuilder 计算 / 模拟结果的偏差，见表 10-9 所示。

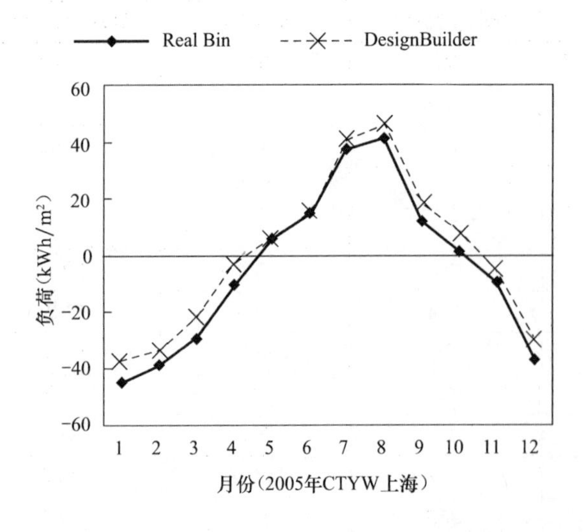

图 10-15　卧室 1 逐月冷、热负荷变化曲线图

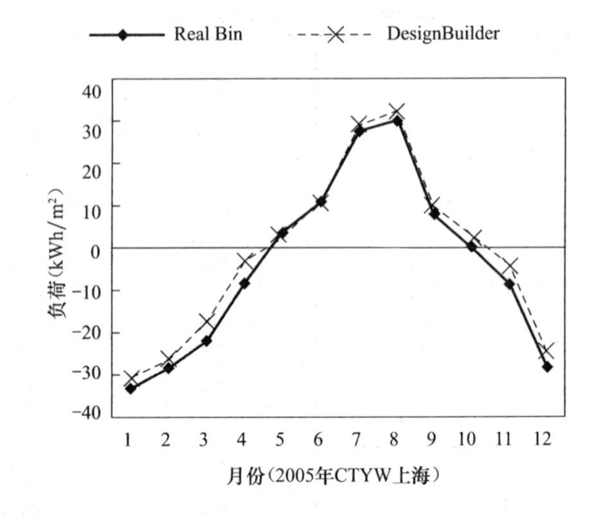

图 10-16　卧室 2 逐月冷、热负荷变化曲线图

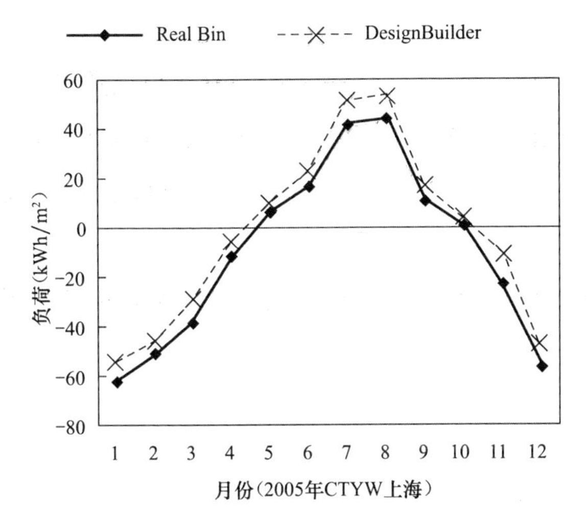

图 10-17　卧室 3 逐月冷、热负荷变化曲线图

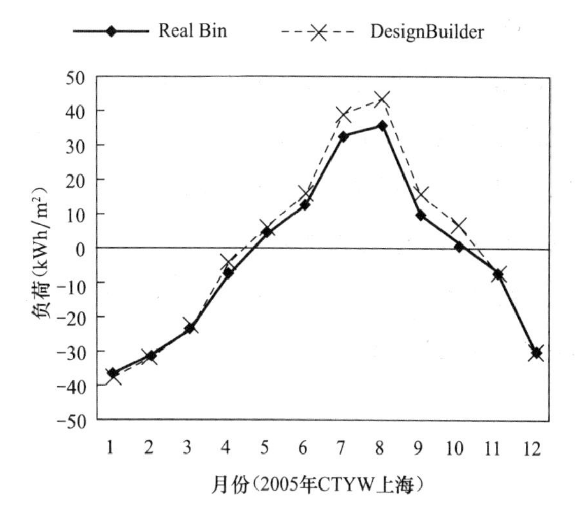

图 10-18　卧室 4 逐月冷、热负荷变化曲线图

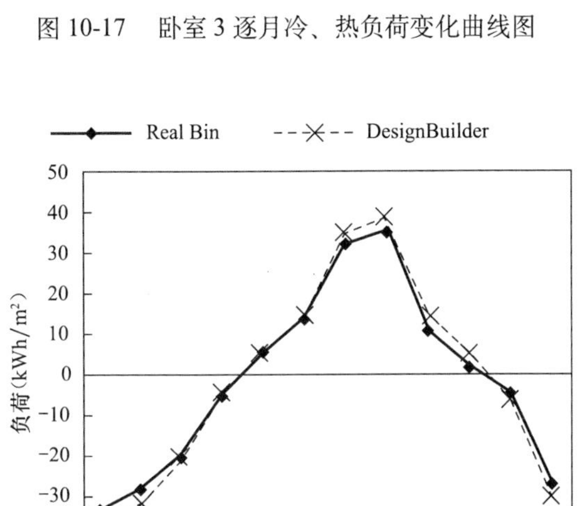

图 10-19　卧室 5 逐月冷、热负荷变化曲线图

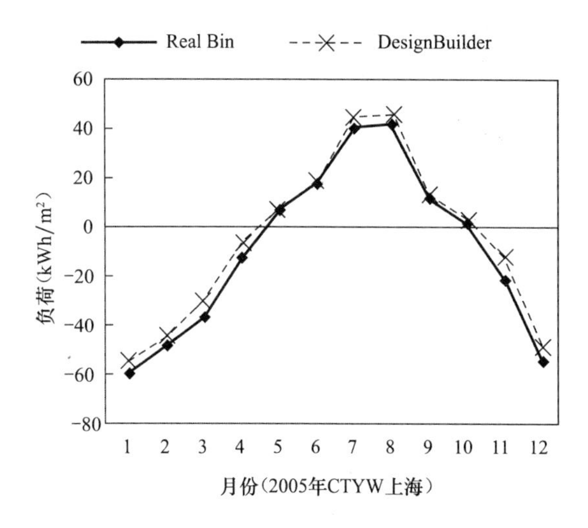

图 10-20　卧室 6 逐月冷、热负荷变化曲线图

各卧室年耗电量统计结果表　　表 10-9

房间名称	年耗电量（kWh/（m²·a））		偏差（%）
	Real Bin	Designbuilder	
卧室 1	138.4	125.8	10.0
卧室 2	106.1	96.5	9.9
卧室 3	176.8	167.3	5.6
卧室 4	111.3	123.5	-9.9
卧室 5	104.9	116.0	-9.5
卧室 6	172.0	157.9	8.9

由上表可见，Real Bin 法在预测村镇住宅年耗电量上具有较高的准确度，以对象建筑为例，各卧室的偏差均控制在 ±10 % 以内。

10.4 小结

本章介绍了适用于我国村镇住宅的年能耗预算方法——Real Bin 法。该法在 Modified Bin 法的基础上，通过几个重要的修订建立了 Real Bin 法，提高了 Bin 法负荷计算的可信度。采用动态能耗模拟软件 Designbuilder 模拟了上海一典型农村住宅的年能耗，并与 Real Bin 法计算结果进行比较，结果表明 Real Bin 法计算结果与 Designbuilder 模拟结果吻合得很好。

Real Bin 法可简单、快速预估农村住宅的能耗，使设计师能快速掌握不同建筑方案大致的能耗情况，为建筑师在方案设计阶段提供依据。

参考文献

[1] 孙永明，袁振宏等．中国生物质能源与生物质利用现状与展望 [J]．可再生能源，2006，126（2）：78-82.
[2] EUREC Agency．The future for renewable energy prospects and directions[M]．London：James and James Science Publisher，1996.
[3] 孙立，许敏，谷震昭等．秸秆类低质生物质原料热解气化技术及其应用评价 [J]．农村能源，1995，(3)：22-25.
[4] 翟秀静，刘奎仁等．新能源技术 [M]．北京：化学工业出版社，2010.2.
[5] 孙永明．中国农业废弃物资源化现状与发展战略 [J]．农业工程学报，2005，21（8）：169-173.
[6] 张力小，胡秋红等．中国农村能源消费的时空分布特征及其政策演变 [J]．农业工程学报，2011，27（1）：1-9.
[7] 米铁，唐汝江，陈汉平等．生物质能利用技术及研究进展 [J]．煤气与热力，2004，24（12）：701-705.
[8] 姚向君，田宜水．生物质能资源清洁转化利用技 [M]．北京：化学工业出版社，2005.
[9] 袁振宏，吴创之，马隆龙．生物质能利用原理与技术 [M]，北京：化学工业出版社，2005.
[10] 马隆龙，吴创之，孙立．生物质气化技术及其应用 [M]．北京：化学工业出版社，2003.
[11] 赵洪，邓功成，高礼安等．pH 值对沼气产气量的影响 [J]．安徽农业科学，2008，36（19）：8216-8217.
[12] 刘荣厚，郝元元，叶子良等．沼气发酵工艺参数对沼气及沼液成分影响的实验研究 [J]．农业工程学报，2006，22（增 1）：85-88.
[13] 刘战广，朱洪光，王彪等．粪草比对干式厌氧发酵产沼气效果的影响 [J]．农业工程学报，2009，25（4）：196-200.
[14] 宋立，邓良伟，尹勇等．羊、鸭、兔粪厌氧消化产沼气潜力与特性 [J]．农业工程学报，2010，26（10）：277-282.
[15] Lehtom K A，Huttunen S，Rintala J．Laboratory investigations on co-digestion of energy crops and crop residues with cow manure for methane production：Effect of crop to manure ratio[J]．Resources，Conservation and Recycling，2007，51（3）：591-609.
[16] 周丛钜，韩怀阳．沼气燃料在小型柴油机上燃用措施的试验研究 [J]．森林工程，2006，22（4）：10-14.
[17] 宋洪川．农村沼气实用技术 [M]．北京：化学工业出版社，2007.
[18] 张全国．沼气技术及其应用 [M]．北京：化学工业出版社，2005.
[19] 倪慎军．沼气生态农业理论与技术应用 [M]．郑州：中原农民出版社，2007.
[20] 杨文宪．沼气利用新技术 [M]．太原：山西人民出版社，2006.
[21] 林聪．沼气技术理论与工程 [M]．北京：化学工业出版社，2007.
[22] 段常贵．燃气输配（第三版）[M]．北京：中国建筑工业出版社，2001.
[23] 魏宝荣．农村沼气利用与管理 [M]．沈阳：辽宁科学技术出版社，1985.
[24] 四川省沼气推广领导小组办公室．农村沼气问答 [M] 成都：四川人民出版社，1979.
[25] 杨康林，夏泽芬，陈忠伦等．沼气及其利用 [J]．农技服务，2007，24（5）：4-6.
[26] 张榕林．沼气燃料 [M]．北京：北京师范学院出版社，1986.
[27] 屠云璋，屠家宝，许谚．沼气行业 2004 年度发展报告 [P]．中国沼气学会第七次全国代表大会暨沼气产业化发展研讨会，2005.
[28] 夏昭知，伍国福．燃气热水器 [M]．重庆大学出版社，2002.
[29] 连小卫．沼气热水器花期渐至 [J]．现代家电，2006，10：65-67.
[30] 利锋，刘文昌，李寿奇等．客家农村沼气使用现状、问题、对策 [J]．中国沼气，2004，22（4）：40-43.
[31] 张香炜．新型全预混燃烧沼气热水器的研究 [D]．同济大学硕士学位论文，2009.
[32] 张学先，利锋，宋明伟．沼气热水器的发展方向探讨 [J]．生态经济，2008，08：108-109.
[33] 李振群，秦朝葵，戴万能等．一种基于管道燃气的农村能源供应模式 [J] 城市燃气，2010，428（10）：18-23.
[34] 刘广青，董仁杰，李秀金．生物质能源转化技术 [M]．北京：化学工业出版社，2009，25-47.
[35] 李振群．面向村镇燃气站的沼气与液化石油气混合气燃烧特性研究 [D]．硕士学位论文，同济大学 2011.3.
[36] 天然气 [S] GB 17820-1999.
[37] 人工煤气 [S] GB/T 13612-2006.
[38] 索科洛夫．喷射器 [M]．北京：中国科学出版社，1977.
[39] 姜正侯．燃气工程技术手册 [M]．上海：同济大学，1997.
[40] 徐谋海．煤气引射器的设计计算 [J]．煤气与热力，1985（3）.
[41] 于勇．FLUENT 入门与进阶教程 [M]．北京：北京理工大学出版社，2008.
[42] 蔡增基，龙天渝．流体力学泵与风机 [M]．北京：中国建筑工业出版社，1999.
[43] 城镇燃气分类和基本特性 GB/T 13611-2006.
[44] 严铭卿．燃气工程设计手册 [M]．北京：中国建筑工业出版社，2009.
[45] 同济大学等．燃气燃烧与应用（第三版）[M]．北京：中国建筑工业出版社，2000.
[46] Gas Interchangeability Task Group. White Paper on Natural Gas Interchangeability and Non-Combustion End Use. Washington：NGC+ Interchangeability Work Group，2005.3.
[47] 吴学茂．炕灶砌筑技术 [M]．哈尔滨：黑龙江科学技术出版社，1984.

[48] 牟灵泉．家用热水采暖装置 [M]．北京：中国建筑工业出版社，1987．
[49] 胡必俊．新型供暖散热器的选用 [M]．北京：机械工业出版社，2003．
[50] 王子介．低温辐射供暖与辐射供冷 [M]．北京：机械工业出版社，2004．
[51] 卜一德．地板采暖与分户热计量技术 [M]．北京：中国建筑工业出版社，2003．
[52] 王晓梅．村镇住宅能耗分析和节能优化 [D]．上海：同济大学，2011．
[53] 王晓梅，林忠平．夏热冬冷地区新农村住宅用能调查及能耗模拟 [J]．建筑热能通风空调，2011（30）：48-51．
[54] 建设部．2007 年城市、县城和村镇建设统计公报．http：//www. mohurd. gov. cn/，2007．
[55] 陈培豪．村镇住宅建设的现状与对策 [J]．山西建筑，2005.12：20-21．
[56] 来延肖，尹文浩等．新建住宅建筑的节能评价 [J]．建筑节能，2007（2）：48-50．
[57] 孙世钧．北方农村住宅的节能与环保 [J]．哈尔滨工业大学学报，2003．
[58] 潘跃红．村镇住宅建设中传统与改造的探讨 [J]．福建建筑，2002．
[59] 袁晨炜．江淮地区新农村住宅资源节约方案举例与分析 [J]．住宅产业，2008．
[60] 王宗侠，段渊古等．渭北旱原农村住宅规划设计与建设存在的问题及对策 [J]．建筑与结构设计，2006．
[61] 林金丹．夏热冬暖地区住宅建筑节能的误区 [J]．南方建筑，2006（9）：47-49．
[62] http：//www. jzcad. com/．
[63] 尹振国，章永晖．日本农宅建设对我国新农村住宅建设的启示 [J]．经济研究导刊，2008（6）：199-200．
[64] 建设部．住宅设计规范要 [S] GB50096-1999，1999．
[65] 蔡开明．合理确定住宅层高——一道简明而费解的题目 [J]．厦门科技，2001（2）．
[66] 2010 中国统计年鉴 [G]，北京：中国统计出版社，2010．
[67] 何淑菁．论夏热冬暖地区外墙保温技术 [J]．四川建材，2008．
[68] 张玲，陈坚荣．夏热冬暖地区建筑外窗节能设计 [J]．建筑节能，2009．
[69] 白贵平，冀兆良．围护结构隔热对室内热稳定及空调负荷的影响 [J]．建筑热能通风空调，2005，24（1）：69-72．
[70] 张思思，董重成，王陆廷．我国村镇住宅采暖热负荷指标计算分析 [J]．低温建筑技术，2009：97-99．
[71] 民用建筑热工设计规范 [S] GB 50176-93，1993．
[72] 肖秀娟，牛超．夏热冬冷地区窗户节能的几项技术措施 [J]．山东建材，2008：55-56．
[73] 李秀华，王永隧．浅析屋面材料及屋顶坡度对建筑能耗的影响 [J]．黑龙江科技信息，2009：278-278．
[74] 燕达，张晓亮，江亿．住宅建筑模拟中计算模式对模拟结果的影响 [C]．2005 年全国暖通空调专业委员会空调模拟分析学组学术交流会，2005，47-57．
[75] http：//www. microdaq. com．
[76] 潘冬梅．睡眠环境下人体热舒适的实验研究 [D]．上海：同济大学，2009．
[77] 四川气象局 [EB/OL]．http：//www. scqx. gov. cn/qxqb/．
[78] 雷亚平．四川盆地地区农村住宅节能设计研究 [D]．上海：同济大学，2010．
[79] 雷亚平，林忠平．四川盆地地区农村住宅冬季热环境实测与评价 [J]．建筑科学，2009（25）：39-43．
[80] 雷亚平，林忠平．川西林盘冬夏季热环境实测分析 [J]．建筑热能通风空调，2010（29）：52-55．
[81] 潘毅群，吴刚，Volker Hartkopf．建筑全能耗模拟软件 EnergyPlus 及其应用 [J]．暖通空调，2004（34）．
[82] 孙雨林，林忠平，王晓梅．上海农村住宅围护结构现状调查与采暖空调能耗模拟 [J]．建筑科学，2011（27）：38-42．
[83] Dr Andy Tindale，DesignBuilder and EnergyPlus. Building Energy Simulation User News，2004，25（1）．
[84] ANSI/ASHRAE Standard 140-2004 Building Thermal Envelope and Fabric Load Tests——DesignBuilder Version 1.2.0（incorporating EnergyPlus version 1.3.0），2006.7．
[85] 黄光德．夏热冬冷地区居住建筑能耗分析 [D]．重庆：重庆大学，2006．
[86] 胡平放，江章宁，冷御寒等．湖北地区住宅围护结构与住宅能耗分析 [J]．华中科技大学学报（城市科学版），2004，21（2）：69-70，74．
[87] 中国建筑科学研究院，重庆大学，中国建筑业协会建筑节能专业委员会．夏热冬冷地区居住建筑节能设计标准 JGJ134—2010 [S]．北京：中国建筑工业出版社，2010．
[88] 农业部．农业部关于实施“九大行动”的意见．http：//www. moa. gov. cn/，2006.2.7．
[89] http：//map. baidu. com/?newmap=1&ie=utf-8&s=s%26wd%3D%E9%93%9C%E9%99%B5．
[90] 喻李葵，阳丽娜等．自然通风潜力分析研究进展．制冷空调电力机械，2004，25（98）：18-22．
[91] Richard Aynsley．Estimating summer wind driven natural ventilation potential for indoor thermal comfort．Journal of Wind Engineering and Industrial Aerodynamics，1999，83（1-3）：515-525．
[92] Lina Yang，Guoqiang Zhang．Investigating potential of natural driving forces for ventilation in four major cities in China．Building and Environment，2005，40（6）：738-746．
[93] Wei Yin，Guoqiang Zhang，Wei Yang，Xiao Wang．Natural ventilation potential model considering solution multiplicity，window opening percentage，air velocity and humidity in China．Building and Environment．2010，45（2）：338-344．
[94] M. Germano．Assessing the natural ventilation potential of the Basel region．Energy and Buildings，2007，39（11）：1159-1166．
[95] Tahir Ayata Osman Yiliz．Investigating the potential use of natural ventilation in new building designs in Turkey．Energy and Buildings．2006，38（8）：959-963．

[96] 杨柳．建筑气候分析与设计策略研究 [D]．西安：西安建筑科技大学，2003．

[97] 谭刚，左会刚等．自然通风的理论机理分析与实验验证．全国暖通空调制冷 1998 年学术文集 [M]．北京：中国建筑工业出版社，1998：62-68．

[98] Hazim B. Awbi. Ventilation of Buildings. Taylor& Francis e-Library，2005.

[99] BSI. Code of practice for ventilation Principles and designing of natural ventilation（BS5925）．UK：British Standards Institute，1991．

[100] ASHRAE Standard 62. 2P. Ventilation and Acceptable Indoor Air Quality in Low-Rise Residential Buildings. USA：American Society of Heating and Ventilating Engineers，2002．

[101] Orme M，Liddament MW，Wilson A. Numerical data for infiltration and natural ventilation calculations．The International Energy Agency，The Air Infiltration and Ventilation Centre，Technical note AIVC 44，1998.

[102] 孙雨林．基于年能耗评价的村镇住宅节能评估方法研究 [D]．上海：同济大学，2011．

[103] 陆亚俊，马最良，邹平华．暖通空调（第二版）[M]．北京：中国建筑工业出版社，2007．

[104] 赵荣义，范存养，薛殿华，钱以明．空气调节（第三版）[M]．北京：中国建筑工业出版社，1994．

[105] 陈沛霖，曹叔维，郭建雄．空气调节负荷计算理论与方法 [M]．上海：同济大学出版社，1987．

[106] 龙惟定．用 BIN 参数作建筑物能耗分析 [J]．暖通空调，1992，(02)：6-11．

[107] 龙惟定．上海地区的 Bin 气象参数 [J]．制冷技术，1990，(04)：1-3．

[108] 李力，田胜元．对中国建筑供热、空调能耗分析实用简化法——温湿频数（Bin）法的研究 [J]．重庆建筑大学学报，1999，21（03)：97-99．

[109] Barry M Cohen，et al．Humidity Issues in Bin Energy Analysis [J]．Heating/Piping/Air Conditioning，2000，(Jan.)．

[110] 苏华，苏芬仙，田胜元．二维 Bin 方法与一维 Bin 方法比较 [J]．建筑热能通风空调，2001，(05)：4-6．

[111] 苏芬仙．建筑能耗动态分析用气象数据构成及 THRF 新的能耗分析方法研究 [D]．重庆：重庆大学，2003．

[112] 苏芬仙，张从军，田胜元．BIN 建筑能耗计算方法的改进 [J]．重庆建筑大学学报，2006，28（01)：88-91．

[113] Zhang Peng，Zhou Jin，Zhang Guoqiang，Wu Yezheng．Generation of ambient temperature bin data of 26 cities in China [J]．Energy Conversion and Management，2009．

[114] 美国能源部中国气象数据下载网址：http://apps1.eere.energy.gov/buildings/energyplus/cfm/weather_data3.cfm/region=2_asia_wmo_region_2/country=CHN/cname=China．

[115] 李善宝．温度与饱和含湿量的经验公式 [J]．暖通空调，2003，33（02)：112-113．

[116] ASHRAE．ASHRAE Handbook Fundamentals 2009[M]．2009．

[117] 朱颖心．建筑环境学（第二版）[M]．北京：中国建筑工业出版社，2005．

[118] 中华人民共和国建设部．民用建筑热工设计规范 GB50176—93[S]．北京：中国建筑工业出版社，1993．

[119] 贺晓雷，于贺军，李建英，丁蕾．太阳方位角的公式求解及其应用 [J]．太阳能学报，2008，29（01)：69-72．

[120] 叶凌，姚杨，王清勤．节能建筑评价指标体系初探 [J]．建筑科学，2006，22（6A)：1-4，29．

[121] 李蕾，付祥钊，刘俊跃．居住建筑节能评价体系的探讨 [J]．中国住宅设施，2006，(07)：50-52，56．

[122] 卜震，陆善后，范宏武，曹毅然．两种住宅建筑节能评估方法的比较 [J]．建筑节能，2004，(10)：29-31．

[123] 杨红霞．建筑节能评价体系的探讨与研究 [J]．暖通空调，2006，36（09)：42-44．

[124] 刘宏成，陈晓明．新农村住宅典型户型 [M]．长沙：湖南科学技术出版社，2006．